普通高等教育"十一五"国家级规划教材
全国高等农林院校"十一五"规划教材

渔 业 导 论

周应祺 主编

中国农业出版社

内容简介

本书为普通高等教育"十一五"国家级规划教材,介绍了世界和我国渔业产业情况;分析了渔业的产业特点,渔业资源的自然特性、经济特性和利用特性等;介绍了科学技术对渔业科技发展的推动作用;揭示了渔业科技发展的内在动力和特有的规律。本书内容翔实,结构和层次合理,图文并茂。

本书可作为高等院校海洋、水产相关专业的教材,还可作为从事渔业相关工作的人员的参考资料。

作 者 简 介

周应祺，男，1943年1月生，教授，博士生导师，现任上海海洋大学中国渔业发展战略研究中心常务主任，亚洲水产学会常务理事和学术委员会主席，教育部教学指导委员会水产学科组组长，上海市科协常委，上海市教育评估院资深专家等。还担任学术刊物中国水产学会《水产学报》、Environment Biology of Fish（Springer 出版社）和 Fisheries Research（Elsevier 出版社）编审委员会委员，中国渔业协会常务理事，中国远洋渔业协会顾问。曾任上海水产大学系副主任、院长、副校长和校长，上海水产学会理事长，上海渔业经济研究会副会长等职。

周应祺从事水产高等教育46年，研究领域涉及渔具力学、鱼类行为学、渔业管理和生态经济等。主持的研究项目有："中国渔业科技中长期发展战略研究与规划编制"、"新世纪海洋渔业科学与技术本科教育复合型人才培养模式的研究与实践"、"中国远洋渔业发展战略"等。筹建"捕捞航海模拟训练实验室"等。曾获国家教育成果一、二等奖，国家科技进步二、三等奖等。1992年获政府特殊津贴，1999年获"国家级有突出贡献中青年专家"称号，2001年获"全国优秀科技工作者"称号，2004年获"上海市优秀回国人才"称号。2007年被亚洲水产学会授予"学会银奖"。发表100多篇学术论文，主编教育部面向21世纪教材《渔具力学》等。

主　编　周应祺

编　者　周应祺　高　健
　　　　　　乐美龙　王　武
　　　　　　周洪琪　汪之和
　　　　　　吴开军

主　审　陈新军　王锡昌
　　　　　　宋利明

前　言

　　渔业导论是为将要从事渔业或与渔业相关工作的人们所开设的一门概论课程。介绍渔业的基本概念和内涵，渔业的产业结构和特点，人口、资源、环境的相互关系以及在渔业上的反映；世界渔业、中国渔业和海洋产业；海洋法、渔业管理理论和实践；科学技术对渔业发展的影响，渔业学科与相关学科的关系等。由于渔业是与环境、自然资源、粮食供应和食品安全等全球热点问题密切相关的产业，因此，通过本课程的学习，了解渔业、渔业科学以及渔业管理的相关知识，可以更深刻地认识可持续发展的理念，这也是本教材编著的重点。

　　由于本课程的内容覆盖面广，建议可由多名教师联合讲授，课堂教学以介绍重要概念和问题的要点为主，力求精练扼要，详细的专业内容可由学生通过查阅资料或学习相关专业课程后深入了解。本教材提供的思考题和参考资料供学生深入学习时参考，以引起学生思考。

　　本教材由周应祺教授负责主编和统稿，并编写第一章和第三章的第一、三、七节，高健教授编写第二章、第五章和第三章的第六节，乐美龙教授编写第四、五章，王武教授和周洪琪教授编写第三章第二节，汪之和教授编写第三章第四节，吴开军教授编写第三章第五节，陈新军教授、王锡昌教授和宋利明教授审阅了全部书稿，提出了宝贵意见。

　　本教材适用于高等院校渔业、海洋、农业、经济贸易以及相关专业的学生，也可作为相关产业的管理人员、政府部门中的政策制定人员进修学习的参考资料。

周应祺
2010 年 7 月

目　录

前言

第一章　概论 ... 1
第一节　渔业导论课程的内容和学习方法 ... 1
第二节　渔业的定义、产业结构和产业特点 ... 2
第三节　渔业资源的特点与门类 ... 8
第四节　渔业水域和渔业环境 ... 10

第二章　渔业可持续发展 ... 12
第一节　人口、自然资源与环境 ... 12
第二节　经济增长与渔业管理 ... 23
第三节　现代渔业经济增长方式 ... 34

第三章　渔业与科学技术 ... 44
第一节　渔业科学的学科体系 ... 44
第二节　科学技术与水产增养殖学 ... 50
第三节　科学技术与捕捞学 ... 92
第四节　科学技术与水产品加工利用 ... 119
第五节　渔业信息技术概述 ... 155
第六节　渔业经济学 ... 179
第七节　现代科技、渔业管理与渔业可持续发展 ... 181

第四章　世界渔业 ... 187
第一节　世界主要渔业资源和渔区 ... 187
第二节　世界渔业生产的演变 ... 192
第三节　世界渔业生产结构 ... 195
第四节　世界海洋捕捞业 ... 197

第五节 世界水产养殖业 ··· 201
第六节 世界水产加工利用业 ··· 205
第七节 现代休闲渔业 ··· 207
第八节 世界渔产品贸易 ·· 215
第九节 国际渔业管理现状与趋势 ·· 220
第十节 当前世界渔业存在的主要问题和发展趋势 ························ 222

第五章 中国渔业 ··· 228

第一节 中国渔业在国民经济中的地位和作用 ······························· 228
第二节 中国渔业在世界渔业中的地位 ··· 230
第三节 中国渔业的自然环境 ··· 231
第四节 中国的渔业资源 ·· 235
第五节 中国渔业的发展简况和现状 ··· 246
第六节 中国渔业发展的基本方针和今后的工作 ··························· 254
第七节 水产品流通与社会发展 ·· 257

第一章

概 论

第一节 渔业导论课程的内容和学习方法

在 20 世纪后半叶,为了修复战争的创伤,各国大力恢复和发展经济,科技进步和社会发展都获得巨大成就。但是,伴随着人类社会的发展,对自然资源的索取迅速增加,一些隐患也逐步显示。尤其是自 20 世纪 70 年代以来,多次发生能源危机和严重的环境污染事件,自然灾害频繁发生,许多物种消失或处于濒危状态,非洲等地区持续发生粮食短缺和饥荒等,这些现象促使国际社会就人类的发展道路进行总结和反思,研究和探索人类未来的发展前途。一些杰出的社会活动家、政治家、经济学家和科学家等对环境、资源、食物供应和安全,以及人口问题进行了频繁的讨论,提出了许多建议和实践措施,并进一步提出了可持续发展的概念。在实现人类社会的可持续发展的探索过程中,提出了 200 n mile 专属经济区和海洋法,限制二氧化碳的排放和温室效应的问题,以及人口控制、绿色革命、蓝色革命、白色革命等。在研究和解决上述热点问题时,研究渔业的可持续发展具有特殊的典型意义:由于渔业是与自然环境、可再生资源、食物生产和食品安全密切相关的产业,渔业的发展和兴衰对环境、水生生物资源和水资源有很大的依赖性。同时,渔业是人类最为古老的基本生产活动之一,为广大民众提供了优质蛋白质,渔业文化从古代就存在和延伸,渔业在社会发展中具有特殊的地位。20 世纪后半叶以来,渔业生产迅速发展,渔业自身对水环境、生态系统和生物资源造成了很大影响,人类活动也直接影响了渔业资源,因此,渔业问题成为全球关注的问题。从另一方面看,对渔业问题的研究也可以成为深入了解和实践可持续发展理论的切入口。了解渔业中的问题和处理渔业问题的经验都有助于了解如何妥善处理更大范围的环境、资源和食物安全等的相互关系,研究和比较在实践可持续发展中的经验。

本课程是为将要从事渔业或与渔业相关工作的人们所开设的一门概论课程。主要介绍渔业的基本概念和内涵,进行渔业管理或渔业生产应持有的可持

续发展的指导思想，人口、资源、环境的相互关系，以及它们在渔业上的反映；渔业的产业结构和特点，世界渔业、中国渔业和海洋产业；海洋法、渔业管理理论和实践；科学技术对渔业发展的影响，渔业学科与相关学科的关系等。本课程适合于海洋、生物、渔业、环境、资源、管理等专业的本科和研究生，以及与上述问题有关的科学研究人员和管理人员学习。

本课程是导论性课程，将侧重从宏观战略发展的角度，介绍渔业在国民经济中的地位，渔业的产业结构和特点，渔业管理的特点和基本原则，渔业科学与其分支学科的基本内容和相互关系，科学技术对渔业发展的影响等，为将要从事渔业或相关工作的人们提供必需的基本概念，使其掌握正确地观察研究渔业问题的方法。

建议本课程以一系列专题报告和讲座的形式展开，由多名相关专业教师联合讲授，使学生对渔业的产业结构和技术等获得总体上的了解。学生需通过自学、专题资料收集和分析来加深理解和拓展。其中涉及的详细的专业技术问题将由相关的专业课程进行讲授。

第二节 渔业的定义、产业结构和产业特点

一、渔业的定义和内涵

在我国、日本、韩国等亚洲国家，习惯上将渔业称为水产业。按《中国农业百科全书》定义，"水产业"是指"人们利用水域中生物机制的物质转化功能，通过捕捞、增养殖和加工，以取得水产品的社会产业部门。在我国，广义的水产业还包括渔船修造、渔具和渔用仪器装备的设计制造、渔港建筑和规划、渔需物资供应，以及水产品的保鲜加工、贮藏、运销、培育、收获、加工水生生物资源的产业"。按《水产辞典》中，"渔业"条目的介绍，是指"以栖息、繁殖在海洋和内陆水域中的水产经济动植物为开发对象，进行合理采捕、人工增养殖，以及加工利用的综合性产业"。在我国，水产业属于大农业的范畴，是农业的组成部分和重要产业之一。但是，在欧洲等西方国家和地区，习惯上，渔业是指捕捞业和水产品加工业，将捕捞、加工、贮藏和运销等产业链作为一个完整的产业对待，是指从开发利用自然资源——捕获水生生物，并以终端消费者为服务目标的产业组合，故用fishing industry表述。同时将水产养殖看成农业的副业，没有专门列为产业。长期以来，联合国粮食与农业组织（FAO）设置的渔业委员会（COFI, Committee on Fisheries），主要关注和协调各国与捕捞有关的活动。因此，习惯上提及"海洋渔业"时，往往指海洋捕

捞生产以及相关的水产品加工业,而海水养殖并不包括在内。直到20世纪末,全球水产养殖业迅速发展,产量和产值不断上升,水产养殖的产品对人类社会的蛋白质贡献和经济贡献越来越大,联合国粮农组织渔业委员会于2000年下设水产养殖分委员会(Committee on Aquaculture - COFI/FAO)。最近10年中,近海的海水网箱养殖迅速发展,产量大幅度增加,在海洋渔业中所占比重增加,品种包括传统的捕捞对象,引起了国际社会的广泛重视。因此,目前国际社会习惯于以"渔业与水产养殖(fishery and aquaculture)"来表达。

在我国的农业发展和改革中,渔业对促进农村产业结构调整、增加农民收入、保障食物安全、优化国民膳食结构和提高农产品出口竞争力等方面作用卓著。我国水产品总量自1990年起连续位居世界第一,约占全球总产量的1/3。我国水产养殖的产量占全球水产养殖产量的2/3。在新世纪,我国的渔业生产结构进行了重大改革,渔业增长方式从产量增长型转向质量与效益并重、注重资源可持续利用。水产科学对我国渔业发展发挥了巨大推动作用,在2006年,渔业科技贡献率已超过50%。

二、渔业产业结构

按我国的习惯和行政管理的结构,渔业分为水产捕捞业、水产养殖业、水产品加工业。在美国、日本和欧洲国家中,运动性游钓渔业十分发达,而近年来,我国的休闲渔业也迅速发展,成为渔业的重要组成部分,已专门进行分类统计(图1-2-1)。渔

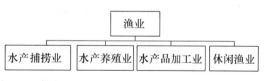

图1-2-1 渔业的产业结构的主要成分

业还需要专门化的装备业和营销管理业等支持,包括渔船建造、渔用仪器设备生产等。

渔业按作业水域可分为海洋渔业(marine fishery)和内陆渔业(inland fishery)。尽管内陆水域不完全是淡水,有许多湖泊是咸水,但内陆渔业常常被俗称为淡水渔业(fresh water fishery)。海洋渔业又可以分为沿岸渔业(coastal fishery)、近海渔业(inshore fishery)、外海渔业(off shore fishery)和远洋渔业(deep sea fishery)。而远洋渔业中又有过洋渔业(distant water fishery)和公海渔业(high seas fishery)之分,公海渔业亦称为大洋渔业(oceanic fishery)。见图1-2-2。

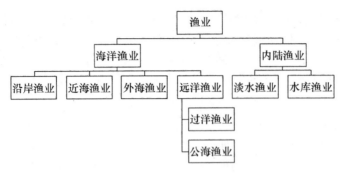

图 1-2-2 渔业的分类

此外，海洋捕捞业亦可分为商业性渔业（commercial fishery）和个体小型捕捞业（small scale fishery）或传统捕捞业（articenlar fishery）。相对于商业化渔业，还存在一种叫生计渔业（subsistence fishery），生计渔业是指捕获的鱼虾主要供家庭成员消费，少量出售换取生活必需品，有时采用以货易货的方式，赖以维持生活的渔业。在国际社会，对生计渔业的渔民的渔业权益给以特别的关注和保护。

习惯上，还按水产种类、作业方法或水域等进行渔业的分类和命名，如鱿鱼钓渔业、金枪鱼渔业，拖网渔业、围网渔业和定置网渔业等。

三、渔业产业特点

（一）因自然特征而具有的特点

1. 季节性 渔业生产，由于生产对象是水中的生物，故具有明显的季节性。对生产组织最具有影响的因素是：较长的生产周期和集中而短暂的收获期或鱼汛。这种显著的季节性，加上水产品的易腐性，就要求具有较大的水产品集中加工能力和贮藏能力，以便及时处理和均衡上市。但是，市场的均衡供应的需求和集中收获存在矛盾，造成庞大的生产能力和生产设备使用效率低和浪费。由此可知，水产品的季节性对水产品加工贮藏能力、产业的组合和功能都提出了特殊的要求，如何优化组织，提高整体效益和效率，是水产品产业链所面临的挑战。

2. 地域性 这是生物物种共有的特点。不同的水域，不同的水层，栖息了不同的物种；即使是同一物种，也因水域环境的不同而具有不同品质和风味，形成以地域为标记的特产。水产品的地域性特点明显，与其他农产品相比，消费者对水产品品种需求多样化和对产地品种尤为关注。产地往往与水产品的品牌密切关联，使产品具有地理标志，如阳澄湖大闸蟹。因此，水产品的地域性和人们对产地的关注,是渔业产业发展和管理中需注意的特点。此外,从资源保护和养护管理的角度,为了对某水域的渔业资源保护和加强监督管理,国际渔业管理组织提出水产品需携带产地证书,以及有关生物标签的要求。

3. 共享性 由于鱼类等水生生物在水域中活动和洄游,甚至跨越大洋和国界,这种流动性造成了渔业资源具有公共资源的特点。由于它的流动或跨界,对该资源所有权难以明晰,容易造成掠夺性捕捞。因此,在渔业资源管理上,为了实现渔业资源的可持续利用和渔业的可持续发展,要求利用该资源的各方进行合作,包括国家之间的合作和协调,如位于东海的中日共管渔业水域,这也就是目前国际上提倡的负责任渔业。但是共享性和所有权的不明晰造成开发者对资源谋求优先占有而争夺,因此,该产业具有强烈的排他性。同时,对渔业资源信息的掌握和对资源的控制成为其核心竞争力。

(二)产业特性

1. 渔业是与"资源、环境、食品安全"密切相关的产业 众所周知,"资源、环境、食品安全"是当今世界热点问题,受到各国领导人的关注,举行了许多高峰会议和国际性讨论会,对社会发展提出可持续发展的指导原则。由于可持续发展,与资源、环境协调发展,以及保证人类食品安全等议题,均是渔业发展的关键性问题,因此国际渔业界,包括政府、科学家和企业,活动频繁,通过协商,制订了一系列渔业管理国际协定,并通过加强区域性国际渔业组织的作用来落实对渔业的管理。尽管由于城乡差别和工农差别的存在,造成渔业在人们的心目中地位不高,但是,由于渔业与资源、环境、食品安全密切相关,事实上,渔业的任何活动都受到全社会的密切关注和监督。

2. 效益的综合性 渔业的效益需用经济效益、生态效益、社会效益来综合衡量(图1-2-3)。除了与其他产业相同地要追求经济效益外,渔业还必须注重生态效益和社会效益。渔业生产的对象是一种可再生的生物资源,如果注意渔业资源的养护,则可以实现可持续发展。如果一味强调经济效益,竭泽而渔,必将造成渔业资源加速衰竭,以产业崩溃告终。因此,注重生态效益是符合渔业可再生的生物学特点的,

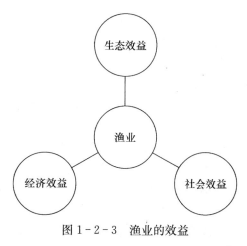

图1-2-3 渔业的效益

当然，这也需要以一定的经济效益为代价。此外，鱼类等水生生物是人类的食物，是优质蛋白质的重要来源。在有些地区，水产品是民众的重要食品和生活来源。渔业还提供了就业岗位，渔村和渔港往往是经济活动的聚集地。因此，渔业发展关系到民生问题，渔业发展的社会效益是需要关注的重要问题。渔业地区须保持协调发展以及保护渔民的生产专属权利，例如实行捕捞的准入制度和养殖水域的使用权；政府管理部门要对各类渔业生产实行分类指导，区分公益性与赢利性的活动，制定相关的政策或法律；从产业管理来看，渔业的产业链很长，从对自然资源的直接收获或人工养育，到加工利用、贮藏运销等，所有环节都对综合效益有直接影响，因此，要特别注意产业链的各环节之间的配合和优化，以提高综合效益。

3. 产业的后发性 渔业涉及的产业和技术类型非常广，例如，捕捞生产与工程、环境、气象、生物、造船、电子仪器、通信信息、机械装备、合成纤维材料、加工利用、冷冻冷藏等密切相关，对这些领域的技术发展有很大的依赖性。若没有造船工业、机械工程和电子工业的支持，就不可能发展远洋渔业。又如，超声波探测仪、船舶制造、液压机械、人造合成纤维等大大提高了捕捞作业的效率，它们对现代渔业的发展有重要的影响。渔业紧密依靠其他行业的发展而发展的特点被称为"后发性"。针对渔业产业的后发性特点，需要特别注意将新的科技成果主动地引进到渔业中，这是渔业发展的重要推动力。

由于历史原因和"三大差别"的存在，在社会各界和人们的心目中，渔业的地位较低，表现为各种社会资源、人力资源、科学技术以及资金都不会主动地流向渔业。然而渔业产业的综合性又要求必须获得各方的支持。因此，在国家的层面上，由于渔业是关系到国民经济发展和民生的产业，应给予政策和资金上的支持，引导和促进各类资源对渔业的支持。同时，作为渔业的管理人员和科技人员，需要更为主动地将先进的技术和理念引进到渔业中。

4. 产品易腐性 由于水产品具有易腐性，产品的质量与所采取的保存手段和技术有密切关系。与其他产品相比，渔业产品对生产技术、贮存和物流管理有特殊的要求。由于水产品主要作为食品消费，故产品的安全性需要得到保证。该安全性表现在：不能采用传统的产品质量抽样检查的管理办法，而是要求所有的产品百分之百地可靠，符合质量标准。因此，要求对产业链的所有环节进行质量监督管理，建立完整的记录，实现具有可追溯性的生产管理体制，又称为档案渔业。从原料、渔获，直到消费者终端的整个产业链，每个环节都需要采取必要的保鲜、保活或冷冻冷藏等技术措施。然而，鱼、虾等水生生物的多样性造成水产品的加工保存因品种而异，对技术措施的需求差异很大。例如，供生食的金枪鱼就需要一旦被捕获，立即在船上处理，并迅速冷冻到

−60 ℃。而有些产品却要求保持鲜活状态。此外，产品的易腐性也影响了水产品销售方式。例如，在批发拍卖水产品时，采用反向的、由高价向低价的降价竞拍，以保证水产品较快地销售，避免流拍。

5. 产业的不稳定性　由于渔业生产的对象是鱼类等水生生物，它们自身的变化和数量上的波动造成产业的不稳定性。环境气候的变化也会造成栖息地变迁和资源的波动，生产状况有很大差异。至今为止，渔业对自然界的依赖仍然很大，使该产业在生产规模、计划和经济效益等方面具有较大的不稳定性和较大的风险性。其结果造成渔业投资上具有较大的风险，规避风险和降低投机性成为渔业企业需要特别关注的事项。

6. 渔业资源的外部性　开发利用渔业资源时，没有支付自然资源的成本或资源租金，相对地降低了成本。尤其是捕捞业所享用渔业资源是公共资源，由于产权不明晰，往往"占有就是所有"，造成对渔业资源掠夺式开发和对渔业资源的浪费。此外，捕捞业在利用自然资源时，仅仅支付了开发加工的费用，并未承担渔业资源本身的成本，因此，渔业是投资效益较高的产业。另外，渔业具有投资收效快和风险大的特点，加上信息的不对称性，往往造成对渔业的盲目投资，使捕捞能力过度扩张，使捕捞业的管理和控制有较大难度。另一方面，在当前我国的农村经济结构调整中，渔业，主要是水产养殖业，对农民致富发挥了重要作用，成为实现小康的重要途径，因此，近 20 多年来，渔业有较快的发展，取得了良好的经济效益。但是，水产养殖的过度发展也给环境和生态带来严重的压力，对自身的可持续发展提出了问号。

7. 渔业是一项系统工程，需要进行综合管理　渔业生产的产业链长，渔业活动涉及的部门多，在行政管理上，除渔业主管部门外，还有管理资源、环境、湿地、海洋湖沼、食品、船舶、海港、市场、贸易、外交等部门，近海渔业还涉及水利、港湾、海洋、军事等部门。所以政府部门间的协调和配合就成为重要的环节。此外，如上所述，渔业的效益应考虑经济、资源、社会等三方面的协调。由于渔业的外部性，使渔业成为一种"进入容易、退出难"的行业，往往聚集了弱势群体，加上历史和社会原因，渔业劳动力受教育程度不高，有文化和生活习惯的特殊性，因此在进行渔业产业结构调整时，劳动力的转移空间较小、调整难度较大。对渔业的调整不能仅仅依靠渔业自身的力量，还需要全社会支持。所以对于渔业不能单纯地作为一个产业经济部门进行管理，而必须与政府相关部门协调，进行综合管理，才能实现可持续发展。

8. 消费者对水产品需求的多样性和习惯　一方面，我国人民具有消费鲜活水产品的习惯，相比其他农畜产品，消费者更关注水产品的品种、产地、生产的季节等，具有很强烈的地域特征。另一方面，消费习惯随时代变迁，新一代的消费趋向会有较大改变。可以预料，对加工成品或半成品的需求会逐步上升，成为日常消费的主流。

（三）产业发展的趋势

1. 产业结构转型　目前全球渔业处于历史性产业的转型期，在过去的几百年中，全球的渔业产量主要来自捕捞业，但是，在20世纪的最后十几年中，水产养殖业迅速发展，标志着渔业的产业结构开始由"猎捕型"的捕捞业向"农耕型"转变。如果说，大型工厂化拖网加工船的出现是20世纪50年代现代渔业的标志，则大型海洋网箱养殖工程以及陆基养殖工程的出现是当前21世纪现代渔业的标志。

引起渔业转型的原因是：一方面，由于捕捞活动和自然环境变化的影响，全球渔业资源有1/3处于衰竭状态，1/3被过度捕捞，因此，国际上对捕捞业的发展加以日益严格的限制。我国为了保护沿海渔业资源，自1999年实行海洋捕捞零增长的政策。另一方面，我国率先从20世纪80年代开始重点发展水产养殖业，至2005年捕捞产量与水产养殖产量的比例为33：67。水产养殖成为我国渔业的主要成分。国际上对水产养殖越来越重视，以挪威的大麻哈鱼网箱养殖为代表，凝聚了许多科技成果，发展迅速，质量优秀，成为重要的出口产业。

2. 实现工程化管理　现代渔业的发展方向是以科技为支撑，实现工程化。工程化主要体现在生产过程和产品的标准化，贯彻质量第一和效率第一的原则。而标准化的基础是生产过程的定量控制，即数字化。同时，工程化还体现在产品质量的保证和食品安全，以及可追溯性。工程技术的组合和综合，典型代表是拖网作业中的瞄准捕捞系统、陆基养殖系统、大型网箱养殖系统，以及远洋渔业船队系统等。

3. 注重综合效益　主要表现在渔业的产业链的延伸，提升综合效益。包括休闲渔业的发展，将物质生产与文化休闲、社区发展等结合。水产品不仅仅是人类的重要食品，而且成为重要的工业原料，通过综合利用和深加工（如海洋药物的开发、生物燃料和生物质生产）提高产业的综合经济效益。尤其是远洋渔业，它是一种资源性产业，为社会提供高品质蛋白质和食品安全保障。因此，渔业具有重要的生态效益和社会效益。

第三节　渔业资源的特点与门类

渔业资源是指天然水域中，具有开发利用价值的经济动植物种类和数量的总称。它是发展渔业的物质基础，也是人类食物的重要来源之一。渔业资源的状况受自身生物学特性、栖息环境条件的变化和人类开发利用的状况而变动。

一、渔业资源的特点

渔业资源（fishery resources）亦称"水产资源"，是天然水域中蕴藏并具有开发利用价值的各种经济动植物的种类和数量的总称。主要有鱼类、甲壳类、软体动物、海兽类和藻类等。渔业资源是发展水产业的物质基础和人类食物的重要来源之一。

渔业资源具有以下主要特点：

1. 可再生性 渔业资源是能自行增殖的生物资源。通过生物个体或种群的繁殖、发育、生长和新老替代，使资源不断更新，种群不断获得补充，并通过一定的自我调节能力而达到数量上的相对稳定。通过人工养殖和增殖放流等，亦可保持或恢复资源的数量。但是，如果滥渔酷捕或环境变迁，造成渔业资源的生态平衡被破坏，补充群体不足以替代死亡的数量，则会导致资源的衰竭和灭绝。

2. 流动性 大多数水产动物为了索饵、生殖、越冬等，具有洄游的习性。例如溯河产卵的大麻哈鱼，降河产卵的鳗鲡，以及大洋性洄游的金枪鱼，季节性洄游的大、小黄鱼和带鱼等。有许多种群会洄游和栖息在多个地区或国家管辖的水域内。因此，渔业资源的流动性造成对该资源难以明确其归属和所有权，事实上，形成"谁捕捞获得，谁就拥有"，也就是对公共资源的"占有就是所有"，这就是渔业资源的共享性，即经济学上外部性。这些特性造成渔业管理上的特殊性和困难，开发利用中对渔业资源的掠夺和浪费，以及为了优先占有而对开发能力的过度投资。除了鱼类是一种流动资源外，流动资源还包括人类、鸟类、昆虫、空气、水以及石油等，它们的流动特性造成在管理上具有共同点，也可以说，我们可以借鉴上述资源的管理方法和经验，对渔业资源进行管理。

3. 波动性 渔业资源是生活在水环境中的生物资源，直接受到水环境的影响，因此，地球气候和海洋环境的周期性变动，造成渔业资源的波动。生物自身繁殖和进化规程中，生态系统等各种因素的相互影响和不稳定性，也造成数量上的波动。人类的活动和捕捞生产，也对渔业资源的数量下降和结构改变造成重大影响。因此，如何合理开发利用渔业资源是实现渔业可持续发展、保护人类赖以生存的生态环境的重要工作。

4. 隐蔽性 鱼虾贝藻等渔业资源栖息在水中，分布的环境有水草茂密的

小溪、湖泊，或风浪多变的海洋，而且不时地到处游动，因此难以发现和统计。渔业资源的隐蔽性造成评估渔业资源和探寻渔场的困难，在确定种群的数量和栖息地等方面也具有很大的不确定性。

二、渔业资源的门类

渔业资源的种类繁多，主要的门类有鱼类、甲壳动物类、软体动物类、海兽类和藻类。

鱼类是渔业资源中数量最大的类群。全世界约有 21 700 种。主要捕捞的鱼类仅 100 多种。按水域可分为海洋渔业资源和内陆水域渔业资源。中国鱼类种类为 3 000 种，其中海洋鱼类占 2/3。

甲壳动物类主要有虾、蟹两大类。虾有 3 000 多种，主要在海洋中。

软体动物类约有 10 万种，一半在海洋中，是海洋动物中最大的门类。如头足类的柔鱼、乌贼，双壳类的牡蛎、贻贝等。

海兽类，又称海洋哺乳动物，包括鲸类、海豹、海獭、儒艮、海牛等，大多数被列为重点保护对象。

藻类植物有 2 100 属，27 000 种。分布极广，不仅存在于江河湖海中，还能在短暂积水或潮湿的地方生长。属于渔业资源的藻类主要有浮游藻和底栖藻，包括紫菜、海带、硅藻等。

第四节 渔业水域和渔业环境

渔业的对象是生活在水域中的生物，它们与水体的质量、环境，以及物种之间息息相关。对水环境的研究和管理成为渔业可持续发展的基础。有关渔业水域、渔业环境以及渔业环境科学的定义如下：

1. 渔业水域（fishing water） 适宜水产捕捞、水产增养殖的水生经济动植物繁殖、生长、索饵和越冬洄游的水域的总称。按《中华人民共和国渔业法》规定，渔业水域是指中华人民共和国管辖水域中的鱼、虾、蟹、贝类的产卵场、索饵场、越冬场、洄游通道，以及鱼、虾、蟹、贝、藻类及其他水生动植物的养殖场。为保护该水域，防止污染，维护水域生态平衡，由渔业行政主管部门实施管理。

2. 渔业环境（fishery environment） 天然或人工培育的渔业生物栖息繁衍的水域环境。包括水的理化性质，溶解和悬浮于水中的物质，水底地形和沉积物，生活在水域中的其他生物，以及有关气象条件等。按水域可分为海洋环境和内陆水域环境，前者包括潮间带、海湾、浅海和深海大洋等；后者包括江河、湖泊、池塘、水库、沼泽湿地等。按性质分，有非生物环境与生物环境，前者指理化环境及地形、底质和气象条件；后者指饵料生物、微生物、敌害生物、共栖生物和竞食者等。

3. 渔业环境科学（science of fishery environment） 研究渔业环境的结构与功能、渔业环境的质量基准与控制、监测技术及其立法等的应用学科。渔业环境科学是环境科学的分支之一，也是环境科学与水产学的交叉科学。其涉及渔业生物学、化学、海洋学、湖沼学、社会学与法学等。在宏观上，主要研究大洋环境的变动对渔业资源分布、鱼类洄游、渔场及其数量变动的影响，如厄尔尼诺现象对秘鲁鳀资源波动的影响。在微观上，主要研究渔业环境污染物对水产经济动植物的危害与影响。渔业环境科学对维护生态平衡和渔业的可持续发展具有重要意义。

参考文献

陈新军，周应祺.2001.论渔业资源的可持续利用.资源科学，23(2).
陈新军.2004.渔业资源与渔场学.北京：中国农业出版社.
潘迎捷，乐美龙，黄硕琳，周应祺等.2007.水产辞典.上海：上海辞书出版社.
中国农业百科全书编写组.1996.中国农业百科全书.北京：农业出版社.
中国水产学会.2007.2006—2007水产学学科发展报告.北京：中国科学技术出版社.
http：//www.fao.org/fishery/topic/2800/en(联合国粮农组织渔业网站)

第二章

渔业可持续发展

第一节 人口、自然资源与环境

一、人　　口

中国是人口大国，拥有丰富的人力资源。人力资源是典型的流动性资源，具有明显的迁移性。人口的迁移总是与地区的经济发展区位优势和资源环境区位优势密切相关的。人力资源作为最活跃的经济要素，对经济发展和经济增长有明显的推动作用。研究渔业经济活动、制订发展战略和规划时，必须了解一个国家的人口资源量与变动趋势、人口结构、分布与人口流动趋势等情况，它们对水产品的需求、产业和市场发展等都有重要影响。

1. 人口增长预测与需求量　在最近 100 年间，随着全球经济增长和社会进步，全球的人口呈现出快速增长趋势。但是，人口增长也正给人类的生存、就业、教育、医疗、养老、资源和环境带来巨大压力。为了警示世界人口过度增长可能给人类经济社会发展带来的压力，联合国将 1999 年 6 月 16 日定为纪念全球 60 亿人口日。

在全球人口增长和经济发展的情况下，人均水产品年消费量呈现稳步增加的趋势。从 1961 年的人均 9.0 kg 增加到 2003 年的 16.5 kg。20 世纪末，传统的水产品消费大国日本的人均年水产品消费量已经达到 63 kg。人口的增加和人均消费量的提高，对水产品的产业发展和对渔业资源的需求提出了重大的挑战。

中国是世界人口第一大国，1949 年为 4.75 亿，由于政策导向等原因，人口呈现高速增长趋势，在 20 世纪末人口达到 13 亿。我国在 1957 年水产品总产量达到 346.89 万 t，是 1949 年的 7.7 倍，年均递增 29%。1975 年我国水产品人均占有量约 5 kg，1999 年达到 32.6 kg，超过世界平均水平。2005 年全国水产品总产量达到 5 101.65 万 t，水产品人均占有量为 39.02 kg，水产蛋白消费占我国动物蛋白消费的 1/3；渔业经济总产值达 7 619.07 亿元，渔业产值达到4 180.48亿元，渔业增加值2 215.30亿元，约占农业增加值的10%；全国水产品出口额78.9亿美元，占我国农产业出口总额的30%；渔民人均收入5 869元，比"九五"末增加1 140元，比农民人均收入高2 614元。渔业在保障国家粮食安全、促进农民增收和农村经济稳步发展中发挥了重要作用。但是，我国在建设小康社会的过程中，经济发展和人口的增加将对渔业资源带来双重压力。水产品需求预测研究表明，我国2030年对水产品的需求将比本世纪初增加约1 000万t。该增量将对内陆养殖，近海、外海养殖，远洋捕捞，以及相关的饲料、加工、运输等产业都提出挑战和机遇。

2. 人是流动性资源 流动资源是指在时间和空间上会变迁、移动的资源。流动资源包括水、空气、昆虫、鸟类以及鱼类。人力资源也是一种典型的流动性资源。人力资源的流动有人口流动和人口迁移之差异。人口流动是动态概念，指人口的流动过程。人口迁移通常是政府部门所组织的从原居住地搬迁到新居住地的运动过程。两者都是动态的过程，可合称为人口移动。但是，前者通常是短期的流动，具有自发性，市场调节作用力大，后者具有长期性和永久性特点，政府影响明显。

人口移动通常是环境条件和社会经济条件差异背景下的运动。环境条件、社会经济发展的差异和变化是推动人口流动和迁移的外在动力，而人类追求自身生存和发展的需求是推动人口流动的内在因素。人口的适度流动会有助于促使人类资源按照市场原则和自然资源和环境条件进行合理配置，从而推动各种经济要素最优配置，促进人口、资源、生态、经济与社会的协调发展。中国是发展中国家，农业人口多，中西部地区环境条件比较恶劣，经济发展相对于东部沿海地区慢。随着中国经济的发展，人力资源的迁移流动将利于推动人口城市化，满足沿海地区经济高速增长对人力资源的需求和控制人口数量，改善人口素质。在20世纪90年代，我国的海洋渔业经济得到快速发展，海洋捕捞渔业的经济比较优势明显高于养殖渔业，而养殖渔业的经济比较优势又高于种植业，再加上东部沿海地区相对于中西部明显的比较优势，东部沿海地区吸纳了大量内陆人力资源，充实了海洋渔业产业的劳动大军。当然，过分的集聚，也给沿海渔业资源带来了沉重的压力。

3. 人是最活跃的经济要素 经济增长的要素包括土地资源（渔业资源和水资源）、人力资源、资本资金和知识要素等。知识要素包括技术与制度。在上述4种经济要素中，与土地资源（渔业资源和水资源）、资本资金相比，人力资源是最活跃的经济增长要素。经济学研究人的行为，研究稀缺资源的有效配置，经济学在研究人的行为时，假定"经济理性人"的行为是理性的；当一个决策者面临几种可供选择的方案时，"经济理性人"会选择一个能令其效用

获得最大满足的方案。其他资源是活的要素,更多地体现出被人开发和使用的特点。

4. 人类发展指数 人类的发展所涉及的因素和指标远远不止 GDP 的升降,更重要的是社会发展和财富的积累。人类应创造一种能让人们根据自己的需求和兴趣,充分发挥本身潜力,富有成效和创造性的生活环境。为此,联合国于 1990 年提出了人类发展指数,用以测量一个国家或地区,综合人类的寿命、知识与教育水平和体面生活的总体成就。根据联合国 2001 年人类发展报告,中国的人类发展指数排位为 87 位。从渔业的角度,不仅仅是提供优质的蛋白质和美味的水产品,而且包括人类赖以生存的生态系统的和谐、休闲观赏渔业和渔文化在内的精神文化享受等。

二、自然资源

1. 自然资源的概念和特点 《辞海》对自然资源的定义为:天然存在的自然物(不包括人类加工制造的原材料),是生产活动所需的原料的来源和布局场所,如土地资源、矿产资源、水利资源、生物资源、气候资源、渔业资源等。联合国环境规划署的定义为:在一定的时间和技术条件下,能够产生经济价值,提高人类当前和未来福利的自然环境因素的总称。由此可知,自然资源是自然界中,在不同空间范围内,有可能为人类提供福利的物质和能量的总称。自然资源是人类生活和生产资料的来源,是人类社会和经济发展的物质基础,也是构成人类生存环境的基本要素。当全球人口规模不断增长,人类对物质需求不断膨胀和社会生产力高速发展后,资源短缺将困扰世界,制约经济增长和社会发展。

自然资源的主要特性之一是资源的有限性。除恒定性资源外,许多自然资源并非取之不竭用之不尽。人类赖以生存的地球表面积的 70% 为海洋所覆盖,地球土地面积只有约 149 亿 hm^2,其中能耕种的农田只有 14 亿 hm^2,放牧地只有 21 亿 hm^2。地球上的森林资源曾经达到 76 亿 hm^2,占地球土地面积的 2/3,到 1975 年减少到 26 亿 hm^2,到 2020 年,森林面积可能降到 18 亿 hm^2。在浩瀚的宇宙天体中,唯有地球有江河湖海、雨露霜雪、柳红花绿。水是地球上人类和各种生命的营养液。然而,人类社会正进入贫水时代,21 世纪人类将为水而战。全球水资源有 1 385 985 亿 m^3,淡水仅占 2.53%,而真正能利用的淡水资源只占全球淡水总量的 30.4%。目前,全世界有 60% 的地区供水不足,40 多个国家有严重水荒。

自然资源的第二个特性是自然资源利用潜力的无限性。首先,自然资源的种类、范围和用途并非一成不变的，随着技术进步和发展，使用范围不断拓展。例如，深水抗风浪网箱技术的发展，使远离陆地的、海况条件差的水域也可以用于鱼类养殖，为人类创造财富。其次，有些自然资源虽然数量有限，但是其蕴藏的能量巨大，随着技术的进步，利用潜力将是无限的。再者，有些再生性生物资源的蕴藏量虽然有限，但随着技术和管理制度的进步，可在最大利用水平上无限可循环使用。

自然资源的第三个特点是其多用性。例如，渔业资源既可以直接为人类提供动物蛋白，也可以用于休闲渔业，为人类提供观光休闲服务。自然资源的多用性要求人类在使用自然资源的过程中要考虑其机会成本，以效率最大化为目标，实现自然资源的效益最大化。

2. 自然资源的分类 在资源经济学中，最常见的资源分类方法是按资源的再生性分为再生性和非再生性资源。按照自然资源的耗竭性，自然资源可以分为耗竭性资源和非耗竭性资源。耗竭性资源按照可再生性可以分为再生性资源和非再生性资源，非耗竭性资源可进一步分为恒定性资源和易误用及污染的资源（表2-1-1）。

表2-1-1 自然资源的分类

自然资源	耗竭性资源	再生性资源	土地、森林、作物、牧场和饲料、野生与家养动物、渔业资源、遗传资源
		非再生性资源	宝石、黄金、石油、天然气和煤炭等
	非耗竭性资源	恒定性资源	太阳能、潮汐能、原子能、风能、降水
		易误用及污染的资源	大气、江河湖海的水资源、自然风光

再生性资源是指由各种生物及生物与非生物因素组成的生态系统。渔业资源是典型的可再生性资源，在合理的养护与保护条件下，渔业资源可以年复一年地永久可持续利用。如果开发使用过度，管理不当，渔业资源就会被过度利用，最终导致渔业资源耗竭与崩溃，危及渔业资源的再生能力。

非再生性资源指各种矿物和燃料资源。非再生资源是在经历亿万年漫长的岁月后缓慢形成的，存量也是固定的。非再生性资源特征是随着人们对资源的开发利用，资源存量不断减少，最终耗尽。煤和铁等矿藏是典型的非再生性资源。在制度安排中，人类应考虑该类资源的开发成本和收益之间的关系，确定合理的开发时间。

非耗竭性资源是指在目前的社会与技术条件下，在利用的过程中不会导致明显消耗的资源。非耗竭性资源大体上可分为恒定性资源和容易污染的资源。

 渔业导论

前者包括太阳能和风能,这些资源在使用过程中一般不会随着使用强度的增高而减少,因此,人类应充分加以利用。容易污染的资源有自然风光和水资源等。

易误用资源及污染的资源有水资源和自然风光等。中国水资源总量为2.8万亿m^3,居世界第6位,但人均淡水资源量仅有2 300 m^3,只相当于世界人均水平的1/4。中国被列为世界上最缺水的13个国家之一。中国不仅水资源相对较少,而且分布极不均衡。水资源的81%集中分布在长江流域及其以南地区,淮河及其以北地区的水资源仅占全国总量的19%。

水资源是渔业生产中必需的资源。淡水养殖、海水养殖、捕捞渔业、加工渔业和休闲渔业等渔业生产活动都离不开水资源。水资源虽然有一定的自净化能力,但是,过度使用容易导致污染。水资源是典型的流动性和易污染性资源,因此,使用过程中容易产生外部不经济性,导致明显的社会成本。水又是兼有无形状和有形状、动产和不动产的物质。当水与其所依附的土地空间,如河床、湖泊、水库等结合在一起成为江河和水域的时候,成为有形状物、不动产。

三、渔业资源

《农业大词典》和《中国农业百科全书》(水产卷)中将渔业资源定义为:"水产资源是指天然水域中具有开发利用价值的经济动植物的种类和数量的总称"。渔业资源按照大类可以分为鱼类、甲壳类(虾和蟹类)、软体动物(贝类等)和哺乳类等动物性渔业资源以及藻类等植物性生物资源。

1. 鱼类 鱼是全部生活史中一直栖居于水体的脊椎动物,鱼用鳍使身体前进并保持平衡,用鳃呼吸水中氧气。鱼类是地球上丰富的生物资源,不论在数量上或种类上,鱼类都在哺乳类(纲)、鸟类、爬行类和两栖类之上。地球上的鱼类基本上分为两大类,一类是海洋鱼类,一类是淡水鱼类。其中,淡水鱼类8 000余种,海洋鱼类12 000余种。

海洋鱼类种类繁多,但是捕捞价值高的鱼类并不多。在12 000种海洋鱼类中,约有200种是经济鱼类,它们的合计渔获量约占世界海洋鱼类渔获量的70%。中国近海海洋渔业资源有三大特征:①缺乏广布性和生物量大的鱼种;②中国沿海海域跨热带、亚热带和温带三个气候带,冷温性、暖温性和暖水性海洋生物都有适合的生存空间,因此,海洋生物种类组成复杂多样;③渔业资源数量有明显的区域性差异,即随着纬度的降低,渔业资源的品种依次递增,而资源密度依次递减。在中国的北方海域,鱼类种类少,但单一鱼种的资源生物量较大。南方海域物种多,鱼类色彩斑斓,体形奇异,常有较高的观赏价值(图2-1-1)。

图 2-1-1 热带鱼类

鱼类的祖先起源于大海，淡水鱼类的祖先是海洋鱼类。淡水鱼类可分为一生一世生活在淡水中的鱼类和在海淡水之间洄游的鱼类两种。终生生活在淡水的鱼类一般都是长期从河川和湖沼演化而来，如北美洲的太阳鱼。淡水鱼类中，种类最多的是鲤科鱼类，如鲤、草鱼、花鲢和青鱼。鲤科鱼类在我国淡水养殖渔业中占有极其重要的地位。另一类淡水鱼类是一生中有一段时期生活在海洋中，一段时间生活在淡水中的鱼类。这些鱼类又可以分为三类：一类是幼鱼和成鱼在淡水河口、河川、池塘和溪流中生长，生殖时回到海中繁衍后代的降河产卵鱼类（鳗）；另一类是洄游过程正好与鳗相反的溯河产卵鱼类，如鲑和中华鲟；第三类是在沿海河口间洄游的鱼类，如在长江口的海淡水区域洄游的刀鲚。

2. 甲壳类 甲壳类分为虾和蟹类两种。虾类大约有 3 000 种，蟹类有 4 500 种。虾、蟹是经济价值较高的水产动物。中国近海和沿海捕捞的主要海洋虾类有毛虾、对虾、鹰爪虾和虾蛄，主要捕捞的蟹类有梭子蟹和青蟹等，见图 2-1-2。

图 2-1-2 甲壳类：虾与蟹

3. 软体动物 软体动物大约有 10 万种。海洋中的软体动物是海洋动物中最大的门类，分布广泛。软体动物是洄游范围较小的水产经济动物。重要的经济软体动物主要是头足类和贝类，头足类有鱿鱼、乌贼和章鱼，我国重要的海水养殖经济贝类有牡蛎、蛤、贻贝和扇贝等（图 2-1-3）。"一方水土养一方人",在色彩斑斓的动物世界,不同海域的生物资源都有明显差异。如江苏省南通市生产的文蛤就具有明显优于其他海域文蛤的特点。

图2-1-3 软体动物(贝类)和海草

4. 藻类 藻类是海洋植物,通常都是定居性生物。我国养殖的主要经济藻类有海带、裙带菜、紫菜和江蓠。江苏和福建是我国紫菜的主要养殖区域。

四、海洋渔业资源的再生性与流动性

1. 海洋渔业资源是典型的再生性资源 海洋生物资源的最重要特征之一是具有可再生性,相比之下,矿物资源是不可再生的,如石油和铁矿沙,在地球上的存量是有限的。而鱼类资源和水资源虽然都是可再生资源,但是它们的更新机理完全不同。鱼类资源依靠内在遗传因子和潜在增殖力,不断进行增殖而得到补充。而日夜奔流不息的名川溪流则完全依靠外部力量从地下和降雨得到补充与更新。水资源的更新不具备反馈机制,而鱼类资源的再生具有自我反馈机制,能在一定的范围内根据自身状况调整或更新,具有抵抗外部压力的能力,例如性成熟期提早。

海洋渔业资源的再生力使海洋渔业资源犹如一条橡皮筋,捕捞强度犹如施加在橡皮筋上的外力。当施加在橡皮筋上的外力小于橡皮筋能够承受的外力时,撤销外力,橡皮筋会恢复到原来的状态;但是,当外力大于橡皮筋能够承受的外力时,橡皮筋就可能断裂,如过高的捕捞强度致使渔业资源被过度捕捞,资源衰落而难以恢复。因此,从生物学意义上来说,渔业资源制度安排的主要管理目标就是要控制捕捞强度不能超过特定海洋渔业资源种群的再生能力,防止渔业资源被过度开发。

2. 海洋渔业资源是流动性资源 海洋渔业资源不同于其他可再生资源的一个典型特征是它的流动性,而且与鸟类、石油和人类等流动性资源不同的是在流动过程中还具有不确定性和隐蔽性。鱼类产卵或越冬以后,需要强烈摄食，为了生存与生长必须进行索饵洄游以寻找饵料丰富的场所。鱼类性成熟时，体内性激素大量分泌到血液中，经内部刺激引起鱼类繁殖产卵也会导致洄游。这种为了繁衍后代维持种群数量的洄游称为产卵洄游。产卵洄游是为了寻找适合后代生长发育的水域环境。产卵洄游一般分为三类，即由深水区向浅水区或沿岸的洄游（如大、小黄鱼等）、由海洋到江河的溯河洄游（鲥、刀鲚等）和由江河向海洋的降河洄游（鳗和松江鲈等）。鱼类是变温动物，在生长过程中需要适当的水温，当水温下降时，鱼类要寻找水温合适的越冬场，常常集群进行大范围长距离越冬洄游，图 2-1-4 为我国带鱼的洄游路线。还有一些鱼类，如大麻哈鱼，会从茫茫大海中，准确地找到自己出生的河口，历经千难万

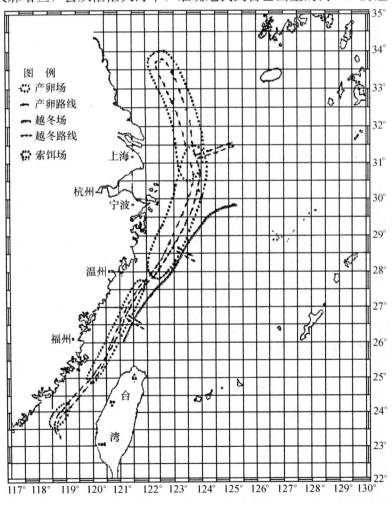

图 2-1-4　我国带鱼的洄游路线

阻，逆流而上，完成一生一次的生命大洄游。

五、环境与环境污染

环境是人类赖以生存的基础，但是，人类在寻求经济增长和社会发展的道路上遇到的一个棘手问题是如何处理经济增长与生态系统破坏和环境污染问题。由于围湖造田、开荒毁林、超载放牧、过度捕捞和不合理的灌溉等人类的非理性行为，使整个地球的环境受到破坏。土地沙漠化和盐碱化、水土流失、植被破坏、全球气候变暖、酸雨、臭氧层被破坏、赤潮等环境污染和生态系统失衡等现象屡见不鲜。

环境污染和生态系统的破坏给人类带来的危害是巨大的，会直接影响人类的生存条件。对渔业生产而言，气候变暖、酸雨和赤潮等会严重威胁海洋捕捞渔业和养殖渔业。

1. 气候变暖 自1860年有气象仪器观测记录以来，全球平均温度升高了0.4~0.8 ℃。科学家对全球气候变化进行预测，结果表明到2100年，地表气温将比1990年上升1.4~5.8 ℃。地球变暖可能带来的危害有海平面升高、冰川退缩、冻土融化、改变农业生产环境、使人类疾病与死亡率提高，给人类带来极大的危害。气候变暖还会影响鱼类的分布和生存环境，影响渔业生产。

2. 酸雨 酸雨目前已经成为备受全球关注的环境问题之一。所谓酸雨，就是pH小于5.6的降水。酸雨是人类向大气中排放的过量二氧化碳和氮氧化物转化造成的。20世纪末期，美国有15个州降雨的pH小于4，比人类食用醋的酸度还要低。酸雨对生态系统的影响很大，它可以导致湖泊酸化，影响鱼类生存，危害森林，"烧死"树木，加速建筑结构、桥梁、水坝设备材料的腐蚀，并对人体健康产生直接或潜在的影响。

酸雨对生态系统的影响非常大，最为突出的问题就是湖泊酸化。当湖水或河水pH小于5.5时，大部分鱼类难以生存，当pH小于4.5时，各种鱼类、两栖动物和大部分昆虫与水草将死亡。

3. 赤潮 赤潮是一种自然生态现象。赤潮又称为红潮或有害藻水华。赤潮的发生机理比较复杂，国际上还没有权威的定论。但是，一致的共识是赤潮与海域环境污染有直接关系。赤潮通常是指海洋微藻、细菌和原生动物在海水中过度增殖导致海水变色的一种现象。

赤潮是海水中氮磷等营养物质过富裕造成的"富营养化"所致。中国的赤潮高发区为渤海、大连湾、长江口、福建沿海、广东和香港海域（图2-1-5）。这些海域沿岸人口集中，经济活跃，过度排放的工业与生活污水，不仅使近沿海水域无机氮和磷酸盐污染严重而导致赤潮的发生，而且导致鱼类死亡现象频发（图 2-1-6）。

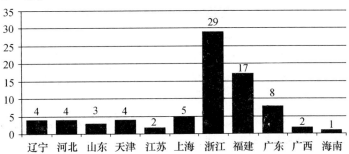

图 2-1-5　2006 年我国沿海赤潮发生的次数

赤潮由大量藻类组成，其产生的毒素，不仅会使贝类、鱼类死亡，而且毒素在贝类和鱼类体内会累积，人食用后，也会中毒，严重时会死亡。有些贝类，如贻贝、牡蛎、扇贝等对毒素并不敏感，而自身累积能力很强，很容易引起贝类食后中毒。环境中毒性物质的积累如图 2-1-7 所示。有些赤潮藻类虽然无毒，但它在自身繁衍中会分泌大量黏液，附在鱼贝类的鳃上阻碍生物呼吸而导致海洋生物死亡。环境污染的加剧，导致赤潮发生的频率增加，规模不断扩大，严重破坏了海洋渔业资源的生存环境和海水养殖业的发展，威胁海洋和人类的生命安全。赤潮已经成为海洋中重要的自然灾害。

图 2-1-6　工厂污水的污染和鱼类死亡

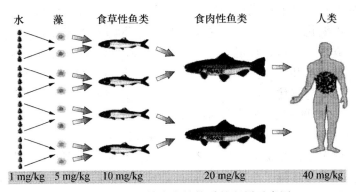

图 2-1-7　环境中毒性物质的积累示意图

六、历届世界环境日主题

20世纪后叶,许多有识之士提出人类社会可持续发展和环境、资源等问题。召开一系列会议和活动,引起全球各界的关注。世界环境日就是其中重要的有影响的活动之一。

1972年6月5~16日,联合国在瑞典首都斯德哥尔摩召开人类环境会议,建议6月5日为世界环境日,该建议在1972年10月第27届联合国大会通过。1974年以后的历届世界环境日主题如下。

1974:只有一个地球
1975:人类居住
1976:水,生命的重要源泉
1977:关注臭氧层破坏、水土流失、土壤退化和滥伐森林
1978:没有破坏的发展
1979:为了儿童的未来——没有破坏的发展
1980:新的10年,新的挑战——没有破坏的发展
1981:保护地下水和人类食物链,防治有毒化学品污染
1982:纪念斯德哥尔摩会议10周年——提高环境意识
1983:管理和处置有害废弃物,防止酸雨破坏和提高能源利用率
1984:沙漠化
1985:青年、人口、环境
1986:环境与和平
1987:环境与居住
1988:保护环境、持续发展、公众参与
1989:警惕全球变暖
1990:儿童与环境
1991:气候变化——需要全球合作
1992:只有一个地球——关心与共享
1993:贫穷与环境——摆脱恶性循环
1994:一个地球,一个家庭
1995:各国人民联合起来,创造更加美好的世界
1996:我们的地球、居住地、国家
1997:为了地球上的生命
1998:为了地球上的生命,拯救我们的海洋
1999:拯救地球就是拯救未来
2000:让我们行动起来
2001:世界万物,生命之网
2002:让地球充满生机
2003:给地球一个机会
2004:海洋兴亡,匹夫有责
2005:营造绿色城市　呵护地球家园
2006:沙漠和荒漠化
2007:冰川消融:后果堪忧

第二节 经济增长与渔业管理

一、渔业经济增长的要素

1. 推动经济增长的要素分类与特点　推动经济增长的源泉有人力资源、土地等自然资源、资本资源和知识资源。知识资源又可以进一步分为技术要素和制度要素。渔业资源和水资源是渔业经济增长的物质基础，渔业资源和水资源对渔业经济增长的作用犹如土地之于农业生产。古典经济学鼻祖亚当·斯密认为"土地是财富之母，劳动是财富之父"，而渔业资源和水资源就是渔业经济增长之母，离开了水资源和渔业资源，渔业生产活动将无法展开。斯密在《国富论》中还写道："财富并非由金或银带来，全世界的财富最初都是通过劳动得到的"。渔业生产劳动者在渔业经济增长过程中也是重要的要素之一。在所有经济要素中，人力资源是最活跃的经济要素，人力资源是使用与控制资本资源、知识资源和土地资源的经济要素。随着人类对经济学研究的深入，人类开始更重视制度在推动经济增长中的作用，因为制度具有调整人力资源活力的功能，有助于提高人的劳动积极性而推动经济增长。

渔业资源和水资源拥有与其他经济活动使用的自然资源不同的特性，使渔业生产活动中人力资源、资本资源、技术和制度要素的经济增长作用与这些要素在其他产业中扮演的角色有一定的差异。了解渔业资源与水资源的生物生态特性和由此带来的经济社会属性就具有重要意义。

2. 渔业资源的经济社会特性

(1) 渔业资源的稀缺性和应用潜力的无限性　相对于人类需求的无限性，渔业资源是一种稀缺性资源。在工业革命后，人类对渔业资源的采捕强度不断提高，在第二次世界大战后越演越烈。1950年，世界海洋渔业的捕捞总产量就达到了2 110万t，超过了战前的最高水平。随着社会进步、人口增长和生活水平提高，人类对水产蛋白质的偏好升温，优质水产品价格持续高涨，对水产品的需求量不断增长。20世纪末，全球1/3海洋渔业资源处于过度开发状态。中国绝大部分近海海域的渔场已被过度开发，渔业资源严重衰退。

技术进步和制度创新能提高渔业资源的应用潜力。深水网箱技术的开发为人类拓展了可以用于鱼类养殖的深海海域。渔业管理制度的创新，能有效控制对渔业资源的过度捕捞而提高开发潜力。

(2) 渔业资源的整体性　每一种生物都处在食物链上的一定营养级上，处于食物网的某一个位点上。在一个生态群落中，生产者制造有机物，消费者消耗有机物。生产者和消费者之间相互矛盾又相互依存，构成一个稳定的生态平衡系统。在这个系统中的任何一个环节、一个物种受到破坏，原有系统就会失去平衡，整个系统就需调整，达到新的平衡，也可能崩溃。渔业资源作为生物资源，是生态系统的重要组成部分，因此，在设计渔业制度时，必须充分考虑生态系统的平衡性，考虑生态系统中的各种资源要素的相互关系。

（3）**渔业资源的地域性** 不同海区的渔业资源有明显的区域性。如黄渤海的生物资源总量大，但鱼类的种类较少；而南海海域渔业资源的生物总量偏小，但是鱼类种类较多。作为海域的特种水产品，大连的扇贝、南通的文蛤和紫菜、舟山的带鱼都是我国广大消费者喜食的名牌水产品。

（4）**渔业资源的多用性** 渔业资源具有多用性。如海水资源可用于养殖，也可用于航海和旅游事业。渔业资源可以直接被捕捞，为人类提供优质蛋白质，也可以发展游钓等休闲渔业，为人类提供娱乐服务。在渔业资源的开发利用过程中，当以某种方式开发渔业资源时，就失去了以其他方式利用渔业资源的机会。因此，在制定渔业制度时，必须充分考虑渔业资源的优化配置和开发过程中的机会成本。

（5）**渔业资源的产权特征** 《中华人民共和国宪法》总纲第九条规定"矿藏、水流、森林、山岭、草原、荒地、滩涂等自然资源，都属于国家所有，即全民所有"。我国海洋渔业资源的产权是明晰的。但是，渔业资源的流动性和迁移性使其使用权难以明晰，"无主先占"性容易导致过高的交易成本。

海洋渔业资源的流动性，使其成为具有公有私益性的公共池塘资源。公共池塘资源是有竞争性的，但无排他性的物品。在低管理成本下不能实现使用的排他性，而且资源的消费具有明显的竞争性。海洋渔业资源的私益性刺激海洋渔业资源使用者大规模地竞争性开发，容易导致公共事物悲剧。我国的《渔业法》虽然规定了渔业资源的产权属性，但是明晰渔业资源产权的使用权或经营权相当困难。在20世纪末期和新世纪之初，我国渔业资源产权的使用权通常采用许可制度配置给从事海洋捕捞渔业生产的专业捕捞渔民（图2-2-1），用养殖许可证将养殖水域的使用权配置给养殖企业或农户。

3. 水资源的特性 根据《中华人民共和国宪法》、《中华人民共和国民法通则》、《中华人民共和国水法》、《中华人民共和国渔业法》等法律，我国水资源为国家所有或集体所有。水资源也是流动性可再生性资源，与渔业资源一样，在使用过程中有明显的外部不经济性，容易过度使用导致污染和公共池塘悲剧。

图2-2-1 20世纪末和新世纪之初,中国的渔业捕捞许可证

二、渔业资源利用的经济现象

1. 公共池塘资源（渔业资源）悲剧 鱼类和海洋水资源的流动性,致使资源使用权界定与确认困难。渔业资源的公有私益性以及理性经济人追求效用最大化的行为是造成公共事物悲剧的原因。古希腊哲学家亚里士多德在其《政治学》中断言:"凡是属于最多数人的公共事物常常是最少受人照顾的事物,人们关怀着自己的所有,而忽视公共的事物"。英国学者哈丁1968年认为,"在共享公共事物的社会中,毁灭是所有人都奔向的目的地,因为在信奉公共事物自由的社会中,每个人均追求自己的最大利益"。亚里士多德和哈丁的论述表明,公共物品被滥用是必然的。海洋渔业资源有典型的公有性又具有满足消费者私利的私益性,因而,海洋渔业资源很容易被滥用而引起捕捞过度。

2. 外部性市场失灵 外部性市场失灵是由于经济活动的企业成本与社会成本不一致造成的。工厂排放废水污染环境,工厂的私人成本没有增加,社会治理环境的社会成本就会提高,造成外部成本大于私人成本的外部不经济性。

海水养殖生产具有外部不经济性。养殖生产者进行海水网箱养殖,为追求利润最大化和提高生产率,倾向于过度放养。在过度放养时,为控制疾病需投放添加抗生素的饲料和使用农药。过度投放的饲料和农药会随着海水的流动,造成相邻水域污染。这时就会因外部不经济性带来社会成本增加。大量的海洋捕捞渔船集中在一个较小的渔场作业,会产生拥挤效应（图2-2-2）,带来渔业矛盾和摩擦,导致外部不经济性。在捕捞(养殖)渔民数量较少时,生产

渔业导论

者可以通过谈判形成一个联合体，缓解矛盾。但是，当经济活动主体个数增多，市场难以将外部效应内部化时，市场机制就会在渔业生产活动中失灵。

3. 公共物品性市场失灵 公共物品的供给是不可分的，不能完全按市场机制来配置。因此，公共物品是私人无法生产或不愿意生产的物品，是必须由政府提供

图 2-2-2 捕捞竞争

或政府、企业和个人共同提供的产品或劳务。海洋渔业资源是典型的公共性物品。每一位渔民或每一条渔船的捕捞作业行为，仅仅考虑的是个人的边际产出和边际收益，而不顾及增加捕捞强度对其他渔船的影响。在群众渔业成为主体的情况下，公共池塘资源开发利用的公共性失灵会带来经济效率损失和市场调节公共性物品的失灵。

三、渔业管理与经济增长

（一）渔业管理目标

渔业生产的管理目标是使渔业资源维持在产生最大效益的水平上，实现渔业资源的可持续利用。渔业管理目标，因不同国家的生态、经济与社会环境的差异和国家追求的经济与社会目标的不同而不同。例如，在 20 世纪末期，许多发展中国家管理海洋捕捞渔业的过程中，维护渔业的可持续发展和保证渔民就业总是主要的管理目标。

渔业资源管理往往涉及不同国家、不同区域渔民、使用不同渔具的渔民利益冲突。因此，渔业资源管理必须兼顾经济效益、社会效益和生态效益。同时，只有不同国家、地区的渔业主管机构和渔民密切合作，才能有效实施管理，实现渔业资源的可持续利用。

1. 最大持续产量目标 最大持续产量理论与管理目标以渔业资源的生物学特性为基础，以最大持续渔获量为目的，是目前主要渔业国家建立渔业管理目标时的基本理论依据，也是国际上渔业资源管理的基本理念。美国等渔业发达国家在签订有关多国家间的渔业协定中，大多以最大持续产量作为协议的管理目标。

最大持续产量目标以 Graham 和 Schaefer 早期提出的模型（剩余产量模型）为理论基础，该理论基于以下五点假设：

① 在给定生态系统中，任何一个资源群体在接近该系统最大生物载量后

都会停止生长。

② 最大生物载量接近未开发资源群体的生物量 B_0。

③ 最大生物载量随时间变化过程可用逻辑斯谛曲线描述；在最大生物载量的 1/2 处得到最大持续产量 (MSY)，在最大生物载量和 B_0 处的生物量增长率等于零（图2-2-3）。

④ 在 MSY 处，群体净增长最高，为剩余产量最大值。

⑤ 如果人类能合理开发利用资源，就可以无限期地维持最大剩余产量。

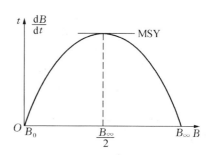

图2-2-3　最大持续产量简图

2. 最大经济产量目标　根据收益＝渔获量×价格之公式，可直接将 Schaefer 平衡产量曲线转换成平衡总收入曲线，得到最大经济产量曲线。根据最大经济产量分析示意图（图2-2-4），当捕捞努力量 f 等于最大经济产量（f_{MEY}）时，渔业经济效益最高；当 $f>f_{MEY}$ 时，经济捕捞过度，生产的经济效益下降；当 $f<f_{MEY}$ 时，经济学利用不足；当 $f_{MEY}<f<f_{MSY}$ 时，经济学捕捞过度。

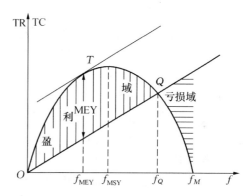

图2-2-4　最大经济产量分析示意图

3. 最大社会产量　在充分就业和开放式自由入渔的状态下，捕捞努力量常大于获得 MSY 的捕捞强度，此时捕捞成本曲线为 TC（含人力资源机会成本）。在 TC＝TR（总收益）处渔业生产获得正常利润，将 TC 曲线向上平移到与收益曲线相交点获得最大经济产量。获得最大社会产量（MSCY）的捕捞努力量 f_{MSCY} 通常远远高于获得最大经济产量的捕捞努力量 f_{MEY}。由图2-2-5可见，在 f_{MSCY} 的状态下，剩余利润虽然比 f_{MEY} 状态下低（$dg<ab$），但是从社会总利润（工资＋利润）来看，f_{MSCY} 状态下的社会总利润较高，其差为 df。

4. 最佳持续产量和最适产量　在1974年美洲水产学会召开的"渔业管理理念——最佳持续产量"研讨会上，反思了最大持续产量理论在渔业管理中的利弊，提出了最佳持续产量和最适产量的概念。学者们认为对任何鱼类资源的利用都应综合考虑生物、经济、社会和政治价值，使全社会能获得最大效益。在这次研讨会上，还提出了 200 n mile 专属经济区管理体制。1977 年，美国为了保护本国渔业利益，宣布实施了 200 n mile 渔业水域制度。1982 年《联合国海洋法公约》签订以后，明确了 200 n mile 专属经济区制度，国际渔业资源管理体制发生了重大的变化。

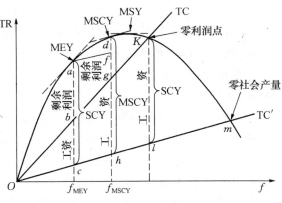

图 2-2-5　最大社会产量分析示意图

5. 通过建立专属经济区，加强管理，实现可持续发展目标　专属经济区概念是 1973—1982 年第三次联合国海洋法会议期间，广大沿海国为了维护本国的海洋权益，合理开发利用海洋资源时提出的。专属经济区是指位于领海外并邻接领海，实行特定法律制度的一个特别海域。专属经济区从领海基线量起不超过 200 n mile，除去领海宽度 12 n mile，实际宽度 188 n mile。按照《联合国海洋法公约》的规定，沿海国在 200 n mile 专属经济区内享有以勘探和开发、养护和管理海床、上覆水域和其底土的自然资源包括海洋生物资源在内的主权权利。未经沿海国许可，任何国家不得在其专属经济区内开发利用（包括渔业资源在内的）自然资源。在经沿海国同意进入沿海国专属经济区从事捕鱼活动后，除必须遵守对方国家的有关法规外，同时应遵守双方所签订的有关协议。沿海国应承担养护和管理海洋生物资源的主要责任和义务，采取正当的养护和管理措施，确保专属经济区内生物资源不受过度开发。这对渔业管理无疑是提出了新的要求。

为了探索人类繁荣昌盛的可持续发展道路，1992 年 6 月在巴西里约热内卢召开了 183 个国家和 70 多个国际组织参加的联合国环境与发展大会，强调了可持续发展的重要性。按照《我们共同的未来》中的定义，可持续发展的核心观点是：当代人对资源的利用在满足当代人需要的同时，不应对后代人在发展与环境方面的需要构成危害，即要实现人与自然协调的"天人合一"，以及当代人与后代人协调发展的资源可持续利用。

（二）渔业管理方法与技术

海洋捕捞渔业管理可以分为投入控制管理、产出控制管理和综合渔业管理。20 世纪 80 年代以前，世界各国的渔业管理基本上实行投入控制管理。但是，未来的渔业管理制度正向产出控制管理制度转变。投入控制管理实施简便，执行经费低。产出控制管理实施的成本高，但是管理精度高。综合控制管理是日本、韩国等广泛实施的渔业管理制度，在多鱼种、多渔船的小规模渔业生产中较多采用。产出控制管理和综合控制管理分别代表不同的渔业管理理念和模式。

1. 投入控制管理　到 21 世纪初期，中国海洋渔业实施的管理制度还是典型的投入控制管理制度。该制度的管理内容主要包括禁渔期、禁渔区、渔具限制、渔场限制和可捕规格限制等。

渔具的管理目标是：①降低渔具对幼鱼、亲鱼资源的影响；②提高渔具选择性，降低兼捕和混捕率；③缓解和调和同一捕捞渔场中，不同渔具间矛盾。中国的捕捞渔业作业类型分为 9 类，即刺网、围网、拖网、张网、钓具、耙刺、陷阱、笼壶和杂渔具。

渔场管理的目的是通过保护产卵场、幼鱼渔场和维持渔场作业秩序，实现渔场的可持续利用。具体管理内容包括制定合理的捕捞强度和可捕产量、合理安排渔场、调整与优化海洋捕捞作业结构。

对海洋捕捞渔船的管理实行许可制度。我国海洋捕捞渔船必须持有《渔业船舶检验证书》、《捕捞许可证》和《渔业船舶登记证书》三证才能合法地进行海洋捕捞作业。我国捕捞许可证分为海洋渔业捕捞许可证、公海渔业捕捞许可证、内陆渔业捕捞许可证、专项（特许）渔业捕捞许可证、临时渔业捕捞许可证、外国渔船捕捞许可证和捕捞辅助渔船许可证等 7 类。

在 20 世纪末，中国海洋渔业生产中最典型而综合性的投入控制管理制度是伏季休渔。中国的海洋伏季休渔制度 1995 年正式实施。在 15 年的制度变革过程中，休渔范围、休渔时间和休渔限制的作业类型都在不断扩大。1995 年，农业部渔业局用《关于修订东海、黄海、渤海渔业管理制度的通知》规定了伏季休渔制度。1998 年，黄渤海与东海区的伏季休渔范围和渔船对象及时间得以调整。1999 年，农业部规定从 1999 年开始，北纬 12°以北的南海海域（含北部湾），每年 6 月 1 日 00 时至 9 月 15 日 24 时禁止所有拖网（包括拖虾、拖贝作业）、围网、掺缯作业。

在中国管辖海区实施伏季休渔的同时，中国的长江也从 2 月 1 日到 4 月 30 日实施了渔期制度，该制度涉及的江段超过 8 000 km、流域面积 44 万 km^2、10 个省（市）400 多个县（区、市）。见图 2-2-6 和图 2-2-7。

2. 产出控制管理　1982 年《联合国海洋法公约》签订和生效后，为了更好地养护和利用渔业资源，欧美等渔业先进国家先后引进产出控制管理法。日本与韩国等 1997 年后也逐步实施产出控制管理。2000 年 10 月 31 日，第九届全国人民代表大会常务委员会第十八次会议对原渔业法进行了修改，新《渔业

图2-2-6 中国伏季休渔制度示意图及休渔的渔船

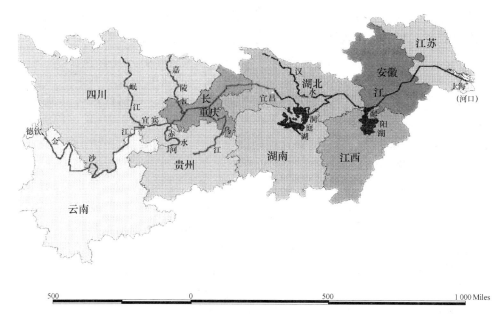

图 2-2-7 长江禁渔区域示意图

法》规定我国海洋渔业应实行捕捞限额制度。由此，中国开始踏上了探讨实施产出控制管理方法可行性的艰难路程。产出控制管理方法是依照最大可持续产量，采用捕捞配额（TAC）方法限制渔获量的管理模式。

（1）总许可捕捞量　总许可捕捞量是指在一定海域内，特定种群的最大可允许捕捞生物量。确定某一鱼种 TAC 的基本过程如下：首先，评估捕捞对象的最大持续产量；其次，根据 MSY 并考虑渔业利用国的社会和经济等因素后决定总可捕捞量；再次，公平合理地分配总可捕捞量；最后，统计累计渔获量，并在达到 TAC 时发出全面停止捕捞该鱼种的禁捕令。

（2）奥林匹克式 TAC 制度　奥林匹克式的自由捕捞是最简单的 TAC 管理体制。它是在确定总可捕捞量后，由捕捞渔民同时开始捕捞生产，当总捕捞量达到规定的 TAC 后，所有作业渔船同时退出捕捞作业的管理制度。

（3）个人渔获配额（individual quota，IQ）制度　个人渔获配额制度是将每年总 TAC 分成若干份额，公平公正地分给渔业企业、渔民或渔船，由这些经济体确定其一年内捕捞方式的管理制度。在实施个人渔获配额时，当个人渔获量超过其捕捞配额后，就停止该渔民或企业捕捞该鱼种。由 TAC 向 IQ 制度变迁可能带来的益处有：有助于解决集中性过度捕捞、渔获物价格下降等捕捞经济效益下降问题；有助于提高渔获质量；降低加工成本，提高平均价格；缓解奥林匹克式自由捕捞制度下的无序竞争，降低交易成本。而可能产生的问

题有：可能产生资源分配不公；可能促使渔民在海上抛弃低价值鱼而导致对低价值鱼的过度利用；出现谎报或虚报渔获量现象；管理成本更高。

（4）个人可转让配额（individual transferable quota，ITQ）制度 个人可转让渔获配额制度是在 IQ 制度的基础上，允许渔获配额转让和买卖演变而来的渔业管理制度。在 ITQ 制度下，渔获配额可视为一种财产，与其他私有物品或财产一样可以转让、买卖或交换，表现出明显的产权特征。

3. 综合渔业管理 综合渔业管理制度兼有投入控制管理和产出控制管理。在我国台湾省及日本和韩国等国家的近岸渔业和内陆水域广泛实施的渔业权制度可以视为典型的综合渔业管理制度。渔业权制度是一种渔业行业的自我管理制度，由政府授权渔业协会，由渔业协会制订有关的管理规章。这种制度将渔民团体的利益与渔业管理联系起来，能调动渔民和渔民团体的积极性。

中国的近沿海海洋渔业是大农业的重要组成部分。广大渔民沿江河湖海而居，世代以渔为生，水域、滩涂是广大渔民主要的生产和生活资料。1986 年制订并于 2000 年修订的《渔业法》以法律的形式将中国 20 世纪 50 年代以来一贯坚持的鼓励开发、利用水面、滩涂和渔业资源，落实使用权，定权发证的政策确定下来，全面建立了水面、滩涂养殖使用和捕捞许可制度。中国近沿海的养殖使用权制度是特许取得的全民所有水域滩涂养殖使用权，由县级以上地方人民政府核发养殖证予以确认。捕捞权是经特许取得的捕捞权，按法定权限由有关渔业行政主管部门发放捕捞许可证，予以确认。自由取得的渔业权无书面表现形式。捕捞许可证规定的内容包括许可作业类型、作业场所、作业时间、渔具类型与数量、捕捞限额等。

四、从线性到循环：经济增长方式的转变

就经济社会发展与环境资源的关系而言，经济发展过程中经历了三个过程：一是传统的经济增长模式；二是生产过程末端治理模式；三是循环经济增长模式。

1. 传统经济增长模式 在传统的经济增长模式中，人类与环境资源的关系是人类犹如寄生虫一样，向资源索取想要的一切，又从来不考虑环境资源的承受能力，实行一种"资源—产品生产—污染物排放"式的单向性开放式经济增长方式，见图 2-2-8。在早期，人类的经济活动能力有限，对资源环境的利用能力低，环境本身也有一定的自净能力，因此，人类经济活动对资源环境的破坏并不明显。但是，随着技术进步、工业发展、经济规模扩大和人口增长，人类对环境资源的压力越来越大，传统的经济增长模式导致的环境污染、

资源短缺现象日益严重，人类生存受到自身发展带来后果的惩罚。

2. 生产过程末端治理模式 生产过程末端治理的经济增长模式开始重视环境保护问题，强调在生产过程的末端实施污染治理。目前，许多国家和地区依然采用末端治理的经济增长模式。

图2-2-8 传统的线性经济增长模式

支撑该经济增长模式的理论基础主要有庇古的"外部效应内部化"理论和"科斯定理"。前者认为通过政府征收"庇古税"可以控制污染排放，后者认为只要产权明晰，就可以通过谈判方式解决环境污染和资源过度利用问题。后来又出现了"环境库兹涅茨曲线"理论，认为环境污染与人均GDP收入之间存在倒"U"关系，随着人均GDP达到一定程度，环境污染问题就会迎刃而解。这些理论对遏制环境污染问题的扩展曾起到过巨大的作用。

生产过程末端治理的经济增长模式虽然也强调环境保护，但是，其核心是一切从人类利益出发，把人视为资源与环境的主人与上帝，从不顾及对环境及其他物种的伤害。恩格斯说过："我们不要过分陶醉于我们人类对自然界的胜利。对于每一次这样的胜利，自然界都要对我们进行报复。每一次胜利，起初确实取得了我们预期的结果，但是往后和再往后却发生了完全不同的、出乎预料的影响，常常把最初的结果又消除了。"从资源严重短缺和环境污染日趋严重的现实来看，人类必须对生产过程末端治理的经济增长模式认真反思。

3. 循环经济增长模式

（1）循环经济增长模式的概念　经济增长稍一加速，很快就会遭遇资源与环境这一瓶颈问题。所以人类必须反思传统经济增长模式带来的问题，探讨经济增长模式的转变。在20世纪60年代，美国经济学家鲍尔丁提出了"宇宙飞船理论"，萌发了循环经济思想的萌芽。强调经济活动生态化的第三种经济增长模式——循环经济增长模式随之应运而生。循环经济增长模式强调遵循生态学规律，

图2-2-9 循环经济增长模式

合理利用资源与环境，在物质循环的基础上发展经济，实现经济活动的生态化。循环经济增长模式的本质是生态经济，强调资源与环境的循环使用，是一个"资源—产品—再生资源"的闭环反馈式经济活动过程（图2-2-9）。

(2) 循环经济增长模式的特点 循环经济增长模式的最重要特点包括：①经济增长主要不是靠资本和其他自然资源的投入，而是靠人力资本的积累和经济效率的提高实现的；②提高经济效率主要依靠技术和制度等知识要素；③经济增长从"人类中心主义"转向"生命中心伦理"；④重视自然资本的作用；⑤关注生态阈值。

(3) 循环经济的 3R 原则 循环经济增长模式强调 3R 原则，即减量化（reduce）、再使用（reuse）和再循环（recycle）原则。在人类经济活动中，不同的思维模式可能带来不同的资源与环境使用模式。一是线性经济与末端治理相结合的传统经济增长模式；二是仅仅考虑资源再利用和再循环的经济增长模式；最后是包括 3R 所有原则在内，强调避免废物优先的低排放或零排放的经济增长模式。

第三节 现代渔业经济增长方式

中国人口众多，土地、水等自然资源相对短缺，粮食问题始终是经济发展中的首要问题。1978 年以后，中国经济得到了快速发展，渔业经济也获得了长足的发展。1989 年，中国的水产品产量达到 1 332 万 t，首次居于世界第一位，到 2009 年已经连续 20 年居世界之首。中国水产品产量在 1978 年只有世界总产量的 6.3%，2007 年中国的渔业总产量就占全球总产量的 1/3。中国的渔业为中国粮食安全、调整和优化农业产业结构、增加农民收入、吸纳农业剩余劳动力和出口创汇做出了应有的贡献。

20 世纪末期我国的渔业产业发展与其他产业相似，主要是依靠占用大量自然资源、廉价人力资源和引进外国资本发展起来的。中国渔业经济增长是典型的线性增长模式。在历史的脚步跨入 21 世纪以后，中国的渔业经济增长、渔业发展、渔村建设和渔民生活都面临巨大挑战。海洋与淡水渔业资源被过度捕捞，捕捞强度大大超过渔业资源的再生能力，捕捞渔船的经济效益不断下降。缺乏合理的规划而滥用海域和淡水资源，导致水域资源污染的日趋严重，水产品价格持续低迷，渔业可持续发展面临严峻挑战。转变渔业经济增长方式，推进循环经济型的现代渔业经济增长模式成为 21 世纪渔业经济可持续发展的必然趋势。

一、传统渔业经济增长模式中的要素投入

1. 渔业劳动力持续增长 中国是劳动力剩余的国家，在传统渔业经济增

长模式下,渔业劳动力连年持续增长。仅在海洋捕捞渔业,2001 年的专业捕捞劳动力就达到 120 万人。在海洋捕捞渔村实行承包渔船经营期内的 1989 年到 1994 年,中国海洋捕捞专业劳动力绝对增长 11.2 万人,平均每年增长 2.2 万人。过剩的渔业人力资源投入对海洋渔业资源构成巨大压力,导致捕捞过度,1999 年以后渔业经济的效率开始持续下降,见图 2-3-1。由于东部沿海地区较发达,养殖渔业具有高于种植业的比较优势,淡水海水养殖渔业产业的劳动力投入也持续增长。

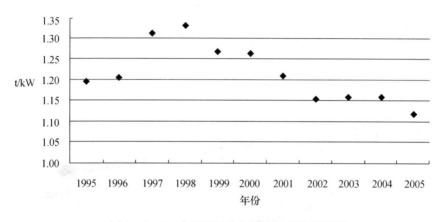

图 2-3-1 中国近沿海海洋捕捞渔船 CPUE

2. 渔业投资持续增长 1978 年,中国的海洋捕捞功率为 169 万 kW,实行渔船承包经营体制后,海洋捕捞渔船的努力量快速递增。2004 年,捕捞功率达到 1 374 万 kW,比 1980 年净增长 1 174 万 kW。但是,在海洋渔业投资持续增长的过程中,单位捕捞努力量的经济效率不断下降,每千瓦努力量的渔获量由 1975 年的 2.12 t 下降到 1989 年和 1990 年的历史最低点。

陈新军(1998,2001)以东海渔业区渔业资源为对象,对中国近海渔业资源可持续利用进行了实证研究,结果证明,东海渔业区渔业资源的开发利用经历了轻警、中警、重警和巨警阶段。在重警阶段(1984—1996),渔货物营养级水平偏低;优质鱼类渔获量占总渔获量的比重只有 30%~40%、每千瓦渔获量均在 0.90 t 以下。到 20 世纪末,中国海洋捕捞渔业的渔船经济效益已经相当低下,无论生物学意义上,还是经济学意义上的海洋渔业可持续发展都面临危机。

3. 自然资源的投入 中国海洋渔业资源的特点是生物物种具有多样性,但是种群生物量普遍较低。到 21 世纪初期,中国海域已经开发的渔场面积有 81.8 万 n mile^2,大部分渔业资源被过度利用。200 n mile 专属经济区制度的实施将进一步使中国的海洋捕捞渔场面积减少。中国的浅海和滩涂总面积约 1 333 万 hm^2，按 20 世纪末的科学技术水平，可用于人工养殖的水域面积为 260 万 hm^2，而已经开发利用的面积达到 100 万 hm^2。如图 2-3-2 所示为江苏省南通市的滩涂藻类养殖和虾、蟹、贝类养殖情况。中国土地资源也十分稀缺。20 世纪末，中国陆地自然资源的人均占有量低于世界平均水平，人均耕地面积为 0.079 hm^2，相当于世界平均水平的 1/4，广东、福建和浙江等省的人均耕地面积只有 0.04 hm^2 左右，低于联合国规定的人均耕地警戒线 0.053 hm^2 以下。中国的淡水资源极为稀缺，人均占有量仅为世界平均水平的 1/4。随着人口增长、生活水平提高，人类对淡水的需求将持续增长。到 20 世纪末近 30 年的渔业经济高速增长过程中，中国的自然资源已被过度投入，持续增长的量还将受到经济社会发展的制约。

图 2-3-2　江苏省南通市的滩涂藻类养殖和虾、蟹、贝类养殖

4. 知识要素的投入　　除资源、劳动力和资本制约渔业经济增长外，技术进步和制度变革也是影响现代经济发展与增长的重要因素。但是，由于海洋渔业资源和水域资源具有不同于土地资源的经济社会特征，是典型的公共池塘资源，海洋捕捞渔业中，技术进步是双刃剑，既可以推动经济增长，也可能因应用管理不当，对海洋渔业发展带来不利影响。20 世纪 60 年代，捕捞技术进步，推动世界渔业进入高速发展时期。伴随着世界渔业的发展，中国海洋捕捞强度也日益增长。1971 年，中国渔轮实现了机帆化，渔船装上起网机。渔船机械化，扩大了作业渔场，渔业经济得到发展。但是，由于没能够有效管理捕捞技术的应用，技术进步导致捕捞强度过快提高，最终导致渔业资源过度利用，捕捞效率下降。制度也是经济增长的源泉。制度通过降低交易成本、克服外部不经济性和提高要素利用效率而有明显的提高经济效率的作用。在未来中国渔业经济发展的历程中，应重视技术和制度等知识要素对渔业经济增长的作用。

二、现代渔业经济增长路径

20世纪下半叶以来日趋严重的环境问题,迫使人类反思经济增长的路径。1万年以前的农业革命和18世纪的工业革命,虽然在人类历史的长河中有极其重要的意义,但是这两场革命也给环境、生态系统和生物资源带来一定程度的破坏和危害。通过转变经济增长方式进行一场深刻的环境革命已经成为人类必须面对的现实。未来渔业经济增长必须推动传统的线性经济增长模式向循环经济型的现代渔业经济增长模式的转变,摒弃以人力资源、资本和自然资源为主要经济增长动力的渔业经济增长模式,并向以技术和制度为主要经济增长动力的渔业经济增长模式转变。

1. 优化提高产业结构,从强调渔业生产向强调渔业资源环境提供服务方向转变 渔业亦称水产业,是以栖息和繁殖在海洋和内陆水域中的经济动植物为开发对象,进行合理采捕、人工增殖、养殖和加工以及用于观光、休闲等为人类提供各种商业服务的产业部门。渔业作为一个生产体系,成为国民经济的一个重要组成部分。如图2-3-3至图2-3-6所示。

图2-3-3 高密度循环型工厂化养殖渔业

图2-3-4 长江口的捕捞渔业(定置网)

图2-3-5 斑点叉尾鮰的加工鱼片

图2-3-6 淡水湖中藻类大量繁殖

水产捕捞业和养殖业是人类直接从自然界取得产品的部门,称第一产业。水产品加工业是对第一产业和产业提供的产品进行加工的产业,属于第二产业。休闲渔业是为消费者提供最终服务和对生产者提供中间服务的部门,也称

为第三产业。第三产业还包括渔业保险与金融、水产品流通与销售、游钓渔业、观赏渔业等。渔业产业结构是指渔业内部各部门，如水产捕捞、水产养殖、水产品加工以及渔船修造、渔港建筑、流通和观赏休闲等部门，在整个渔业中所占比重和组成情况，以及部门之间的相互关系。

水产捕捞业、养殖业和加工业等第一、二产业是利用资源环境生产水产品的产业，休闲等产业是利用环境资源为人类提供服务的产业。前者通过消耗大量环境资源资本，实现经济增长，后者在实现渔业经济增长的过程中消耗自然资本的量相对很低。因此，应通过产业结构优化和产业结构高度化构建一条以提供渔业环境资源服务性为特征的渔业经济增长模式。

渔业产业结构优化是指通过产业结构调整，使各产业实现协调发展，并满足不断增长的需求的过程。产业结构高度化是要求资源利用水平随着经济与技术的进步，不断突破原有界限，从而不断推进产业结构朝高效率产业转变。产业结构高度化的路径包括沿着第一、二和三产业的递进的方向演进；从劳动密集型向技术密集型方向演进；从低附加值产业向高附加值产业的方向演进；从低加工度产业向高深精加工度产业的方向演进；从产品生产型向服务型产业演进。

2. 推进配额管理制度建设，转变捕捞渔业经济增长方式　捕捞业要转变以增加捕捞努力量换取产量增长的资源环境破坏型增长方式，改以在科学评估渔业资源量和分布的基础上，以配额制为基础的合理利用渔业资源的经济增长模式。在该过程中，要依照鱼类资源种群本身的自我反馈式再生过程，避免捕捞小型鱼类，避免过度捕捞鱼类而危及鱼类资源的再生能力，实现捕捞业的可持续发展。

3. 向自然资本再投资，维护生态系统的经济服务功能　在海洋渔业生产过程中，人类忽视了经济活动对生态系统和生物资源的破坏作用，海洋渔业资源过度捕捞已经成为不争之实。资源被过度捕捞大大提高了渔业生产的成本。如果渔业生产活动中再不对自然资本进行投资，渔业资源与环境服务功能的进一步稀缺将成为制约海洋渔业生产经济效率提高的因素。维护渔业生态系统的再投资可以从两种不同的路径展开，即自然增殖和人工增殖。自然增殖是通过人们合理利用和严格保护水域环境和生态系统，使渔业资源充分繁衍、生长，形成良性循环。人工增殖是通过生物措施（人工放流）或工程措施（人工鱼礁）来增加资源量。如图2-3-7、图2-3-8和图2-3-9所示。

4. 以减量化为原则，变传统养殖为现代养殖，实现养殖经济增长　从生态和环境的角度来看，水、种、饵是养殖渔业的三要素。水是养殖渔业生产的环境基础。水最大的特征是稀缺性、流动性和易污染。传统的养殖模式忽视水

第二章　渔业可持续发展

图2-3-7　限制捕捞小杂鱼

图2-3-8　人工鱼礁

图2-3-9　国家2级保护动物中华鲟及增殖放流活动

资源的机会成本，养殖用水的需求量大。传统养殖模式养殖密度过大、饵料质量差，养殖过程又具有开放性，养殖过程中带来的环境污染和资源成本高，严重影响环境资源的服务功能。生态养殖要改变传统养殖中粗放型喂养模式，改变投入大、产出低的经济模式，积极发展精深养殖，提高单位面积水域的产出和质量，发展深水网箱养殖和工厂化养殖等现代养殖方法。在未来的年代里，应加快转变水产养殖业增长方式，推广标准化、规范化、生态型海水养殖模式，实施海水养殖苗种工程，加快建设水产原良种场和引种中心，推广和发展优势品种养殖，如图2-3-10和图2-3-11所示。

图2-3-10　中国厦门的牡蛎养殖

图2-3-11　罗非鱼养殖池塘

5. 以环境资源友好型经济增长为原则，强化捕捞管理 渔业水域环境是指以水生经济动植物为中心的外部天然环境，是水生经济动植物产卵繁殖、生长育成、越冬洄游等诸环境条件的统称。由于水生经济动植物的繁殖生长发育每一阶段都必须在特定的环境下才能完成，资源量增减、质量优劣都直接受渔业水域环境变化的影响，因此保护渔业水域是维持渔业可持续发展的基本前提。环境友好型经济发展模式主要表现在对渔业资源和环境的保护以实现可持续发展，不使渔业生产以破坏环境为代价。诸如设置禁渔区、禁渔期、确定可捕标准、幼鱼比例和最小网目尺寸、实施总可捕量和捕捞限额制度、征收渔业资源增殖保护费、实施相关环境标准、推行污水处理和污染控制措施、建立渔业水质与环境监测体系等都是从源头上控制人类经济活动对渔业资源和环境破坏的管理制度。

6. 用经济组织变革来促进渔业经济增长 中国海洋渔业经济体制和组织制度是沿着私有经济、集体经济和转轨经济时期的股份制与萌芽状态的合作经济组织演进的。私有经济时期的渔业经济组织制度的特征是明晰的产权成为提高渔业生产经济效率的基础，制度安排适合当时中国海洋渔业的生产现实，尤其适合当时渔村生产力发展和渔业资源现状。因此，当时的经济组织制度安排有利于推动中国近海渔业的发展。

集体经济时期的政社合一的人民公社制度不是农村社区内农户之间基于私人产权的合作关系，而是国家控制农村经济权利的一种形式，是由集体承担控制结果的一种农村社会主义制度安排。国家控制农业生产要素的产权窒息了渔村经济活力，生产积极性低下、集体经济管理者效率损失和无效率导致渔业生产经济效率下降。

转轨经济时期渔船承包经营体制和股份制明晰了生产要素的产权，降低了监督劳动力要素成本，提高了经济效率。但是，由于海洋渔业资源是典型的公共池塘资源，渔船承包责任制及股份制等，在大大提高海洋捕捞渔民生产积极性的同时，也带来捕捞竞争过度和产业活动外部不经济性以及政府的管理成本的上升，造成渔业生产的不可持续性。

随着中国由计划经济不断向市场经济转轨，市场经济机制将最终成为调节中国经济发展和增长的基本力量。但是，世界经济发展的历史表明，无政府主义的完全市场化的经济体制并非理想的经济机制。没有任何一个国家实行完全的市场经济。经济理论表明，市场机制和政府管理配置公共池塘资源时会出现市场失灵和政府失效。中国的渔业经济组织制度建设对中国海洋渔业经济的发展有重要意义。

三、渔业在现代社会中的作用

从远古时代以来，渔猎活动就是人类从自然界获取食物的重要渠道，也是人类利用江河湖海生物资源的最古老产业。渔业发展经历了原始、古代、近代和现代渔业的各个不同时代。在原始社会，采集和捕捞水产动植物是人类赖以生存的重要手段。随着经济发展与社会进步，渔业产业结构日益完善，同农业、林业和畜牧业一样逐步成为人类生活和社会发展过程中不可缺少的产业。

1. 渔业对保障粮食安全具有不可替代的作用　民以食为天，在人口急剧膨胀的当今社会，由于土地资源的开发已经达到极限，人类靠开垦土地扩大粮食供给的潜力越来越有限，粮食安全问题正成为人类日益关心的问题。人口增长、资源枯竭、环境污染问题的日益严重更进一步加深了人类对食品供应安全的担心。

海洋湖泊等水域栖息着大量的动植物，具有与土地同等重要的食物供给源泉，正在吸引人类的眼球，成为开启粮食安全问题的钥匙。海洋大约占地球表面积的71%，地球生产力的大约88%来自海洋。浩瀚的大海能提供的食物量要比陆地提供的食物量多上千倍。

水产品是许多国家人民日常食物结构中的重要部分。人类所消费蛋白质的25%来源于鱼类。对于沿海发展中国家，水产品更是人们不可缺少的动物蛋白源。而且，随着经济增长、社会进步，人类对水产蛋白的消费将不断提高。20世纪末，日本人均年水产品消费量已经达到63 kg。由此可见，渔业在保障人类食品安全和减少对土地资源开发的压力方面有重要作用。

2. 优质水产蛋白有助于改善人类食物结构　水产品味道鲜美，营养丰富，是人类不可多得的优质蛋白质。海水鱼类的脂肪中含有高达70%以上的多不饱和脂肪酸，其中EPA（二十碳五烯酸）、DHA（二十二碳六烯酸）和DPA（二十二碳五烯酸）等 ω-3 不饱和脂肪酸是水产动物蛋白特有的，具有防治心脑血管疾病、抗炎症、健脑、增强视力及增强人体免疫功能的生物功能。海洋贝类和鱼类富含的牛磺酸，对人体的肝脏有解毒功能，能降低低密度脂蛋白、增加高密度蛋白和中性脂肪，预防动脉硬化，调节血压，具有保健功能。水产品还富含各种人体必需的维生素、各种矿物质和微量元素。藻类海带富含多糖类化合物和人体所需的纤维素。水产品富含各种有益于人类健康的生物活性物质，对改善人类食物结构和延长人类寿命具有重要作用。因此，在20世纪末，西方传统国家正逐步改变以食肉为主的习惯，大量摄食水产品和水产制品。改善饮食习惯，"减少肉类，增加鱼类"的饮食方式正受到现代人类的推崇。21

世纪，人类对水产品的消费量将与日俱增。

3. 渔业为发展中国家带来更多的就业机会 世界人口的增长，尤其是发展中国家的人口增长，给各国带来巨大的就业压力。渔业的长期可持续发展能为人类提供大量就业和劳动机会。根据联合国粮农组织的报告，1990 年全世界从事捕捞和养殖渔业的渔民为 2 852.7 万人，比 1970 年的 1 312.2 万人增加了 1.17 倍，其中亚洲渔业人口达到 2 425.3 万。到 20 世纪末，全球有 3 000 多万人直接依靠渔业为生。在 20 世纪末，中国的休闲渔业、水产品加工企业、海洋捕捞渔业、海水养殖渔业和淡水养殖渔业都具有相对农业产业较高的比较经济优势，不断吸纳大量的农业人口从事渔业生产活动。

4. 渔业是重要的外汇收入源泉 渔业发展直接推动了水产品国际贸易的发展。1984 年，水产品进出口贸易总额达到 334 亿美元，1997 年为 1 076 亿美元，增长了 2.22 倍，2000 年达 1 152 亿美元。渔业已经成为许多国家创汇的产业。鲑养殖业和休闲观光渔业是挪威的主要创汇产业之一。21 世纪初期，中国成为水产品国际贸易顺差国，水产品来料加工为中国带来一定的外汇盈余。

思考题

1. 赤潮是如何形成的？其有何危害？
2. 酸雨对生态系统的影响非常大，当 pH 小于 4.5 时，鱼类和两栖动物将死亡，你知道其中的原因吗？
3. 简述鱼类洄游的形式及其洄游的原因。
4. 简述渔业资源的定义。
5. 人、鸟、水和鱼类都是流动性资源，请分析这些流动资源之间的差异。
6. 请比较分析土地资源和渔业资源的异同点。
7. 人口老龄化给社会经济发展可能带来的问题是什么？
8. 简析自然资源的特点。
9. 对于洄游范围较大的渔业资源，为什么要实行共同管理，实行协作管理？
10. 试从生物、经济和社会发展角度论述渔业管理的目标和意义。
11. 试论世界海洋捕捞渔业管理措施的发展趋势。
12. TAC 渔业管理制度是未来渔业管理发展的方向，请分析实施 TAC 制度必需的基本条件。
13. 简述渔业管理目标的演变过程，渔业管理目标如何从 MSY 变迁到 MEY 和最大社会产量的？

14. 下列哪一项不是可再生资源?
    A. 鱼类　　B. 森林　　C. 农作物　　D. 煤炭
15. 下列哪些项是自然资源?
    A. 矿物资源　B. 土地　　C. 水资源
16. 中国近海海洋渔业资源的三大主要特征是什么?
17. 简述推动经济增长的要素并说明为什么人是推动经济增长的主要要素。
18. 为什么稀缺性渔业资源的应用潜力是无限的?
19. 从资源开发利用的角度来看,渔业资源的主要特点是什么?
20. 简析渔业资源的产权特征和开发利用过程中可能产生的问题。
21. 简述渔业生产的外部性市场失灵和政府失效。
22. 简述到20世纪末期,中国海洋捕捞渔业管理制度体系。
23. 比较分析奥林匹克 TAC 制度、个人渔获配额制度和个人可转让配额制度的利弊。
24. 简述并分析经济增长理念的变迁过程。

参考文献

陈宪. 关注人类发展指数. 文汇报,2002-5-15(5).

陈新军,周应祺. 2000. 海洋渔业可持续利用预警系统的初步研究. 上海水产大学学报,10(1).

陈新军,周应祺. 2001. 论渔业资源的可持续利用. 资源科学,23(2).

陈新军等. 2004. 渔业资源经济学. 北京:中国农业出版社.

洪崇恩. 百万安徽民工回家乡. 文汇报,2002-2-11.

黄硕琳. 1993. 海洋法与渔业法规. 北京:中国农业出版社.

锦尘. 谁来解决"未富先老"的难题? 文汇报,2003-10-7.

李强. 我国城市化和流动人口的几个理论问题. 文汇报,2003-5-11(6).

韦斯利·D·塞茨等著. 资源、农业与食品经济学. 第2版. 田志宏等译. 2005. 北京:中国人民大学出版社.

张晓青. 2001. 人力资源开发对中国国际竞争力影响与作用. 中国人口资源与环境,11(51).

郑慧等. 2001. 论人口迁移流动与环境保护. 中国人口资源与环境,11(51).

周应祺. 2000. 新世纪初我国渔业发展问题和对策. 农业科技管理,20(1):17-19.

第三章

渔业与科学技术

渔业相对于其他产业可以用"后发"产业来描述，这是因为各种产业的发展和科学技术成果往往是渔业发展的前提。历史表明，渔业产业发展的各重要阶段都与一些重大发明和相关产业发展有很大关系。例如，如果没有造船工业和通信技术的发展，就不可能有现代远洋渔业。本章将重点介绍渔业科学的学科体系，以及对渔业产业发展产生重大影响的科学技术。主要介绍与捕捞业、水产养殖业、水产品加工生产有关的科学技术，以及渔业经济管理和信息等方面的科技。

第一节 渔业科学的学科体系

渔业生产是人类最早的生产活动，渔猎已存在了几千年。人类使用各种工具捕获鱼类，包括原始的打磨锋利的石块和尖锐的竹矛，直到使用各种网具、钓具和笼壶等，还使用篝火、扰动水流等方法诱集鱼类。尽管这些多种多样、甚至很复杂的技术包含了深奥的原理，但从科学技术发展规律来看，这些方法和手段基本上属于"技术"范畴，属于"捕捞技术"。而对技术所依赖的内在规律和原理的研究，即"科学"，是在近代才发展起来的。"渔业科学"的出现，即渔业科学或水产学成为独立的学科还是始于19世纪末，到20世纪50年代逐渐形成体系。"科学"与"技术"的发展相辅相成，才有今天的"渔业科学与技术"。

渔业科学是应用性很强的学科，它的分支学科都紧密对应于渔业产业结构的相关部分，为产业提供支撑。随着渔业发展，为渔业服务的科学技术逐步向专门化发展，并且从自然科学、工程技术的领域，向社会经济和管理文化的领域拓展，形成了现代的渔业科学体系。现对该体系给予扼要的介绍。

一、渔业学科的体系

渔业的产业对象是水生生物资源，与自然环境尤其是水环境密切相关，对渔业资源的开发利用离不开工程技术的支持，而且作为一种产业活动，渔业具有自身的经济规律和管理特点，因此，"渔业学科"是一门研究渔业资源与环境、渔业生产技术和原理、渔业发展规律与经营管理的综合性应用学科。在我国、日本等地区一般称为水产学（译为 aquatic products science）。而在欧洲、美洲等西方国家，习惯称为 fishery science（渔业科学），但不包括水产养殖（aquaculture），后者单独成为一门学科。

开展渔业科学研究是为了合理开发利用水生生物资源，以生态系统的观念为指导，保证其可持续利用。主要研究内容有：水产经济动植物的生长繁殖、洄游分布、资源数量变动的规律；采捕和增养殖原理和技术；以及水产品贮藏和加工利用等的理论和技术；有关生产工具和设施的设计与应用；渔业生产的经营和管理的理论和实践经验；影响渔业生产的自然条件和人为因素等等。渔业学科是一门综合性学科，既有农业学科的属性，又具有工程、管理、经济、法学等学科的性质，与农学、畜牧学、林学等组成广义的农业学科。

在我国的高等院校中，于20世纪50年代开始设置工业化捕鱼、水产养殖、水产品加工等专业，同时开始科学研究和学科建设，为我国渔业发展奠定了基础。改革开放以后，尤其是80年代中期，我国的远洋渔业和水产养殖业飞速发展，促使渔业学科在深度和广度上发展。渔业学科构成上，有广义和狭义之分。广义的渔业学科，是包括所有以渔业为专门研究对象的学科，如渔业资源学、水产增养殖学、捕捞学、水产贮藏与加工学、渔业工程学、渔业生态学、渔业经济学和渔业管理学等。而且，渔业学科还获得水生生物学、鱼类学、鱼类行为学等学科的支撑。涉及生物学、化学、力学、电学、数学、海洋学、气象学、环境学等自然科学，并与工程技术、经济学和社会学、法学和管理学等密切相关，表现出渔业科学发展有明显的综合性特点。狭义的渔业学科，目前按教育部的学科归类，又称为水产学。水产学属一级学科，包括捕捞学、渔业资源学、水产养殖学3个二级学科。国家自然科学基金的学科分类中，在生物科学部的"农业科学"下，设有"水产学"，它由水产基础科学、水产资源学、水产保护学、水产养殖学、水生经济生物遗传育种学、水产生物学、水产经济动物营养学、水产品加工与保鲜基础理论等组成。但是，由于是自然科学范畴，未将以工程技术为主体的捕捞学、以环境生物为主体的渔场学等列入。更没有包括渔业经济、渔业管理、渔业史等人文社会科学类学科。

产业发展历史表明，渔业的发展与各种科学技术进步关系密切，很大程度上依赖于工程技术的支持，如船舶制造、电子仪器、合成材料的发展。渔业科学也是由多种学科交差融合而成，具有明显的综合性。渔业产业和渔业科学技术的这些特点，要求在开展渔业科技创新时，需要特别注重多种科技的集成，

发挥综合效应。同时要积极主动地向渔业引进新的科学技术。

二、渔业科学的主要分支学科介绍

渔业是一种利用自然资源为主体的产业，它的构成和发展，不仅仅涉及自然资源的特性、分布和开发利用技术，同时需要自然科学和工程技术方面的学科作为主要支撑。同时作为一种产业，具有自身的经济特征和规律，需要经济学、管理学和法学等社会科学的支持，以达到可持续发展。因此，渔业科学，在与各种学科相结合中，发展出一系列非常有特点的渔业分支学科，组成渔业学科体系。

对于一个与产业相关的学科体系，由于划分的角度不同，可以有多种方案，涵盖的内容各异。对渔业学科的认识也有一个发展的过程。我国1994年出版的《中国农业百科全书》中，仅仅介绍"水产业"和"渔业"，以及相关的产业和技术，而没有从学科的角度进行概括和介绍。2007年出版的《水产辞典》中，首次对渔业科学和相关的学科进行了系统的阐述，并对各渔业分支学科进行了定义和概括。

现将渔业科学的主要分支学科简要介绍如下：

1. 鱼类学（ichthyology） 研究鱼类形态构造、习性、分类、分布、生理、生态、发生、系统发育等的基础学科。研究鱼类的地理分布、洄游习性、年龄生长和食性、繁殖习性和种群结构、鱼类数量变动等，对渔业生产的发展具有重要意义。鱼类学可分为鱼类形态学（fish morphology）、鱼类分类学（fish taxonomy）、鱼类生态学（fish ecology）等。

2. 渔业资源学（science of fishery resources） 亦称"水产资源学"。研究渔业资源特性、分布、洄游，以及在自然环境中和人为作用下的数量变动规律的应用性学科。按研究内容可以分为：研究渔业资源生物特性的渔业资源生物学（fishery resources biology）；评估渔业资源开发利用程度的渔业资源评估学（fishery resources assessment）；研究鱼类种群数量变动规律的鱼类种群动力学（fish population dynamics）。为实现渔业资源的可持续利用、提高管理水平、确定合理的捕捞强度等提供科学依据。该学科与水生生物学、鱼类学、生态学、环境学、水文学、气象学，以及数理统计等学科的发展密切相关。

3. 渔业生态学（fishery ecology） 研究鱼类的种群结构与环境系统的关系和相互作用规律的学科。包括个体生态学（individual species ecology）、种群生态学（population ecology）、系统生态学（system ecology）三个主要方面。研究内容涉及：鱼类栖息环境的调查、适宜生长的生态条件，为人工养殖提供参考；种群结构和数量变动与环境和人类活动的关系；生物群落与环境之间的物质循环与能量流动过程。渔业生态学为渔业资源可持续利用、渔情预报、渔业法规的制定等提供理论依据、途径和方法。

4. 捕捞学（piscatology） 根据捕捞对象的习性和行为能力、数量、空间和时间上的分布，以及水域自然环境的性质等，研究捕捞工具、捕捞方法的适应性、捕捞场所的形成和变迁规律的应用学科。按研究内容可以分为：研究渔具力学、捕捞工具的设计方法和选择性、材料性能和装配工艺的渔具学（science of fishing gears）；研究捕捞对象的行为、鱼群探索、诱集和控制技术、捕捞方法的渔法学（science of fishing methods）；研究捕捞场所形成机制和变迁、渔情预报的渔场学（fisheries oceanography），亦称渔业海洋学。

5. 水产增养殖学（science of aquaculture and enhancement） 研究在自然水域或人工水域中水产经济动植物增养殖原理和技术、增养殖水域生态和环境的应用学科。包括研究水产苗种的选育和培育的水产动物遗传育种学（aqua-animal genetics and breeding），研究水产经济动物饲料的水产饲料学（science of feedstuff of aqua-animal），研究人工饲养水产经济动物的水产养殖学（aquaculture），研究培育经济藻类的藻类栽培学（phycoculture），以及研究水产动物病害防治的水产动物医学（aqua-animal medicine），以及为补充群体数量的"耕海牧场"的水产增殖学。

6. 水产养殖水环境化学（aqua-chemistry of aquaculture） 又称水产养殖水化学。研究天然水与养殖用水的化学成分、来源、存在的形态、特性、分布，这些成分的变化、迁移转化的规律、化学作用过程，以及它们与养殖对象、养殖生产过程的关系。还研究对这些成分的分析技术、调控原理和技术、水质污染与评价的基本原理等。

7. 水产经济动物营养学（animal nutriology of fishery） 研究水生动物摄入营养物质与其生命活动关系的基础科学。

8. 水产品贮藏与加工学（science of aqua-products preservation and process） 研究水产品原料的特性，保鲜、贮藏与加工的原理及技术工艺的应用学科。包括研究原料特性的水产品原料学（raw material of aqua-products）；研究水产生物的化学特性，在贮藏加工过程中，有关成分化学变化和质变的水产食品化学（food chemistry of aqua-products）；研究加工水产食品和综合利用技术的水产品综合利用工艺学（comprehensive utilization technology of fishery products）。

9. 渔业环境科学（science of fishery environment） 研究渔业环境的结构

与功能、渔业环境的质量基准与控制、渔业环境的监测技术及立法等的应用学科。

10. 渔业工程学（fishery engineering） 研究渔业船舶性能与设计、助渔设备的特性、渔港和养殖场的规划、渔业设施等的应用性综合学科。例如养殖机械、捕捞机械、水产品加工机械、鱼群探测仪、网位仪、鱼泵、人工渔礁等的设计。

11. 渔业经济学（fishery economics） 研究渔业生产分配、交换和消费等经济关系和经济活动规律的应用学科。包括渔业环境与资源经济学（environmental and resources economics of fishery）、渔业技术经济学（technical economics of fishery）、渔业制度经济学（fishery institutional economics）等。

12. 渔业社会学（sociology of fishery sector） 包括渔业史、渔文化、渔民、社团和渔村等。妇女在渔业中的地位和作用，性别与渔业社会等。

13. 渔业管理学（fishery administration and management science） 为渔业经济管理（fishery economy management）、渔业技术管理（fishery technical management）和渔业行政管理（fishery administration and management）的总称。一般是指渔业行政管理学。

上述所列，以及图3-1-1渔业科学示意图，仅仅给出与渔业和渔业科学发展相关的主要学科，还有相当一批交叉学科或研究方向没有列入。渔业科学与各种科学交融，形成许多新的研究方向，孕育着新的学科。例如，为了实现渔业资源可持续利用，要求渔具渔法具有良好的选择性，减少对环境和生态的不良影响，开展了鱼类对渔具渔法的行为反应方面的研究，形成以捕捞学为对象的鱼类行为学。又如，水产品对物流管理的特殊要求，水产品在食品经济中的特殊地位，形成水产品物流和食品经济学。海岸带管理是国际上关注的热点，重点是对沿海地区和水域的生态系统保护，减灾防灾，以及灾后重建和政策制定等，涉及生态、经济、管理、社会等多学科的综合和交叉，与渔业、渔民、渔村、渔港等的发展密切相关。海岸带管理所涉及的内容已成为渔业科学研究的重要方向。信息技术、空间技术、模拟技术在渔业中已获得广泛应用，为资源渔场、渔业监督管理、渔业市场信息等提供重要的技术支持，这些现代技术与渔业学科的结合，正孕育着新的学科诞生。

为了国家宏观管理和科技统计，1992年国家技术监督局对"学科"公布了国家标准（仅适用于一、二、三级学科）。该标准对学科应具备的基本条件规定为：应具备其理论体系和专门方法的形成，有关科学家群体的出现，有关研究机构和教学单位以及学术团体的建立并开展有效的活动，有关专著和出版物的问世等条件。总之，要成为一门独立的学科，必须具有独特的研究对象，

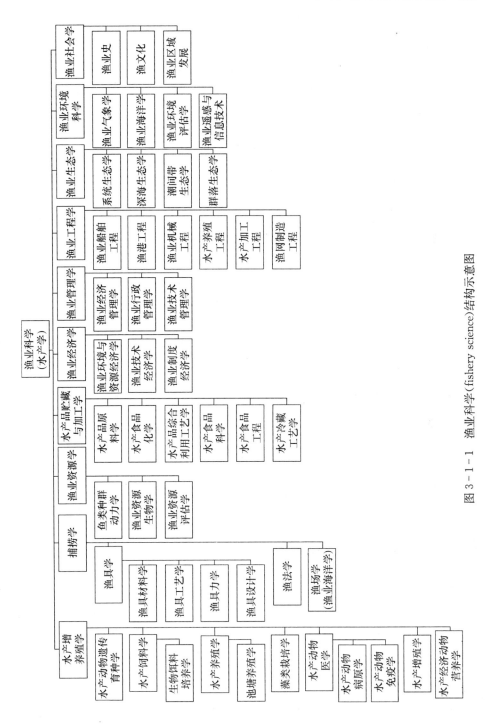

图 3-1-1 渔业科学（fishery science）结构示意图

构成自身的独立的理论体系，需要有代表著作和科学家群体。此外，还要注意"科学"与"技术"的区别和联系。一门应生产发展、产业需要而产生的学科，往往是以"技术"发展为先导。只有在对其内在规律开展研究总结，建立科学理论后，才能作为一门学科而成立。

第二节　科学技术与水产增养殖学

一、水产增养殖业与水产增养殖学

水产增养殖业是利用适宜的内陆水域和浅海滩涂开展水产养殖和增殖（包括天然水域苗种人工放流增殖、养殖环境保护和自然增殖等）的产业。

（一）水产养殖业的特点

1. 养殖技术容易掌握，属"短、平、快"项目　世界各地的水产养殖业，均选用生长快、肉味美、食物链短、适应性强、饲料容易解决、苗种容易获得、经济效益高的水产品作为主要养殖对象，其养殖技术容易掌握，养殖的成本低，投资省，收入高，经济效益显著。不仅合理利用了资源，提高了能量利用率，而且循环利用废物，保持了增养殖业的生态平衡，也大大增加了水产品及其他动植物蛋白质的供应量，降低了成本，提高了生态效益。因此，在世界各地，水产养殖业发展很快。

2. 养殖业是现代大农业的主导产业　纵观世界经济发展史，在大农业中，养殖（包括畜牧和水产）业与种植业的比例，反映了一个国家的经济发展水平。通常在发达国家中，养殖业产值＞种植业产值。例如美国养殖产值占60%以上；而发展中国家正相反，是种植业产值＞养殖业产值。

3. 水产养殖业是低耗粮的产业　在动物饲养业中，畜牧业的发展对粮食的依赖性极强。例如中国，其畜牧业的主体是生猪，其次是家禽等。而水产养殖，其自然资源的利用率高，对粮食的依赖性远低于生猪和家禽。2007年，中国配合饲料总产量1.3亿t，其中水产配合饲料仅占养殖总饲料的10%左右，而应用水产配合饲料养殖的产量已接近水产养殖总产量的1/2。

鱼类等水产品均为冷血动物，不必消耗大量的能量维持其体温，故饵料报酬低，饲料利用率高（表3-2-1）。因此，对粮食不富有的国家，优先发展水产品养殖应是保障粮食安全的重要国策之一。

表 3-2-1　不同养殖对象的饲料利用率

养殖对象	饲料报酬	养殖对象	饲料报酬
生猪	2.7～3.5	肉鸭	2.5～3.0
肉鸡	2.1～3.1	鱼	1.0～1.5

美国著名生态经济学家莱斯特·布朗（《谁来养活中国》的作者）2008年6月对环球时报记者说：中国对世界最大的贡献是计划生育和淡水渔业。欧美发达国家的动物蛋白质重点是牛肉。1 kg 牛肉需要 7 kg 谷物来换取。中国发展淡水渔业，可大大减少谷物以换取动物蛋白质的数量。这是世界上最有效的技术。

半个世纪以来对世界渔业资源的跟踪研究表明，全球渔业资源处于衰退状态，然而，全球人口增长，人均水产品年消费量稳步增加，从 1961 年的 9.0 kg 增加到 2003 年的 16.5 kg，为填补人类对水产品需求量的缺口，发展水产增养殖业是重要的途径，具有重要的经济和社会意义。实践表明，在最近 30 年里，水产养殖产品是全球动物性食品生产中增长最快的一项。

（二）我国的水产养殖业

我国的海淡水水域幅员辽阔，有 3.2 万 km 的海岸线，水深 15 m 以内的浅海、滩涂面积达 1 333 万 hm^2；内陆水域总面积约 1 760 万 hm^2，其中河流 650 万 hm^2，湖泊 650 万 hm^2，水库 200 万 hm^2，池塘 200 万 hm^2。这些水域绝大部分地处亚热带和温带，气候温和，雨量充沛，适合于鱼类增殖和养殖。

我国的水产增养殖业历史悠久，技术精湛，是世界上养鱼最早的国家。从发展历史看，早在殷商时代，我国即开始在池塘中养鱼。在公元前 460 年左右的春秋战国时代，我国养鱼史上的始祖范蠡就著有《养鱼经》，成为世界上最早的一部养鱼著作。

新中国成立后，我国鱼类增养殖业得到了蓬勃的发展，特别是改革开放 30 多年来，我国的水产养殖业发生了突飞猛进的变化，主要表现在：

1. 创造了同期世界最高发展速度　改革开放后，我国水产品年平均增长率约 10%，较世界渔业的增长率（3%）高出 7%；中国水产品占世界总产量的比重从 1978 年的 6.3% 提高到目前的 33% 以上。自 1989 年起至今连续 20 年居世界首位；2008 年我国水产品总产量达 4 896 万 t，约占世界渔业总产量的 1/3。

2. 改变了传统的资源开发模式　在世界上，水产品的增长绝大部分依靠海洋，而我国根据中国国情，大力发展养殖业，形成我国渔业生产的特色，即水产品产量以养殖为主。水产养殖业已成为我国渔业生产的主体。2008 年水产养殖产量达 3 412.82 万 t，占水产品总产量的 69.7%，占世界水产养殖总产量的 70%以上。

尽管我国水产品产量每年都有变化，但其基本格局不变：大致地看，全球生产 3 条"鱼"中，有 1 条是中国生产的；全球养殖的 3 条"鱼"中，2 条是中国生产的；中国生产 3 条"鱼"中，2 条是养殖生产的；养殖生产的 3 条"鱼"中，2 条是淡水生产的；淡水生产的 3 条"鱼"中，2 条来自池塘养殖。

3. 从根本上改变了水产品的市场供应，为解决我国人民的"吃鱼难"作出了重要贡献 改革开放前我国人均水产品占有量为 4.3 kg，2008 年人均占有量为 36.3 kg，是世界人均水平的 1 倍以上，超出世界平均水平 10 多千克。

4. 水产养殖业已成为促进农村经济发展的支柱产业 我国人多地少、资源匮乏，农业发展、农民增收的空间受到很大制约。而水产养殖具有如下特点：①不挤占耕地农田，而是利用低洼盐碱荒地、浅海滩涂和各种天然水域发展养殖。②在大农业中，比较效益高。渔民人均纯收入 2006 年达 6 176 元，高于农民人均纯收入，改革开放 30 多年来，渔业产业共吸纳了近 1 000 万人就业，其中约 70%从事水产养殖。③水产养殖的发展还带动了水产苗种繁育、水产饲料、渔药、养殖设施和水产品加工、储运物流等相关产业的发展，不仅形成了完整的产业链，也创造了大量就业机会。④水产养殖产业向种植区延伸，将水稻种植和水产养殖有机结合起来。发展稻田种养新技术，实施稻鱼（蟹、小龙虾）共生，稻谷不仅不减产，而且增产、增收，稻田的综合效益增长 1 倍以上。不仅提高了土地和水资源的利用率，而且稳定了农民种粮积极性；不仅降低了生产成本，减少了化肥、农药的使用，而且提高了河蟹和水稻的品质；不仅社会效益、经济效益明显提高，而且生态效益显著。"水稻＋水产＝粮食安全＋食品安全＋生态安全＋农民增收＋企业增效"，1＋1＝5。该项技术，对于确保我国基本粮田的稳定，确保粮食安全战略有重要意义。

因此，当前水产养殖已成为农村经济新的增长点和重要产业，对调整农业产业结构、扩大就业、增加农民收入、带动相关产业发展等方面发挥了重要作用。

5. 在提供食物蛋白的同时，也为保护水生生物资源和生态系统，改善环境条件发挥了作用 水产养殖业的发展彻底改变了长期以来主要依靠捕捞天然水产品的历史，缓解了水生生物资源特别是近海渔业资源的压力，有利于渔业资源和生态环境的养护。其次，我国的水产养殖业都是利用低洼地、湖泊、海湾、滩涂等水域进行增养殖生产，从生态学角度看，均属湿地范畴（按国际标准，凡水位在 6 m 以内均属湿地），湿地具有保水、调节环境因子等生态和社会功能。这些湿地发展水产生态养殖，可循环利用水资源，提高了水资源的利用率。

而且，我国淡水养殖大都采用多品种混养的综合生态养殖模式，通过"以鱼净水、以渔保水"等措施，生物修复水环境。例如采用种植水生植物，混养滤食性（鲢、鳙）、草食性鱼类，增殖贝类等措施，一方面可节约大量人工饲料，另一方面可消耗利用水体中其他浮游生物，从而降低水体的氮、磷总含量，不仅水质可以得到明显改善，水域的经济效益明显提高，而且保持了湿地的生态平衡，美化了环境。据研究，只要水体中鲢、鳙的量达到 46～50 g/m³，就能有效地遏制蓝藻。在海水养殖中，占养殖产量近90％、约合 1 300万 t 的藻类和贝类在吸收二氧化碳（据统计，可减排 120 万～150 万 t 碳）、释放氧气、改善大气环境方面也发挥了相当重要的作用。因此，对各类水体发展生态养殖，对于美化家园、保持农村环境和谐友好、保持渔业可持续发展发挥了重要作用。

6. 水产养殖产品对外贸易稳定增长，加快了我国渔业经济全球化进程 自 2002 年起，我国水产品出口跃居世界首位，约占世界水产品贸易总额的 10％。2007 年我国水产品进出口贸易达 652.8 万 t、144.6 亿美元，其中出口 306.4 万 t、97.4 亿美元。我国水产品占农产品出口额的 26.4％，在我国农产品出口额中居首位。

改革开放 30 多年来，水产养殖一直是农业和农村经济中发展最快的产业之一，目前依然保持着快速发展的势头和活力，在资源、市场、科技等方面仍然具有较大的发展潜力和空间。当前农业部渔业局提出了发展渔业的总体方针为"抓好紧缩捕捞，主攻养殖，扩大远洋，狠抓水产品深加工"。未来 15～20 年中，水产养殖产量占全国渔产业的比例，将进一步提高到 75％左右。

（三）我国的水产增养殖学科

水产增养殖学是研究海水、淡水经济水产品的生物学特点及其与养殖水域生态环境关系的科学。该学科以研究养殖对象的生态、生理、个体发育和群体生长为基础，以保护环境、提供合适的养殖水域和工程设施为前提，在人工控制的条件下，研究经济水产品的人工繁殖、苗种培育、养殖和增殖技术等。

我国水产养殖业的历史悠久，但作为一门学科，还是新中国成立以后发展起来的。建国 60 年来，我国水产增养殖学科的主要成果表现在以下几个方面：

（1）以鱼类繁殖专家钟麟为首的研究人员于 1958 年 5 月首先在世界上突破了鲢、鳙在池塘中人工繁殖的技术难关，孵化出鱼苗。这一成果对我国鱼类苗种生产乃至整个鱼类增养殖业的发展起了重要作用，为就地大量供应鱼苗奠定了基础。尔后，我国水产工作者又利用相同的原理和方法解决了草鱼、青

鱼、鲮、团头鲂、胡子鲇、中华鲟、长吻鮠、鲈、牙鲆、大黄鱼等几十种增养殖鱼类和珍稀鱼类的人工繁殖难题，使多种鱼类的混养、套养和生产的大发展成为可能，为我国鱼类增养殖事业的大发展奠定了扎实的基础。

（2）1958年，通过总结渔民群众丰富的养殖经验，将其概括为"水、种、饵、混、密、轮、防、管"八个技术关键，简称"八字精养法"，从而建立起我国水产养殖完整的技术体系。经50多年的努力，我国的水产工作者对各类水域的高产高效理论、方法和养殖制度进行深入研究，探索出不同水域系列的生态养殖高产高效技术体系。并在较短的时间内在全国大面积推广应用，取得了明显的社会效益、经济效益和生态效益。

（3）对催产剂的作用机制和鱼类的繁殖生理等进行了较深入研究，在国际上首先大规模将催产剂应用于鱼类人工繁殖，并首先合成了促黄体激素释放激素类似物——LRH-A，从而提高了鱼类催产效果和鱼类人工繁殖的生产效率。

（4）通过引种驯化、遗传育种、生物工程技术等方法，开发了大量的鱼类增养殖新对象。特别是自20世纪90年代起，名、特、优水产品养殖的掀起，促进了增养殖对象的扩大，成为鱼类增养殖业获得高产高效的有效保证之一。主要有：中华鲟、史氏鲟、杂交鲟、俄罗斯鲟、虹鳟、银鱼、鳗鲡、荷沅鲤、建鲤、三杂交鲤、芙蓉鲤、异育银鲫、彭泽鲫、淇河鲫、胭脂鱼、露斯塔野鲮、大口鲇、革胡子鲇、长吻鮠、斑点叉尾鮰、黄鳝、鳜、鲈、大口黑鲈、条纹石鮨、尼罗罗非鱼、奥利亚罗非鱼、福寿鱼、鳗鲡、河豚、大黄鱼、真鲷、牙鲆、石斑鱼、中华乌塘鳢等。

（5）对我国几种主要养殖鱼类的营养生理需求进行了研究，探索它们对蛋白质、各种必需氨基酸、脂肪、碳水化合物、维生素及各种矿物质的需求，为生产鱼类配合饲料提供理论依据。近年来，已开始将配合饲料与我国传统的综合养鱼方法结合起来，加速了鱼类生长，提高了饵料利用率和经济效益。

（6）加强养殖生态系统的研究，通过营造水底森林、应用微生态制剂、改革养殖模式等生态养殖措施，修复和保护养殖水环境，保持养殖水体能量流动和物质循环的平衡。采用健康养殖技术，不仅提高水产品的质量和安全，而且发展保水渔业、低碳渔业，保持水产养殖的可持续发展。

（7）对我国主要养殖对象的常见病、多发病的防治方法进行了长期的研究，取得了可喜的成绩，基本上控制了疾病的发生。近年来，病害防治的重点又着眼于改善养殖对象的生态条件，推广生态防病，实行健康养殖，从养殖方法上防止病害的发生，取得了较大的进展。

（8）以名特优苗种生产为中心的设施渔业蓬勃发展。自20世纪80年代起，我国名特优水产品增养殖业的掀起，对苗种的需要量激增。而名特水产苗种对不良环境的适度能力差，要求生态条件好，因此，采用人工控制小气候的育苗温室便芸芸丛生。目前育苗温室设施包括以下几个系统：催产系统、系列育苗池系统、水处理系统、饲料与活饵料供应系统、供热保温系统、增氧充气系统、供电系统以及环境监测控制系统等。

（9）国家和各地行政、科研、教育、技术推广部门采取多种途径、多种渠道、多种形式，进行了中、高等水产科技教育和技术培训，培养了一大批水产增养殖科技人才。

（10）初步建立起水产增养殖业的服务体系。如苗种产销体系（包括原、良种场和养殖场等）、水产技术推广服务体系、饲料供应体系和产品流通服务体系。实践证明，这些服务体系的建立保证了我国水产增养殖的顺利、健康发展。

二、我国水产增养殖的制约因子

制约我国水产养殖业可持续发展的因素，可从以下6个方面展开分析。

（一）资源环境问题

水产养殖业发展与资源、环境的矛盾进一步加剧。一方面各种养殖水域周边的陆源污染、船舶污染等对养殖水域的污染越来越重，严重破坏了养殖水域的生态环境，有些海域赤潮频发，突发性污染事故越来越多，对水产养殖构成严重威胁，造成重大损失。水产养殖成为环境污染的直接受害者。另一方面，传统养殖（非生态养殖）自身污染问题在一些地区也比较严重，越来越多地引起社会关注，对养殖业健康发展带来负面影响。传统养殖自身污染主要与养殖品种结构、养殖容量、饲料和投喂方式、药物使用等有密切关系，残饵、消毒药品、排泄物等，特别是残饵产生的氮磷等营养元素是导致养殖水域富营养化的原因之一。由于环境污染、工程建设及过度捕捞等因素的影响，水生生物资源遭到严重破坏，主要表现为：水生生物的生存空间被挤占、洄游通道被切断、水质遭污染、栖息地遭到破坏，生存条件恶化；水生生物资源严重衰退，水域生产力下降，水生生物总量减少；水生生物物种结构被破坏，低营养级水生生物数量增多；处于濒危的野生水生动物物种数目增加，灭绝速度加快；赤潮、病害和污染事故频繁发生，渔业经济损失日益增大。因此，生态安全已经严重影响到我国水产养殖业的可持续发展。

(二) 水产养殖病害问题

近30年来，水产养殖病害不断发生，已经对养殖业健康发展构成重大威胁。如1993年中国对虾和1997年海湾扇贝分别遭到暴发性病害的侵袭，造成大量死亡，产量急剧下降，产业发展受到重大打击。中国对虾最高年产量曾达到20万t，1993年后一蹶不振，到2005年才恢复到5万t左右。近几年，水产养殖病害有进一步蔓延的趋势。目前监测到的水产养殖病害已有120多种，几乎涉及鱼类、甲壳类、贝类、鳖类等所有养殖品种和所有养殖水域。病害的大量发生，与养殖水质和环境、养殖方式、苗种质量和病害防控能力等很多方面都有关系。病害使养殖产量和效益受到很大影响，据测算每年因病害造成的经济损失约150亿元。而发生病害后，不合理和不规范用药又进一步导致养殖产品药物残留，影响到水产品的质量安全和出口贸易，反过来又制约了养殖业的持续发展。

(三) 质量安全和市场监管问题

我国是世界水产品主要生产国和消费国，同时也是出口大国，水产品质量安全问题至关重要。目前主要的问题：一是传统养殖方式和管理理念与现代消费理念不相适应，不顾环境容量和技术条件盲目追求高产，造成病害频发，滥用乱用药物成为普遍现象；二是科技创新能力不足，高效、安全、低残留的新型渔药和疫苗研发滞后，此外，种质退化、饲料技术落后等也影响水产品质量安全；三是受外部不可控因素的影响，一些开放式的养殖场所对外源环境污染难于控制，造成水产品尤其贝类中有毒有害物质残留超标；四是执法监管手段有限，面对千家万户的分散养殖和千军万马的产品流通经销，监管难以完全到位；五是我国水产品质量安全标准数量不足，技术要求尚未与国际标准完全接轨，加上外方设置的技术性贸易壁垒，使我国养殖水产品在出口贸易中遭遇了一些不公正的待遇。因此，从根本上提高我国水产养殖质量安全管理水平，从制度、科技、监管、服务到执法等各方面综合采取措施，解决突出矛盾和问题，是促进我国水产养殖业持续健康发展的保证。

(四) 科技支撑问题

虽然我国水产科技成绩显著，但科技制约问题仍较突出。基础性研究严重滞后，迄今为止，人工选育的良种很少，占水产养殖总产量70%以上的青鱼、草鱼、鲢、鳙等主要养殖种类目前仍依赖未经选育和改良的野生种；渔用药物研发特别是禁用替代药物和疫苗的开发滞后，缺乏对鱼类的药效学、药代动力学、毒理学及对养殖生态与环境的影响等基础理论的研究,未能在给药剂量、用药程序、休药期等提出科学意见,给予规范指导,导致滥用乱用药物的情况极为普遍,水产品药物残留问题十分突出;水产品加工技术特别是大宗产品加工综合利用技术尚不成熟和配套,直接影响了水产养殖业的快速发展;科研、教学与推广脱节,科技成果转化率低。水产推广网络和推广方式已经不适应生产的需要,科技推广与养殖户生产脱节问题尚未完全解决。

(五) 水域滩涂确权问题

随着经济社会的发展和各地建设用地的不断扩张,很多地方的可养或已养水面滩涂被不断蚕食和占用,内陆和浅海滩涂的可养殖水面不断减少,养殖水面开发利用遇到了更多的困难和阻力。这种状况不但涉及养殖水面的减少和养殖开发潜力的问题,还涉及渔民权益保障和生产生活安置问题。最近几年,养殖渔民的合法权益得不到有效维护,渔业权益得不到法律的有效保障,渔民因养殖水域被占用又得不到合理补偿而引发的集体上访事件明显增多,已成为社会不稳定的因素之一。究其原因是水面确权发证工作没有完全到位,水面承包经营权不稳定,这些都不利于养殖权益的保障、基础设施的建设维护和养殖业的可持续发展。

(六) 投入与基础设施问题

近年来,中央财政加大了对渔业的投入,促进了渔业各项工作的开展,但在支持力度上还不够,表现为明显的"一少两低":国家财政支助总量少;渔业在国家财政支持农业中的比重低,不足3%,与渔业占农业总产值比重的1/10不相称;养殖业在国家财政支助渔业中的比重低,不到10%,而养殖产量占渔业总产量的比重将近70%。由于缺乏财政资金引导性投入和财政支持力度较小,使养殖业面临的基础设施老化失修,良种繁育、疫病防控、技术推广服务等体系不配套、不完善,影响养殖业健康发展的问题越来越突出。养殖基础设施,一般来讲,既包括池塘及其配套的水电路桥闸等附属设施,也包括陆地工厂化养殖车间土建及其配套设施等。此外,辅助养殖生产的大型机械设备也属于基础设施的范畴。以池塘养殖为例,池塘养殖既是我国水产养殖的传统方式,也是当前我国水产养殖的主要方式,在我国水产养殖发展中占有举足轻重的地位。2007年,全国内陆池塘和海水池塘产量分别占淡水养殖和海水养殖产量的68%和11%。但我国池塘大多数是20世纪80年代初通过发展商品鱼基地而建设的。由于长期以来缺乏再投入,年久失修,加上农村劳动力向城镇转移造成农村劳动力短缺和承包机制的短期行为,目前我国池塘普遍出现

严重淤积、塘埂倒塌、排灌不通、病害频发、用药增多等问题。这些已经严重影响水产养殖综合生产能力的增强;影响到养殖效益的提高、渔民收入的增加和产品竞争力的提升;影响到村容村貌、生态与环境改善以及社会主义新农村建设;不利于健康养殖的稳步推进和现代渔业建设,因此必须进一步改造和加强养殖基础设施建设,使其能够承担起水产养殖的主体任务。

三、世界水产养殖业的发展趋势

目前,世界各国的渔业发展普遍面临两大问题:一是如何恢复、保护和持续利用天然渔业资源;二是如何保证养殖业的可持续发展。同世界主要渔业国家相比,我国是唯一养殖产量超过捕捞产量的渔业大国。虽然我们在一些养殖技术方面领先,但在某些科研领域和经营管理、信息技术方面与发达国家还有明显差距。因此,了解和把握世界水产养殖业发展的趋势、方向,吸收借鉴国外成功经验,对于加快我国现代渔业建设十分必要。当前世界水产养殖业发展趋势概括起来主要有三个方面。

(一)更加关注水生生物资源养护、水域生态与环境保护

随着人类对水生生物资源和水域开发利用步伐的加快,水生生物资源养护、水域生态与环境的保护问题越来越受到重视。一是将近海渔业资源增殖作为渔业资源养护的一项重要措施,并对增殖放流的方法、取得的经济效益和生态效益进行评估。联合国粮农组织专门提出了"负责任的渔业增养殖"概念,要求增养殖计划的实施,必须依据海域的资源状况和环境、对生物多样性的潜在影响以及对增殖放流的可能替代方案进行评估,以实施负责任的渔业资源增殖。二是在浅海滩涂开发利用中,重视环境效益和生态效益,要求在开发利用之前,必须对环境容纳量、最大允许放流量、放流种群在生态系统中的作用以及养殖自身污染、生态入侵可能造成的危害等因素分别进行论证。鉴于大水面养殖和水环境质量之间存在相互影响、相互制约的复杂关系,一些发达国家非常重视水库湖沼学和水利工程对环境的影响及其对策方面的研究和应用。三是1992年联合国环境与发展大会通过的《21世纪议程》,将各大洋和各海域,包括封闭和半封闭海域以及沿海地区的保护,海洋生物资源的养护和开发等列为重要议题。发达国家不仅对工业和生活废水的排放有严格控制,对水产养殖业也有限制,制定了养殖业废水排放标准、渔用药物使用规定、特种水产品流通以及水生野生动植物保护等要求,形成了一系列法律体系。在渔场生态与环境修复与保护、养殖场设置和养殖废水处理、减少污染物的扩散或积累等方面都

取得了实效。

（二）不断研发推广高效集约式水产养殖技术

高效的集约式养殖技术，如深水抗风浪网箱养鱼、工厂化养鱼等蓬勃兴起，而且技术日臻成熟、品种不断增加、领域不断拓展、范围不断扩大，成为现代水产养殖业发展的方向。在海水网箱养殖方面，日本最先兴起，以养殖高价值的鱼类为主，并能够利用网箱完成亲鱼产卵、苗种培育、商品鱼养殖以及饵料培养等一系列生产过程，同时将网箱养鱼向外海发展。近十多年来，挪威、芬兰、法国、德国等致力于大型海洋工程结构型网箱以及养殖工程船的研制。网箱样式多、材料轻、抗老化、安装方便，采用自动投饵和监控管理装置，能承受波高12 m的巨浪。同时，太阳能、风能、波能、潮汐能和声光电诱导等技术均在网箱养鱼中得到应用。目前，网箱养殖系统正在向抗风浪、自动化、外海型方向发展，具有广阔前景。工厂化养殖是利用现代工业技术与装备建立的一种陆地集约化水产养殖方式，具有养殖密度高、不受季节限制、节水省地、环境可控的特点，得到一些国家的重视，并从政策、立法、财政等方面予以支持，积极推进其发展。这方面较发达的有日本、美国、丹麦、挪威、德国、英国等国家。较为成功的有英国汉德斯顿电站的温流水养鱼系统、德国的生物包过滤系统、挪威的大西洋鲑工厂化育苗系统和美国阿里桑纳白对虾良种场等。目前，工厂化养殖的主要方式是封闭式循环水养鱼，养殖品种多样化，主要是优质鱼虾和贝类等品种。

（三）将现代科技和管理理念引入水产养殖业

挪威的大西洋鲑养殖管理是这方面较具代表性的案例。大西洋鲑养殖遍布欧洲、北美洲和大洋洲的许多国家，产业竞争十分激烈，而挪威的大西洋鲑产业持续快速发展，多年稳居世界前列，成为挪威的第二大支柱产业。其成功主要取决于两点：一是政府的严格管理；二是完善的技术体系。

管理方面：政府部门严格按照保护环境、科学规划、总量控制等原则和理念，实施养殖许可制度，对养殖地点、养殖密度、养殖者专业培训背景和管理经验、养殖运营中病害传播、污染风险等都提出了具体甚至苛刻的要求。在全球建立完善的营销网络，通过政府资助不断拓展国际市场。

技术方面：通过改造网箱，使养殖环境得到改善，网箱由大型向超大型发展，网箱周长由过去50 m发展到目前120 m；实现种质与饲料标准化，选育出生长快、抗逆性好、抗病力强的良种，并成为养殖的主体，目前80%的产量来源于一个优良品种的支撑，饲料配方也不断改进和完善，使饲料的营养更

加平衡;饲料投喂精准化,可通过计算机操纵,精确地定时、定量、定点自动投喂,并根据鱼的生长、食欲及水温、气候变化、残饵多少,通过声呐、电视摄像及残饵收集系统,自动校正投喂数量,还可自动记录每日投喂时间、地点及数量;积极研制和推广应用疫苗,4种常见病的疫苗已广泛应用于生产,并可以混合注射,一次注射可终身免疫,疫苗的普遍采用,不但控制了疾病,减少了抗生素使用量,还从根本上保证了产品的质量安全。

四、新时期我国水产养殖业的发展战略

(一)战略目标

经过30年的持续快速发展,我国已成为世界第一水产养殖大国。在未来的10~20年,我国水产养殖业发展总体目标是:把水产养殖大国建设成为现代化的水产养殖强国。基本任务是:确保水产品安全供给,确保农民持续增收,促进养殖业可持续发展,促进农村渔区社会和谐发展。发展方向是:更新发展理念,转变发展方式,拓展发展空间,提高发展质量,努力构建资源节约、环境友好、质量安全、可持续发展的现代水产养殖体系。战略步骤:一是全面改善生产条件,提高技术装备水平,增强综合生产能力。按照"园林化环境、工业化装备、规模化生产、社会化服务、企业化管理"的标准,规划养殖区域,建设现代养殖场和养殖小区,逐步实现养殖生产条件和技术装备现代化,为水产养殖可持续发展、确保水产品安全供给和农民增收奠定坚实基础。二是全面推进健康、生态养殖,大力发展生态型、环保型养殖业。按照资源节约、环境友好和可持续发展的要求,推广节地、节水、节能、节粮养殖模式,普及标准化养殖技术,提高良种覆盖率,加强水生动物防疫和病害防治,提高养殖产品质量安全水平。三是建立现代水产养殖科技创新体系。以水产养殖发展需求为导向,重点围绕良种培育、健康养殖、疫病防控、资源节约和保护等领域开展科学研究和科技攻关,增强科技创新与应用能力,提高科技成果转化率和科技贡献率。四是建设水产养殖现代管理体系,保障现代水产养殖业发展。按照市场经济基本规律和依法行政的要求,进一步健全水产养殖管理法律法规,完善养殖权保护制度,创新水产养殖业管理体制和机制,提高管理科学化和现代化水平。

(二)战略定位

要继续坚持"以养为主"的渔业发展方针,充分发挥水产养殖业在提供有效供给、保障粮食安全、改善生态与环境和增加农民收入、促进新农村建设方

面的重要作用。

由于养殖水产品种类繁多，产品特性差异很大，消费对象层次不同，产品既有食用药用功能，也有娱乐观赏、文化传承方面的特点。因此，从多样化的目标要求出发，考虑不同消费群体、国内外不同市场以及满足人民群众日益增长的物质、文化需求，根据各养殖种类所具有的不同特性和战略定位，将现代水产养殖业划分为4个产业体系，即大众产品生产体系、名优珍品生产体系、出口优势产品生产体系和都市渔业生产体系。根据各体系的战略定位并按"一条鱼一个大产业"的理念，分类指导、重点推进、全面发展，建成"科、养、加、销"一体化的现代产业链。

1. 大众产品生产体系——作为大众化的水产品养殖，主要起稳定市场供应，为国民提供充足的物美价廉的大宗水产品的保障作用　这类产品数量众多，包括传统养殖的青鱼、草鱼、鲢、鳙、鲤、鲫、鳊等大宗鱼类以及一些虾、蟹、贝、藻类和开发、引进多年并形成规模养殖的新品种。这类产品在提供水产品有效供给、保障粮食安全方面起到基础性作用，是食物构成中主要的动物蛋白质来源之一，在我国人民的食物结构中占有重要的位置，是水产养殖业的重中之重。其最大特点是供给量和需求量大，但经济效益一般。保证大众食物产品的稳定生产，就是对粮食安全保障体系的重要贡献。

2. 名优珍品生产体系——作为特色产品或高档珍品养殖，主要是满足国民日益增长的多样化消费需求　这类产品主要是某些地方特色种类、名贵种类（如海参、优质鲍鱼、珍珠等）和开发、引进时间较短尚未形成规模生产的一些新品种。随着我国人民生活水平的日益提高，名优珍品越来越受到市场的青睐，成为水产养殖新的增长点。这类产品的最大特点是生产区域受自然条件限制严格，生产量小，消费群体有局限性，市场价格高，经济效益好。在水产品供给中起到重要的补充作用。加大对这些养殖品种的研究和开发力度，提升其产业化水平，不仅可提供更多的优质水产品，丰富不同消费阶层的需求，而且在调整品种结构、提高养殖效益、增加农民收入等方面也将发挥重要的作用。

3. 出口优势产品生产体系——作为具有出口优势的水产品养殖，主要是通过出口拓展国际市场，带动国内生产和加工、物流等相关产业的发展　由于水产品消费习惯的差别，我国养殖水产品只有部分种类具有出口潜力。近年来，具有出口优势的养殖种类的生产快速发展，使我国很快成为第一水产品贸易大国，至2008年出口额连续6年居世界首位。多年实践证明，发展养殖产品出口贸易，有利于拓展我国水产养殖业发展空间，提高养殖效益，促进渔民增收；有利于促进产业结构优化，提升产业化发展水平，加快我国渔业现代化进程；有利于学习国际先进技术和管理经验，提高产品质量安全水平，提升我

国渔业整体竞争力；有利于拉动相关产业的一体化发展，创造更多的就业机会。按照继承与发展的原则，在《出口水产品优势养殖区域发展规划（2008—2015年）》中，将鳗鲡、对虾、贝类、罗非鱼、大黄鱼、河蟹、斑点叉尾鮰和海藻确定为优势出口养殖品种。预计到2015年，通过优势区域的辐射带动，全国优势品种出口可望达到140万t和60亿美元，年均递增5%和6%；养殖水产品出口可望达到175万t和74亿美元，年均递增5%和6%。

4. 都市渔业生产体系——作为休闲和传承渔文化的载体，主要是满足人民群众对精神文化生活的需求 都市渔业包括水族馆渔业、观赏渔业、游钓渔业、"农家乐"等众多形式。由于水产养殖业具有观赏休闲功能，都市渔业正在迅速发展成为世界渔业产业中的第四大产业（即海洋捕捞业、水产养殖业、水产品加工流通业和都市渔业）。在一些发达国家，如美国，都市渔业（游钓渔业和观赏渔业）的产值在渔业总产值中已占到首位。随着我国经济发展、社会稳定和人民生活水平提高，以满足精神文化需求为主体的都市渔业从20世纪90年代起步并迅速发展，目前已经形成一定规模，在全国大中城市具有广泛的市场。特别是伴随观赏鱼养殖的发展，水族装演已进入居民社区和百姓家庭。水产养殖是发展都市渔业的物质基础。在有条件的地方，可将水产养殖业引入大中城市，加强景观生态学、水族工程学、观赏水族繁殖生态研究，发展都市渔业，丰富人民群众文化生活。

（三）战略重点

1. 在突出重点生产的同时，做到全面发展 以大众产品消费种类的生产为重点，在满足国内大众水产品消费需求、保障粮食安全的前提下，积极发展名优珍品养殖、水产品出口贸易和都市渔业。青鱼、草鱼、鲢、鳙、鲤、鲫、鳊是大众消费的最普通品种，是我国淡水养殖发展的保障性主导品种，必须保证生产和供应。对这些常规品种的发展，主要是提高产品质量，增加市场供应。名优珍品以及都市渔业的发展要遵循自然规律和价值规律，主要通过市场化运作的途径来加以推进。按照规模化、标准化和产业化的要求，形成多次增值，提高效益。为适应水产品出口环境的需要，必须在提高产品质量、创立自主品牌、协调行业自律等方面下工夫，不断提升国际市场竞争能力。采取产品多元化和市场多元化的发展战略，满足不同地区、不同市场、不同品种的多样化消费需求，降低市场风险。

2. 大力发展环保型渔业，保护生态与环境 正确处理水产养殖与环境保护的关系，大力发展环保型渔业。一是科学规划近海和湖泊、水库中的投饵性网箱养殖规模。凡属生活用水水源的大中型水域要逐步退出水产养殖。退出后的水域可以通过人工增殖放流提高捕捞产量，同时改善水质。二是湖泊、水库等大中型水体化肥养鱼要全面停止，畜禽粪便养鱼和沼渣沼液养鱼也要制定限制标准，防止水体富营养化。三是在天然淡水水域中，要栽培和保护水草资源，移植和增殖贝类，限制或禁止放养草食性鱼类，合理搭配滤食性鱼类（鲢、鳙）和食腐屑性鱼类（细鳞斜颌鲴、中华倒刺鲃），增强减排能力，控制水体富营养化，保护生态与环境。四是在近海推广贝藻间养模式，达到净化水质、减少环境污染对养殖水质和贝类品质的影响的目的。五是改造养殖池塘，配套水处理设施装备，提高产量，减少排放，承担水产品市场供应的主体责任。

3. 抓好加工流通业，提高市场信息化水平 一是大力发展水产品加工业。水产品加工产品要着眼于未来，开发出适合不同阶层、不同年龄段（80后、90后）消费的不同系列产品，如厨房食品、微波炉食品和超市食品，推动消费转型，确保水产品拥有合理、稳定的消费群体以及消费量稳定增加。二是要高度重视水产品市场开拓与流通工作，既要注重国际市场的开发，更要注重国内市场的开发，做到既有多元化的产品，又有多元化市场。要创新营销理念，加快发展现代物流业。鼓励和引导企业发展新型流通业态，发展电子商务、连锁、专卖、配送等现代物流业态，扩大产品销售。三是要加快水产品销地批发交易市场和产地专业市场建设，完善市场检验检测和信息网络、电子结算网络等系统。加快建设水产品网上展示购销平台，完善水产品从产地到销区的营销网络。

4. 加快发展水产饲料工业 我国水产养殖规模大，需要大量的水产养殖饲料。近年来，水产饲料工业在我国发展迅猛，一跃成为我国饲料工业中发展最快、潜力最大的产业，其年产量已突破 1 300 万 t，年均增长率高达 17%，远高于配合饲料 8% 的平均增速。实践证明，饲料与营养的研究是推动饲料工业与养殖业发展的理论基础。要围绕提高质量、降低成本、减少病害、提高饲料效率和降低环境污染等目标，深入研究水生动物的营养生理、代谢机制，特别是微量营养素的功能，为评定营养需要量，配制各种低成本、低污染、高效实用的饲料以及抗病添加剂和免疫增强剂提供可靠的理论依据，为水产健康养殖创造良好条件。

5. 加快发展装备业，提高水产养殖效率 无论从提高增产潜力还是从提高劳动生产率来看，未来养殖业发展必须更多地依靠先进适用的养殖设施的装备和运用。加快发展水产养殖装备业，一是要把无污染、低消耗、保证食用安全和高投资回报作为装备科技发展的主要目标；二是要注重设施设备与生态的有机结合，使设备的使用达到节能、节水和达标排放的要求；三是设施设备要满足养殖生产者在操作方便、符合安全生产规范、减轻劳动强度、提高生产效率的要求;四是要通过多种形式在有条件的地区建立设施渔业示范基地,以推广多种新型的养殖装备和技术。

五、科学技术与水产增养殖业

从科学技术对水产增养殖发展影响和水产养殖学科的发展历史来看,主要环节有水域环境控制、遗传育种、营养与饲料等。养殖水域的水质调控、水生态系统的修复和保护,是确保水产品质量安全和水产养殖可持续发展的基础;育种与苗种培育和饵料是养鱼的物质条件。水环境、育种、饵料等三个基础环节(俗称"水、种、饵")已成为水产养殖学科高等教育和研究工作的核心环节。

(一) 养殖水环境

1. 养殖生态系统 一个养殖水环境,就是一个养殖生态系统,它主要由消费者(水生动物)、分解者(水生微生物)、生产者(水生植物)三部分组成,其核心就是能量流动和物质循环。按养殖工艺,它可分为传统养殖和生态养殖两个系统。

(1) 传统养殖的生态系统 传统水产养殖生产工艺是片面强调消费者,忽视分解者和生产者,这种生态系统是极为不平衡的。

消费者:水产养殖对象是整个生态系统的核心,其数量多,投饵量大,产生大量的排泄物和残饵。

分解者:微生物的数量和种类少,经常处于超负荷状态。

生产者:水生植物以藻类为主体,能量转化效率低下,造成水体富营养化。

这种"一大二小"的结构,其物质循环和能量流动存在两处"瓶颈"(图3-2-1):因分解者少,大量的有机污染物无法及时分解,造成水质恶化,使池底产生大量氧债;因生产者效率低下,无法将水中的营养盐类转化利用,导致 NH_3-N 和 NO_2^--N 等有害物质积累,对养殖生物产生危害。其后果是:水体富营养化,养殖病害严重,采用大量

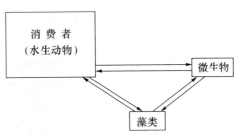

图3-2-1 传统养殖的水域生态系统模式

药物治疗病害,导致水产养殖的外环境失衡,有机体内的微生态失衡。

(2) 生态养殖的生态系统 所谓生态养殖,就是以生态学的原理为依据,建立和管理一个能实现生态上自我维持低输入、经济上可行的养殖生态系统,以确保在长时间内不对周围环境造成明显不利影响的养殖方式。生态养殖以保持和改善系统内部生态动态平衡为主导思想,合理安排养殖结构和产品布局,努力提高太阳能的利用率,促进物质在系统内的循环利用和重复利用,以尽可能减少燃料、肥料、饲料和其他原料的投入,取得更多的渔产品,并获得生产发展、生态与环境保护、能源再生利用、经济效益四者结合的综合性效果。

生态养殖要求保持生产者、分解者和消费者之间不存在"瓶颈"(图3-2-2),即它们的能量流动和物质循环要保持平衡。其主要措施是:

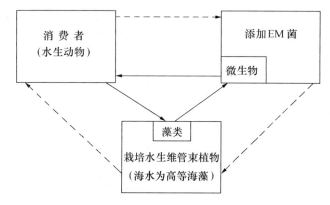

图3-2-2 生态养殖水域生态系统模式

强化分解者:改善水体溶氧、pH条件和利用微生态制剂,使水体和底泥中的有益微生物数量大大增加,将大量的有机物分解成无机盐。

促进生产者:栽培和保护水生维管束植物(海水中为高等藻类),通过光合作用,将无机盐转化利用。

改革消费者:坚持"以鱼净水、以渔保水"观念,改革养殖对象和养殖模式,发展"名、特、优"养殖,实施混养、稀养、轮养。

因此,改善养殖水体的水环境,必须从打破传统养殖生态系统存在的"瓶颈效应"入手。只有改善养殖的水环境,水中和水底溶氧高,有益微生物生长繁殖迅速,有机物分解快,营养盐类的利用率高,$NO_2^- - N$ 和 $NH_3 - N$ 才不易大量积累,水中有害细菌就不易滋生。由于水质好,有机体新陈代谢快,对不良环境的抵抗力强,也不易患病。采用生态养殖工艺,才能从根本上解决养殖水体的病害问题。

2. 水环境修复方式 生态养殖的目标是修复养殖水环境,重点是防止养殖水域富营养化，以保持"两个平衡"（养殖水环境和养殖对象的内环境），保持养殖水域的可持续发展。水环境的修复有三种方式：

（1）**物理修复** 主要包括疏挖底泥、机械除藻、引水冲淤等，但这种方法治理费用非常庞大，但治理效果却不太明显，往往治标不治本。

（2）**化学修复** 主要是通过一些化学方法来达到修复的目的，如加入化学药剂杀藻、杀菌、沉淀等，但易造成二次污染，且要经常不断加入，费用较大。

（3）**生物修复** 该项技术兴起于 20 世纪 70 年代，发展于 90 年代，以日本、美国最为领先，被广泛应用于海面溢油、河流和湖泊的富营养化、土壤有机污染、地下水系污染等环境修复工程中，在大面积污染治理领域，被普遍认为是最有效、最经济、最具有生态性的高新技术。

3. 富营养化水体的生物修复技术 通常分为微生物修复、水生动物修复和水生植物修复三种类型。

（1）**微生物修复** 通过微生物的作用，清除土壤和水体中的污染物，或是使污染物无害化的过程。它包括自然和人为控制条件下，利用微生物的污染物降解或无害化过程。

用于微生物修复的微生物主要包括土著微生物、外来微生物和基因工程菌（指采用基因工程技术，将降解性质粒转移到一些能在污水和受污染土壤中生存的菌体内，定向地构建高效降解难降解污染物的工程菌，以解决土著菌对于人工合成化合物不能很好降解的不足）。但微生物修复技术尚存一定的局限性：

① 微生物不能降解所有进入环境的污染物，污染物的难生物降解性、不溶性以及与土壤腐殖质或泥土结合在一起，常常使微生物修复不能进行。

② 特定微生物只降解特定类型的化学物质，结构稍有变化的化合物就可能不会被同一微生物酶破坏。

③ 微生物活性受温度和其他环境条件影响。

④ 有些情况下，微生物修复不能将污染物全部去除，因为当污染物浓度太低不足以维持降解细菌一定数量时，残余的污染物就会留在土壤中。

（2）**水生动物修复** 水生动物的摄食作用可把水体中的营养成分吸收到水生动物体内，作为其身体组织的组成部分，再通过水生生态系统中食物链的作用，把营养物质转移到价值较高的高等水生动物体内，再通过人为捕捞，把营养物质从水体内去除。

水生动物通过摄食活动，影响水体的生物密度和生物结构，进而影响水体营养物的流向和流速，以达到水体生态修复的目的。

谢平等（1999）在武汉东湖，投放鲢、鳙，通过鲢、鳙对浮游动物与浮游植物的摄食作用，以降低水中浮游生物和腐屑的数量，使得东湖的水质明显改善，蓝藻水华消失。软体动物（如贝类等）通过过滤、吸收和富集等作用来净化水质。但水生动物修复的问题是：水生动物生长需要一定的条件，而且其本身是消费者，也要向水体排氮、排磷。特别是对一些无法捕捞出的水生动物，只能起一定作用，不能起根本的作用。

（3）水生植物修复　水生植物主要包括水生维管束植物、水生藓类和高等藻类三大类。在污水治理中应用较多的是水生维管束植物，它具有发达的机械组织，植物个体比较高大，按生态可分为挺水、浮叶、漂浮和沉水 4 种类型。水生植物修复的机理：

① 物理作用：水生植物的存在减小了水中的风浪扰动，降低了水流速度，并减小了水面风速，这为悬浮固体的沉淀去除创造了更好的条件，并减小了固体重新悬浮的可能性。

② 吸收作用：有根的植物通过根部摄取营养物质，某些浸没在水中的茎叶也从周围的水中摄取营养物质。水体环境中的亲水性有机污染物和重金属也可以被水生植物吸收，被植物体矿化或转化为无毒物质。水生植物产量高，大量的营养物被固定在其生物体内，当收割后，营养物就能从系统中被去除。

③ 富集作用：许多水生植物有较高的耐污能力，能富集水中的金属离子和有机物质。比如凤眼莲，由于其线粒体中含有多酚氧化酶，可以通过多酚氧化酶对外源苯酚的羟化及氧化作用而解除酚对植物株的毒害，所以对重金属和含酚有机物有很强的吸收富集能力。

④ 与微生物的协同降解作用：水生植物群落的存在，为微生物和微型动物提供了附着基质和栖息场所，其浸没在水中的茎叶为形成生物膜提供了广大的表面空间。植物机体上寄居着稠密的光合自养藻类、细菌和原生动物，这些生物的新陈代谢能大大加速有机胶体或悬浮物的分解。

⑤ 气体传输与释放作用：水生维管束植物通过植株枝条和根系的气体传输和释放作用，将光合作用产生的氧气或大气中的氧气输送至根系，一部分供植物呼吸作用，一部分通过根系向根区释放，扩散到周围缺氧的环境中，在还原性的底泥中形成了氧化态的微生态环境，加强了根区微生物的生长和繁殖，促进了好氧微生物对有机物的分解。

⑥ 对藻类的生物他感作用：他感作用是指植物生长在一起存在的相互之间的作用。水生维管束植物的大量存在，可抑制水体中单胞藻类的生长，增加水体透明度，这就是水生维管束植物对藻类的生物他感作用。

⑦ 维持生态平衡作用：水体中的水生植物，为鱼类、甲壳类、螺类等水生动物提供了优良的生存环境，也为它们提供了丰富的天然饵料和躲避敌害的

天然环境,提高了水域环境的生物多样性,使得水域环境中各食物链协调发展,保持水域环境的生态平衡。

4. 养殖水环境的修复与控制 在我国,当前对于养殖水环境的修复和控制主要采取以下技术措施:

(1) 改"管渔"扩大为"治水" 当前,我国水产养殖业可持续发展的限制因子是水体污染,这已成为不争的事实。防止和治理水域富营养化或"荒漠化",已成为各地水产养殖业的重要任务。因此,必须将水体污染治理看作水产养殖的维生系统。水产养殖业的目标应当从渔业产业管理扩大为水环境保护,以保持水产养殖产业的可持续发展。

(2) 改水域局部整治为流域整体治理 必须清醒地看到:我国农业和生活发展水平,决定了向水体输入氮和磷的影响还将在很长一段时期内存在。污染治理最重要的是削减污染源的排放。目前,不少湖泊、河流的污染主要是外源污染物的流入,单整治内源污染效果不大。必须强调指出:湖泊拆除过多养蟹网围是正确的。但反过来,将湖泊水质改善寄托在减少网围面积,甚至将网围全部拆除,这种观点是错误的。上海海洋大学2008年对阳澄湖(21个采样点)各月的水质测定表明:阳澄湖的主要污染源是外源来水,其总氮占全湖总氮的77.7%,而水产养殖的总氮占18.7%;水源来水的总磷占全湖总磷的62.7%,水产养殖的总磷占33.0%(表3-2-2)。由此可见,养殖水体的治理,必须坚持内源与外源同时治理。要明确控制污染源是第一位的,生态系统的修复是第二位的。即必须首先控制养殖水体的外源污染,其次才是去除内源污染负荷、工程修复和生物修复等。而且如果网围养蟹都采用生态养殖,不仅不会污染水环境,而且还可以改善水质。

表3-2-2 2008年阳澄湖总氮、总磷的收入比例

项 目	总 氮			总 磷		
	浓度(g/m^3)	总量(万t)	百分比(%)	浓度(g/m^3)	总量(t)	百分比(%)
上游来水	4.16	2 080	77.7	0.305	152	62.7
大气降水	2.07	30	1.1	0.030	0.2	0.01
地表径流	4.30	40	1.5	1.60	9	3.71
水产养殖	3.3	500	18.7	0.52	80	33.0
底泥释放	2.2	26	1.0	0.12	1.4	0.58
总 计		2 676	100		242.6	100

必须强调指出,水域的富营养化问题不是渔业管理部门一家能办到的,水域的治理涉及环保、农林、水利、血防、城建、航运、旅游等单位。因此,水

域的富营养化治理是一个系统工程。水体的富营养化治理不仅需要统一认识,更需要统一管理、统一指挥、统一行动,通过各个环节、各部门,各自分工负责,从整体上优化治理措施,通过综合平衡,使治理措施达到最佳状态。

(3) 改笼统的水环境修复为针对性的降氮、降磷 改善养殖水环境的目标不是降低水中的有机物(COD),增加透明度,而是要降低水中总氮和总磷的浓度。通常,当天然水体中总磷浓度大于 0.02 mg/L、无机氮浓度大于 0.3 mg/L 时,就可认为水体处于富营养化状态。据试验,1 mg 氮可合成 10 mg 藻类(干重),1 mg 磷可产生约 100 mg 藻类(干重)。富营养化水体中的氮、磷促使水中的藻类急剧生长,大量藻类的生长消耗了水中的氧,使鱼类、浮游生物因缺氧而死亡,从而它们腐烂的尸体使水质受到污染。因此,控制外源性和内源性的氮、磷营养盐,是治理水体富营养化的根本。

因此,养殖水环境的生物修复要以降低养殖水体的总氮、总磷为目标,以生物修复为手段;以自然发生的浮游生物(包括水华)和人工种植水草为氮和磷富集的载体;进一步完善两大资源化利用技术体系,即浮游生物利用体系和水生植物利用体系,才能有效地降低水体中总氮和总磷的含量。

(4) 改陆地绿化扩大为水域绿化,成为生态修复的重点 国内外实践表明,湖泊水生植物的栽培和保护,是治理内源污染的重要手段。但这方面往往被大多数人所忽视。因此,农林部门必须将湿地的绿化看作与陆地的绿化同样重要;渔业主管部门必须将以动物饲养为主体的传统养殖方式转为以动物饲养与植物栽培相结合的生态养殖方式,以保持养殖水域的生态平衡,从根本上改善水环境。因此,大搞水底"生态林"和"经济林"建设,是养殖水域生物修复的重点。水生植物的生物修复主要有以下几种:

① 漂浮植物:以凤眼莲(水葫芦)为最佳,它是脱氮、脱磷最高的水生植物。在太湖流域,每公顷水葫芦可年产鲜草 450~750 t,干重 35~50 t,吸收氮 750~1 000 kg、磷 120~180 kg。但漂浮植物的致密生长可使湖水复氧受阻,水中溶解氧大大降低,水体的自净能力并未提高,且造成二次污染,而且影响航运。

② 挺水植物:以菖蒲和香蒲的处理能力较好,其对总氮、总磷的去除率分别达到了 72.46%、90.36% 和 69.82%、91.32%;芦苇的处理效果略次于菖蒲和香蒲,其总氮、总磷的去除率分别为 58.84%、74.60%。挺水植物必须在湿地、浅滩、湖岸等处生长,即合适深度的繁衍场所,所以应用具有很大的局限性。

③ 浮叶植物:以菱、芡实(鸡头米)等的脱氮、脱磷能力较强。但除了菱角、鸡头米取出食用外,大量的茎叶遗留在水中,不易清除。它们腐烂后,

氮和磷等营养物质又返回水体,达不到净化效果。而且浮叶植物也容易引起水体沼泽化。

④ 沉水植物:沉水植物通过根部吸收底质中的氮、磷,从而具有比漂浮植物更强的富集氮、磷的能力。沉水植物有着巨大的生物量,与环境进行着大量的物质和能量的交换,形成了十分庞大的环境容量和强有力的自净能力。在沉水植物分布区内,COD、总磷、铵氮的含量都普遍远低于其外无沉水植物的分布区;而且沉水植物不易引起水体沼泽化。通常每吨沉水植物(湿重)约可脱 280 g 氮、21 g 磷。但不同的沉水植物均有差异,其总氮去除速率按能力大小顺序依次为:伊乐藻＞苦草＞狐尾藻＞篦齿眼子菜＞金鱼藻＞菹草。

必须强调指出,水生植物是氮和磷的载体,只有利用这些水生植物,才能达到脱氮、脱磷的目的。例如它们被鱼、蟹摄食后捕出,或者直接将水草捞出水体利用。否则,冬季水生植物死亡,其尸体腐烂后,氮、磷等营养盐类又重新回到水中,达不到水体净化效果。例如,可将大量的水葫芦捞出,生产沼气。水葫芦每千克干物质可产沼气 0.344 m^3,甲烷含量达 60% 以上。如果在湖泊周边放养 1.3 万 hm^2 水葫芦,并用来发酵沼气,相当于 2.7 万 hm^2 玉米生产酒精的能值。

(5) 改微生物致病为微生物防病 长期以来,人们往往只看到微生物的致病作用,而忽视了微生物的生理作用。近年来,现代医学的发展,终于使人们意识到微生物存在的普遍性、必要性和重要性。在所有微生物中,95% 左右是有益的,4% 左右是条件致病微生物,仅 1% 左右是有害微生物。因此要充分发挥微生物的生理功能。除水体中大量存在有益微生物外,可再接种和培养有益微生物——微生物制剂(又称 EM 菌),发挥有益微生物的生理功能。

与抗生素不同之处是:抗生素是抗菌,而微生物制剂是促菌。抗生素是直接杀灭病原体,但同时也不可避免地消灭了大量生理性的有益菌。而微生物制剂促菌则是促进生理性的有益菌大量繁殖,通过生物拮抗,抑制和间接消灭病原菌。这与中医的"扶正祛邪"观点相符合。

(6) 改"以水养鱼,养鱼污水"为"以鱼净水,以渔保水" 要将养殖对象作为水生动物修复和改善环境的重要组成部分。天然水域要禁养草食性鱼类(草鱼、团头鲂),改养滤食性鱼类(鲢、鳙)、贝类(河蚌、螺蛳)、杂食性鱼类(异育银鲫)、腐屑食物链鱼类(细鳞斜颌鲴、中华倒刺鲃)和小型肉食性鱼类(河川沙塘鳢、黄颡鱼、江黄颡鱼)。做到以鱼类来净化水质,以发展生态渔业来保护水环境。

其原理是:

① 禁养草食性鱼类,保护"生产者"——水生维管束植物:通过建设草

型水域，提高水体生产力，利用水草来脱氮、脱磷，改善水质；利用水草为河蟹、鱼类、青虾、螺蚬等提供栖息环境和天然饵料，以保持养殖水域的生态平衡。

② 利用滤食性鱼类，降低水中浮游生物数量，使其转为鱼体蛋白质：生产1 kg鱼，可脱25 g氮、脱2 g磷。增放河蚌等贝类，滤食蓝、绿藻类的效果极佳。据试验，在单位水体内，24 h藻类去除率为67.74%（凌去非，2007）。河蚌的寿命一般为5~7年，把河蚌放入湖泊后，只要管理跟上、捕大留小，河蚌就会一代代地繁衍下去，从而实现对蓝、绿藻的有效治理。

③ 放养杂食性鱼类——鲤、鲫：它们是以植物性饵料为主的杂食性鱼类，可清除残饵、腐屑，改善水质。

④ 增放腐屑食物链的鱼类——细鳞斜颌鲴、中华倒刺鲃：它们主要以有机碎屑、腐泥和丝状藻类为食，对养殖水体的水质改良有积极作用，常被人称为"环保鱼"。

⑤ 适当放养小型肉食性鱼类——河川沙塘鳢、黄颡鱼、江黄颡鱼：其原理来源于"下行效应"（20世纪80~90年代，水域生态学家采用的另一种研究途径，即探讨食物链上层生物的变化对下层生物、初级生产力及水质的影响）。其中，研究的热点就是鱼类如何通过对浮游生物的影响，进而对水体的水质产生影响。放养河川沙塘鳢、黄颡鱼、江黄颡鱼，就是通过它们摄食小型野杂鱼，从而增加浮游动物的数量，以降低水中浮游植物的生物量，达到改善水质的目的。

（7）改药物防治为生态防治，完善HACCP质量管理体系建设　以往在研究病害防治时，都是从研究病原学为指导思想的，即病害防治"三部曲"：首先确定病原，然后筛选药物，最后制定防治对策。导致在实际生产中把药物防治作为唯一的手段。如在育苗过程中，将各种药物罗列起来，每天轮流使用成了不少单位用以防病治病的"绝招"。其结果是不分青红皂白，将微生物全部杀死，造成养殖水体生态与养殖对象体内生态的微生态平衡被破坏。特别是滥用抗生素，由于没有考虑过量抗生素对微生态平衡的影响，致使微生物产生耐药性。近年来，对水产动物病原菌研究结果表明，水体中微生物的耐药性正不断增加，而且滥用药物，轻则造成水产品品质下降，重则影响人体健康。因此，必须将生物安全观念逐步应用于集约化养殖。对于水生动植物病害应以预防控制为中心，疾病预防真正落实在养殖主体、水环境和病原三个环节上。

为确保水产品质量安全，及时提供产品安全的信息，适应水产品进入国内外市场的需要，我国已开始建立水产品质量标准——HACCP质量管理体系。目前，该体系重点就是水产品的质量安全。

20世纪60年代末,美国为确保航天食品的安全,保证航天员执行太空任务,在宇航食品的制造过程中设计了一套新的品质管理体系——HACCP体系。HACCP是hazard analysis and critical control point的缩写。中文意思是"危害分析和关键控制点"。现在,HACCP质量管理体系已成为国际公认的食品安全标准。HACCP质量管理体系是指从原料来源、生产工序、成品直至销售市场等一系列过程中的每一个环节确定潜在的危害,并采取有效的预防措施,指定关键的临界值,进行及时的控制和纠偏。

（8）改对抗性生产为适应性生产 自然是不可征服的,人类不能主宰世界。人类与地球上其他生物的关系是共存共荣的关系,是和睦相处的关系。在大自然无情的报复和惩罚面前,我们现在应该清醒地认识:转变养殖方式就是转变经济发展方式,改对抗性生产为适应性生产,改传统养殖为生态养殖。

一个水域富营养化缘于其生态系统的破坏,是患生态病。从自然规律看,生态恢复本身往往需要十分漫长的过程,不能指望在短期内能看到实际效果。特别是湖泊,它的富营养化不是一两天形成的,寄希望于在短期内解决、一蹴而就也是不现实的。

养殖水体的治理是一项复杂的系统工程,需要一个较长期的认识和实施过程。应从源头入手,经过细致的调查研究和多方论证才能进行决策,通过各行业的紧密配合,综合治理、整体优化,才能求得较理想的效果。切忌"头痛医头,脚痛医脚",这才是符合科学发展观的。

养殖水体的富营养化是可控制的,是能够改善的,但任重道远,要防止浮躁情绪,既要充满信心,又要有打持久战的准备。

（二）水产苗种培育

1. 人工繁殖

（1）繁殖生物学研究与家鱼人工繁殖 青鱼、草鱼、鲢、鳙是我国特有的养殖鱼类,统称为家鱼,在长期的养鱼生产实践中,养鱼的技术有了提高。但是,在生殖季节,池塘里养殖的雄鱼能够产生成熟的精子,雌鱼不会产卵,家鱼的鱼苗都是从江河里捕捞获得,每年生产季节都要到长江、珠江捕获天然鱼苗,然后运到各地的养殖场,经过长途运输,鱼苗的成活率很低,因此,淡水养殖的区域也局限在长江、珠江三角洲,限制了淡水养殖业的发展。

为了探索池塘养殖的雌性家鱼为什么不能产卵,于是进行了家鱼繁殖生物学的研究,经过多年的研究,终于揭示了鱼类卵巢发育的规律及其生理、生态调控机理,从而突破了家鱼人工繁殖的技术,从此结束了几千年单纯依靠自然江河捕捞鱼苗的养殖历史。

① 鱼类卵巢的发育规律：鱼类的卵巢发育分为六期。第Ⅰ期卵巢内以卵原细胞为主，还有部分由卵原细胞分裂而成的早期初级卵母细胞，在鱼类的个体发育中，Ⅰ期卵巢只有1次。第Ⅱ期卵巢呈浅肉红色，肉眼看不清卵粒，卵巢内的初级卵母细胞处于小生长期，是细胞核和细胞质的生长阶段，细胞体积增大，细胞外有单层的卵泡细胞。第Ⅲ期卵巢内的初级卵母细胞进入大生长期，初级卵母细胞内的营养物质卵黄发生和大量积累，卵母细胞的体积显著增大，细胞外包的卵泡细胞为双层，肉眼可以看见卵粒。第Ⅳ期卵巢为大生长期的后期，卵巢的体积大，卵巢内的卵粒饱满，初级卵母细胞内充满卵黄，初级卵母细胞经过第一次成熟分裂（减数分裂）成为次级卵母细胞。Ⅳ期卵巢又可以分为初期、中期和末期，初期的卵核位于卵母细胞中央，中期的卵核开始偏位，后期的卵核已偏于动物极。第Ⅴ期卵巢为成熟期，卵巢内的次级卵母细胞经过第二次成熟分裂成为的成熟卵细胞，这时的成熟卵细胞脱出滤泡，游离在卵巢腔内完成排卵。一个初级卵母细胞必须经过二次成熟分裂才能产生一个成熟的卵细胞，在适合的条件下鱼产卵，将成熟卵细胞自动产出体外。第Ⅵ期为产卵后不久的卵巢，卵巢内有少量的卵和空卵泡，残留卵的部分卵黄会胶液化，经退化吸收后，卵巢可回复到第Ⅱ期或Ⅲ期，再会继续发育。由于池塘里养殖的雌鱼卵巢只能发育到第Ⅳ期，卵细胞不能成熟，因此，雌鱼不会产卵。

② 卵巢发育的调节：池塘里雌鱼的卵巢为什么只能发育到第Ⅳ期？这是由于鱼类卵巢中的卵细胞成熟、排卵、产卵活动受到神经系统和内分泌激素的调节，主要是下丘脑—腺垂体—卵巢轴的调节。下丘脑能合成和分泌促性腺激素释放激素和促性腺激素释放抑制因子，促性腺激素释放激素作用于腺垂体，促进其合成和释放促性腺激素，促性腺激素释放抑制因子既能抑制腺垂体释放促性腺激素，又能抑制促性腺激素释放激素的作用。腺垂体能够合成和释放促性腺激素，鱼类的促性腺激素有促卵黄生成和促腺成熟激素。前者在性腺发育早期作用于卵巢，促进卵巢合成和分泌雌激素；后者在性腺成熟时大量分泌，刺激卵巢合成和分泌孕激素，同时促进卵母细胞的成熟，刺激卵的排放。腺垂体的分泌活动不仅受到下丘脑所分泌的调节性多肽的调节，还受到雌激素的反馈调节。在卵巢发育的不同阶段，雌激素对腺垂体的反馈调节作用也不同，在性未成熟期，雌激素对腺垂体是正反馈调节，促进腺垂体分泌促性腺激素，在性成熟期，雌激素对腺垂体是负反馈调节，抑制腺垂体分泌促性腺激素。卵巢分泌的雌激素能够刺激肝脏合成卵黄蛋白原，其由肝脏分泌进入血液循环，由卵母细胞吸收和生成卵黄蛋白。卵细胞的成熟是由于促性腺激素大量释放，卵巢分泌的孕激素与卵膜的特异性受体结合，产生成熟促进因子，从而诱导卵细胞的最后成熟。

鱼类卵巢的发育还受到环境生态条件的影响。自然条件下,家鱼长期生活在江河的生态环境中,形成了与江河相适应的繁殖习性。在鱼的生殖季节,因暴雨、山洪使江河水位上涨,水流加快,自然条件的变化刺激了鱼的鱼眼、侧线及皮肤的触感受器,信息由传入神经传到中枢神经,通过中枢神经系统的分析,促使下丘脑合成和分泌促性腺激素释放激素,其作用于腺垂体使之释放促性腺激素,后者作用于卵巢,最终促进卵的成熟、排卵和产卵。

在池塘里人工养殖的家鱼由于没有适宜的生态条件刺激,因此,不能有效刺激下丘脑合成和分泌促性腺激素释放激素,继而使腺垂体合成和释放的促性腺激素不足,影响卵巢的发育,使其只能发育到第Ⅳ期,鱼就不能产卵。

③ 人工繁殖技术的突破:1953年中国水产科学院珠江水产研究所钟麟研究员等勇挑家鱼人工繁殖的重担,以培育鲢、鳙亲鱼的性腺成熟为突破口,实地调查珠江中上游的产卵场和珠江的鱼苗捕捞点,了解家鱼产卵的条件和规律,又采用生理学和生态学的方法进行试验。1958年分别对鲢亲鱼和鳙亲鱼注射鲤的脑垂体提取液,然后将鱼放入60 m²的产卵池,产卵池用砂铺底,池中有流水,可以提高水位,终于得到了发育正常的受精卵,受精卵经过17 h发育,获得了第一批人工繁殖的鲢鱼苗和鳙鱼苗,家鱼人工繁殖首次获得成功。1960年又孵化出草鱼苗,此后中山、佛山又相继成功地孵化出青鱼苗和鲮鱼苗。

④ 催产技术的发展:自20世纪70年代中期,鱼类的催产技术有了提高,催产的药物除了鱼垂体提取物和绒毛膜促性腺激素之外,还有抗雌激素药物如克罗米芬、塔莫辛芬等,其主要的作用是抵消雌激素对垂体的反馈抑制,从而诱导促性腺激素的分泌。另一类是促性腺激素释放素及其类似物。第三类是卵巢激素如17α,20β-双羟孕酮、前列腺素等,这些激素能够直接刺激卵母细胞的成熟和排卵。与鱼类的垂体提取液相比,这些药物均为小分子,没有种族的特异性,可以人工合成,价格低,已经商品化,容易得到,因此,不需要大量杀鱼取垂体。

家鱼人工繁殖的成功是我国水产科学史上的一项重大成就,从此结束了长期以来依靠捕捞江河天然鱼苗的被动局面,而是能够人工控制、有计划地进行苗种生产,将我国水产增养殖业推向一个新的历史时期,同时也保护了我国江河的鱼类资源。不仅如此,家鱼人工繁殖技术的基本原理和技术对于其他海、淡水鱼类的人工繁殖具有指导意义。

(2) 海水养殖鱼类的人工繁殖　近年来,海水养殖鱼类生殖生理的研究已初步阐明了性腺发育和配子最后成熟的激素调控机理。通过激素诱导,如注射或埋植促性腺激素释放激素高活性缓释剂,能够促使海水养殖鱼类性腺发育成熟，使其能够在人工蓄养的条件下顺利地排卵和产卵。其次是加强营养，改善精子和卵子的质量，提高亲鱼的生殖能力和子代的成活率。此外，还通过环境调控，尤其是水温和光周期的调控，促使海水养殖鱼类在全年都能达到性腺成熟和产卵。现在已有40多种海水鱼的人工繁殖获得成功，大黄鱼的苗种量超过亿尾，梭鱼、真鲷、鮸状黄姑鱼、花尾胡椒笛鲷、花鲈、美国红鱼的苗种量超过千万尾，黑鲷、斜带髭鲷、断斑石鲈、牙鲆等鱼的苗种量超过百万尾，还有许多鱼的鱼苗不能达到规模化生产，因此，目前是部分解决了人工养殖海水鱼的种苗问题。

2. 对虾的苗种生产

（1）对虾苗种培育和我国的对虾养殖 对虾是名贵的水产品，对虾养殖业发展虽然与对虾育苗技术的突破、养殖技术的成熟、配合饲料的生产以及市场需求等有关，然而，对虾的苗种生产是发展养殖业的前提，只有苗种供应充足，才能进行规模化养殖。虾苗人工繁殖技术的基础是对虾繁殖生物学研究。日本藤永元作（1942）报道了研究对虾的生殖、发育和饲养，藤永元作和橘高二郎（1966，1967）研究了日本对虾幼体的变态及其饵料，并建立了日本对虾规模化育苗技术。1959年刘瑞玉等报道了虾类生活史，1965年吴尚勤等首次培育出中国明对虾虾苗，20世纪70年代末到80年代我国先后成功地建立了中国明对虾、长毛对虾、墨吉对虾、日本对虾、斑节对虾等主要养殖虾类的工厂化人工育苗。1968年廖一久等研究斑节对虾人工繁殖成功。1973年David完成凡纳滨对虾的孵化、育苗和养成试验。由于对虾苗种生产技术的成功突破，对虾养殖才能从半人工养殖发展到全人工养殖，养殖的规模才能不断扩大。1983年世界养殖对虾产量超过10万t，1985年即增加到21.3万t，占虾类总产量的10%。我国的对虾养殖业起步于20世纪80年代，以养殖中国明对虾为主，由于普及广、发展快，1988—1992年养殖对虾年产量保持在20万t左右，居全球之首。20世纪80年代暴发对虾白斑杆状病毒，90年代初相继蔓延到所有亚洲主要养虾国家，损失惨重，对虾养殖业进入低谷。1992年我国中国明对虾也感染了白斑杆状病毒，虾病暴发，养殖对虾的产量骤降，1994年低达5.5万t。我国于1988年引进凡纳滨对虾，1994年突破其人工繁殖技术，获得批量虾苗，1999年开始商业化人工育苗，为养殖凡纳滨对虾奠定了基础。凡纳滨对虾生长速度快，适宜高密度养殖，抗病能力优于中国明对虾，南方地区一年可以养2茬，甚至3茬，现在，凡纳滨对虾已成为我国主要的养殖品种。凡纳滨对虾苗种生产的成功是我国对虾养殖业得以恢复和快速发展的原因之一。2004年我国的养殖对虾产量已达到93万t，占世界养殖对虾产量的31%，居世界首位。

(2) 中国明对虾人工育苗

① 繁殖习性：对虾为雌雄异体，多为一年成熟。中国明对虾的雄性生殖器官有精巢、储精囊、输精管、精荚囊、前列腺、雄性生殖孔、交接器、雄性附肢等。雌性生殖器官有卵巢、输卵管、雌性生殖孔和体外的一个纳精囊（闭锁型纳精囊）。雌雄虾性腺成熟的时间不同，雄虾于当年的10~11月成熟，其与新蜕壳的雌虾交尾时将精荚送入雌虾的纳精囊内。雌虾的卵巢在交尾时并不成熟，于次年成熟，性腺成熟与饲料、水温等因素有关。水温高、性腺发育快，如厦门地区亲虾于3月下旬开始产卵，广东沿海亲虾于2月、3月初产卵，产卵后的亲虾在较好的条件下可以再次发育产卵。卵产出后，精子能够穿过卵子外面的胶质膜，进入卵内受精。受精卵经过胚胎发育（水温21 ℃左右、约1 d）即能孵化成无节幼体。

② 亲虾的培育：亲虾来源于自然海区捕捞或养殖虾的越冬培育。暂养时水质须保持良好，并满足其生态要求，水温先在14 ℃以下，然后再逐步升温到18 ℃，光照强度约为500 lx，饵料为新鲜的沙蚕、蛤类和鱼肉等。

③ 对虾幼体发育及其饵料：大多数对虾的生命只有一年，其一生要经历多次的蜕皮、变态和发育，中国明对虾的幼体阶段包括无节幼体、溞状幼体和糠虾幼体，然后变态到仔虾，再经过幼虾阶段发育成成虾。幼体阶段随着一次次的蜕皮，其形态结构、食性、运动习性有相应的变化。

对虾的食性广，对虾摄入的饵料因其发育阶段而异。中国对虾的溞状幼体至糠虾幼体（体长1~5 mm）以10 μm左右的多甲藻为主要饵料，其次为硅藻。仔虾（体长6~9 mm）饵料以硅藻为主，也可摄入少量的动物性饵料，如桡足类及其幼体、瓣鳃类幼体等。幼虾以小型甲壳类如桡足类、糠虾类为主要饵料，还摄食软体动物、多毛类幼虫和小鱼等。人工饲养条件下，对虾的幼体不仅摄食硅藻、扁藻，还可摄食颗粒大小适宜的豆浆、酵母等，幼虾不仅摄食动物性饵料，还可摄食人工饵料。

④ 影响对虾繁殖和幼体发育的水质条件：海水环境的理化因素能够影响对虾的性腺发育、产卵及幼体发育。适宜的温度、盐度、酸碱度范围，因虾的种类而异。中国明对虾胚胎期的适宜温度、盐度、酸碱度分别为16~20 ℃、24~35、pH 7.8~8.6，无节幼体期分别为20~22 ℃、27~38、pH 7.75~8.65，溞状幼体期分别为22~24 ℃、25~37、pH 7.8~8.66，糠虾幼体期分别为22~24 ℃、25~39、pH 7.60~9.00，仔虾期分别为22~25 ℃、16~39、pH 7.60~9.00。

3. 养殖新品种的培育　品种培育是人为地改造现有品种的遗传结构，培育出具有优良性状的新品种，如具有较高的生长率、较好的饲料利用效率、对不良的环境具有较强的抵抗力,包括抗病、抗寒、耐高温、抗重金属毒性等。鱼、虾、蟹、贝、藻的品种是水产养殖生产的物质基础,优良品种的培育是水产养殖业增产的有效途径之一。

我国水产养殖业虽然有悠久的历史,但是,品种培育的起步比较晚,鱼类的遗传育种开始于1958年,主要是选择育种和杂交育种,以后又相继诞生了诱变育种、倍性育种(包括单倍体育种和多倍体育种)、体细胞杂交、细胞核移植等,20世纪80年代后又发展了基因工程技术,转基因鱼的问世使育种工作从个体水平、细胞水平、染色体水平进入了分子水平。

(1) 选择育种　选择育种是动物个体发育中选择具有优良性状的个体,淘汰不良性状个体的育种技术。牡蛎是重要的养殖水产品,然而,其在养殖过程中抗病、抗逆性较差,个体趋于小型化,单位产量降低。20世纪50、60年代美洲牡蛎因感染尼氏单孢子虫病,死亡率高,使美国东海岸的牡蛎养殖业受到重创,几近崩溃。美国Rutgers大学Haskin等在20世纪60年代开始进行抗尼氏单孢子虫牡蛎的选育,依据群体内个体的表型值高低选择留种亲本,经过4代选育,选育群体比自然群体对该病的抗性提高了8~9倍,终于选育出几个抗尼氏单孢子虫的牡蛎新品系,大大降低了牡蛎对尼氏单孢子虫的感染率和死亡率。

Nell等对欧洲牡蛎进行选育,旨在提高牡蛎的生长性能,以体重为选育指标建立了4个育种品系,第2代选择经过17个月的培养、第3代选择经过18个月的培养,4个育种品系的平均体重比对照组提高18%。

(2) 杂交育种　杂交育种是两个不同种之间或同一种的不同品种之间的杂交,杂交种产生优于父、母代的杂种优势时的育种技术。如养殖莫桑比克罗非鱼,个体小,怕冷,适宜生长的水温为22~30 ℃,个体年平均生长140 g,每公顷年产量2.5 t。红罗非鱼由莫桑比克罗非鱼的红色突变体与尼罗罗非鱼的种内杂交后定向选育而成,其体形大,适温范围为15~38 ℃,耐低氧,个体年平均生长1 000 g以上,每公顷年产量可高达600 t。又如杂交鲟由鲟属的 *Huso huso*(♀)×*Acipenser ruthenus*(♂) 杂交而成,杂种的生长速度及其对淡水的耐受均优于父母代。

(3) 多倍体育种　"多倍体"一词是Marchat(1907)和Winkler(1916)在诱发植物多倍体成功之后首先提出的。它是指每个细胞中含有3个或3个以上染色体组的个体,是通过增加染色体组改造生物遗传结构的育种技术。目前人工诱导多倍体的方法有3种。一是生物学方法,如杂交、核移植、细胞融合等。二是物理方法,如用水静压休克、温度休克来抑制卵的第二极体的排出或抑制第二次成熟分裂。林琪等(2001)在水温20~26 ℃条件下,采用静水压休克对受精后 2 min 的大黄鱼受精卵处理 2 min，三倍体的诱导率为 65.6%。三是化学方法，如用化学药品细胞松弛素、秋水仙素、聚乙二醇、咖啡碱、三氯甲烷处理受精卵。Downing（1987）在 25 ℃条件下，用 1 mg/L 细胞松弛素 B 处理受精后 30～45 min 的长牡蛎受精卵，诱发三倍体达 88%。

多倍体贝类具有生长快、肉体大、闭壳肌大、成体成活率高和不育等优良性状。如大连湾牡蛎的生长，三倍体牡蛎的壳高、壳长均大于二倍体（表 3-2-3）。已经对牡蛎、栉孔扇贝、鲍鱼、珠母贝等动物进行多倍体育种研究，其中牡蛎三倍体培育已达生产规模，与二倍体相比，其产量增加达 15% 以上。

表 3-2-3　大连湾牡蛎三倍体与二倍体的生长

测量日期	壳长（mm）		壳高（mm）	
	三倍体	二倍体	三倍体	二倍体
1991.9.16	15.5±4.9	11.4±3.1	12.8±3.5	7.6±3.4
1991.11.15	32.1±5.6	18.8±3.3	24.0±6.2	14.4±3.1
1992.5.20	58.5±4.3	38.6±3.4	43.5±5.8	30.6±5.8

鱼类三倍体的研究始于 20 世纪 40 年代，Swarup（1956，1958，1959）首次以低温诱导获得三棘刺鱼的三倍体，以后又在鳉、川鲽、大菱鲆、鲤、尼罗罗非鱼、莫桑比克罗非鱼、奥利亚罗非鱼、虹鳟、大西洋鲑、泥鳅、草鱼等 30 多种鱼类成功地诱导了多倍体，有的已成功地应用于生产。我国鱼类多倍体育种开始于 20 世纪 70 年代，进展较快。三倍体鱼类因性腺不能发育至成熟而不能繁殖后代，对于种群控制、延长成鱼生命、促进鱼的生长、改善鱼的肉质比较有效。1964 年草鱼因为能够有效地清除水中的杂草而被引入美国，因为美国人的生活习惯不食用草鱼，所以，美国政府在利用草鱼除草的同时，又担心草鱼进入天然水体后大量繁殖会形成优势种，从而破坏当地的生态环境，为了控制草鱼的种群，政府规定，凡是放养到自然水体中的草鱼一定是无繁殖能力的三倍体草鱼。水产养殖场将受精后 4 min 的草鱼卵放入高压舱中，施以 5.5×10^7 Pa 的压力作用 60 s，然后进行正常的孵化，获得的鱼苗一般有 90%～95% 是三倍体。养殖场业主把鱼苗育成 150 g 以上规格的鱼种后，先从每一条草鱼取血样鉴定，通过三倍体鉴定的草鱼放到暂养池中暂养，然后，环保部门的工作人员再从暂养池中抽 1 000 尾进行验收，如 100% 为三倍体，则批准放到自然界中，如果发现其中一尾不是三倍体的则整批鱼都要重检。又如大麻哈鱼产卵后通常会死亡，三倍体的大麻哈鱼因性腺不能成熟、不会产卵而延长生命。香鱼亦如此，香鱼常于晚秋产卵后死亡，若把受精后 5 min 的卵浸

在 0~0.2 ℃的水中，就能诱发三倍体 93%左右。由于三倍体不育，营养物质可以用于生长，其个体比二倍体大 30%~40%，而且，越冬后能够继续生长，因此，香鱼就可以全年上市。至于三倍体鱼类的生长是否全部超过二倍体至今尚无定论，如三倍体鲤没有生长优势（Cherfas 等，1994），而 8 月龄三倍体斑点叉尾鮰的生长显著高于二倍体（Wolter 等，1982），泥鳅也有相似的报道。另外，亦有报道三倍体虹鳟的肉质较鲜美。

（4）性别控制　鱼类的性别控制在水产养殖生产中具有实用价值。因许多养殖鱼类的雌、雄鱼生物学特性具有明显的差异，如雌雄罗非鱼的生长有差异，莫桑比克罗非鱼在饲养 127 d 后，雄鱼体重的增长速度比雌鱼快 1.74 倍，因此，研究鱼类的性别控制技术，使生产上能够实现全雌或全雄的单性养殖，以达到提高鱼的生长速度、延长有效生长期、控制过度繁殖、提高商品鱼的质量的目的。

性别控制有两种方法，即遗传控制和激素控制。目前已经成功地利用种间杂交产生全雄的罗非鱼，如雌性莫桑比克罗非鱼×雄性霍诺鲁姆罗非鱼、雌性尼罗罗非鱼×雄性霍诺鲁姆罗非鱼、雌性尼罗罗非鱼×雄性巨鳍罗非鱼、雌性尼罗罗非鱼×雄性奥利亚罗非鱼这四种种间杂交组合均能获得雄鱼，杂交一代雄性率最高可达到 97%，这种方法成本低，技术简单，已广泛用于生产，实现全雄罗非鱼的单性养殖。这种养殖方式能够提高养殖产量的原因，除了雄鱼生长较快之外，还能控制罗非鱼的过度繁殖，因罗非鱼性成熟早、生殖周期短，以莫桑比克罗非鱼为例，3~4 月龄的鱼就可以达到性成熟，其生殖周期又短，25~40 d 可产卵一次，若不控制，会因为过度繁殖而使池塘养殖的鱼密度过大，鱼的个体过小，以至影响养殖鱼的商品价值及养殖的经济效益。除此之外，还有通过雄性激素处理可以将遗传上的雌性转化为雄性表现型，一般在鱼个体发育的早期处理，雄性化的比率越高。如将雄性激素甲基睾酮拌入鱼饲料，如果连续给罗非鱼鱼苗饲喂含 50 mg/kg 甲基睾酮的饲料，日投喂量为体重的 3%~6%，雄性鱼苗的比例随着摄食激素时间的延长而提高，给激素 30 d，雄鱼苗达到 96%，给激素 40 d、雄鱼苗达到 100%。这种方法可用于科研，在生产中已很少采用。

（5）基因转移　基因转移是将有用的外源基因如生长激素、干扰素、抗寒、抗病、耐盐等基因通过生殖细胞早期胚胎导入动物体的染色体上，含有转基因的动物称为转基因动物。利用这种转基因技术能够改造和重建动物细胞的基因组，从而使其遗传性状发生定向的变化，培育出高产、优质、抗逆的新品种。

20 世纪 80 年代国际上兴起研究基因转移的热潮，鱼类是脊椎动物系统发育较为原始的类群，在接受外源基因和外源基因的表达上均较为有利。在鱼类转基因研究中，我国朱作言院士等（1984）采用显微注射法将人生长激素基因序列的重组 DNA 片段注入鲫的受精卵，在国内外首次成功地获得转基因鲫，之后又相继报道了转人生长激素基因的泥鳅、转牛生长激素的鲤。生长激素是动物腺垂体分泌的多肽激素，通过浸泡、注射、埋植、投喂等方式将天然的或由生物工程技术产生的生长激素注入鱼体，均能促进鱼的生长，如 135 日龄转人生长激素基因泥鳅的生长比对照组快 3~4.6 倍，208 龄转人生长激素基因银鲫的体重增加比对照组快 78%（朱作言等，1986，1989），转人生长激素基因鲤的最大个体比对照组最大个体大 7.7 倍（朱作言等，1992）。试验已证明，外源基因可以通过生殖细胞传递给子代，子代亦具有表达该基因的能力。

利用转基因技术培育养殖新品种的前景看好，但是，今后还需要进一步研究鱼类的功能基因，在转基因鱼的研究中最初所用的目的基因基本上是非鱼类基因，从生物安全考虑，克隆鱼类的基因，尤其克隆与筛选出鱼类的抗病、抗逆的功能基因，生产转鱼类基因的鱼对水产养殖生产将更有意义。现在已经能够克隆 20 多种鱼的生长激素基因，现在已有报道，如采用显微注射法将纽芬兰大洋条鳕抗冻蛋白基因注入金鱼受精卵，获得转抗冻蛋白基因的金鱼。另外，转基因鱼的食用安全，也是转基因鱼进入市场所需要考虑的问题。另外，由于转基因鱼是人工制造的生物，相对于自然界的天然物种是外来种，其对于物种多样性、生物群落与生态环境类型多样性可能产生不同程度的胁迫，因此，还需要研究转基因鱼的遗传和生态安全。

以上新品种的培育技术并不孤立，可以相互结合培育新品种。如上海水产大学李思发教授自 1985 年开始研究团头鲂的选育，采用系统选育和生物技术相结合的方法，于 2000 年培育出团头鲂的优良品种"浦江 1 号"，其生长速度快，比原种提高 30%，体型较高，体长体重比为 2.1~2.2，遗传性状稳定。又如将基因转移技术与克隆技术相结合，可以缩短获得纯系转基因鱼类的时间，将基因转移技术与多倍体诱导技术相结合，可以获得转基因鱼类三倍体，由于三倍体的不育，大规模养殖三倍体转基因鱼就不会导致"基因的污染"。

（三）营养与饲料

饲料是水产养殖的要素，为养殖动物的正常生长和良好的生产性能提供必要的物质基础。饲料在水产养殖生产成本中所占的比例最高，一般要高达 50%~70%，因此，提高动物对饲料的利用效率对水产养殖的经济效益有着重要的影响。

1. 配合饲料的研制　以日本鳗鲡饲料为例（表 3-2-4）。日本早期的养鳗业（1912—1926）以蚕蛹为主要饲料，然而，饲喂蚕蛹会使鳗鲡失去原有的风味，因此，改喂冰冻鲜鱼，直至20世纪60年代中期。因鲜鱼饲料的使用存在许多缺点，如鲜鱼的质量不稳定，由于渔获时间及贮存的方法不同，鱼的鲜度不一致，若运输、贮存不良或冰冻贮存三个月以上，鲜鱼的质量下降。其次，需要大规模的冷冻冷藏设施，增加了养殖设备的投资。第三，饲料鱼体的油脂会残留在池中以及循环过滤槽中，水质容易变坏。第四，投喂不便，劳动强度大。第五，鲜鱼可能会带病菌。因此，鳗鱼的生长较慢，从放养鳗苗到收获成鳗的平均养殖时间为24个月。

表3-2-4 日本养鳗技术发展的时期（代）及特点

发展时代		第一代	第二代	第三代	第四代
特　　点		投喂生鱼类饵料	投喂配合饵料，进行露天池塘养殖	投喂配合饵料，养殖池加温	适合于亚热带露天养殖
年　　份		1950—1962	1963—1975	1976—1985	1986
驯养饵料		鱼肉、贝类、红虫	红虫	鳗线投喂配合饵料，搭配红虫	鳗线投喂配合饵料，搭配红虫
成鳗饵料		鱼肉	配合饵料	配合饵料	配合饵料
养殖时间	开始放养至成鳗收获	平均24个月	平均18个月	平均12个月	平均10个月
	出口最盛期	第二年6～10月	第二年5～9月	当年7～10月	当年7～8月
养殖技术种类		静水式	半流水式	半流水式	流水式

1950年首先在美国研究鱼类的营养，McLaren、Wolf 和 Harlver 用精饲料饲养鲑鳟鱼类，研究其营养需求。20世纪50年代，日本引进了美国的鱼类营养研究成果及配合饲料加工技术，使日本的鱼饲料有了划时代的改变，1963年以后开始使用配合饲料投喂鳗鲡，该时期采用半流水式养殖鳗鲡，由于对鳗鲡营养需求的基础研究不够，饲料配方简单，鳗鲡获得的营养不均衡，以致鱼的生长速度虽有提高，但是，从放养到收获的养殖时间仍需要18个月，鳗鲡也较容易生病。

从1976年开始进入养鳗的第三时期，由于生物化学和仪器分析的发展，提高了鱼类营养学研究的技术，研究了鳗鲡在不同生长阶段的营养需求，改进了饲料的适口性和氨基酸平衡，考虑到鱼的防病，生产适合于白仔、黑仔、稚鱼、成鳗的系列配合饲料，使鳗鲡能够得到较为均衡的营养，在此时期虽然也是采用半流水式养殖，鳗鲡的平均养殖时间可缩短到12个月。1986年以后进入养鳗的第四时期，将养殖的方式改为流水式养殖，使鳗鲡的平均养殖时间缩短到 10 个月。

随着鳗鲡饲料质量的逐步提高，鳗鲡的养殖时间在缩短，养殖的成本在降低，养殖的效益在提高。由此说明，在研究鱼类对饲料营养需求的基础上生产的配合饲料营养价值高，不仅能够满足鱼类生长发育时对营养物质的需求，提高鱼类的生长速度，还能提高鱼类对饲料的利用率，增强鱼类对疾病的抵抗力，因此，配合饲料的质量是水产养殖业能否获得高产和经济效益的关键之一。

2. 廉价饲料蛋白源的开发利用与饲料成本

（1）鱼类对饲料的蛋白质需要量　鱼虾对饲料碳水化合物的利用能力较低，而从饲料中摄入的蛋白质除了构成体蛋白之外，部分还作为能源物质被氧化提供能量，因此，水产动物对饲料蛋白的需求较高，一般是畜禽的 2～4 倍。肉食性鱼类对饲料蛋白需求较高，如虹鳟在鱼苗期对饲料蛋白的需求为 45%、鱼种期为 40%～45%、养成期为 35%～40%，黑鲷在仔稚鱼期对饲料蛋白的需求为 50%、幼鱼期为 45%、养成期的需求为 40%，青鱼的鱼苗对饲料蛋白的需求量为 41%、鱼种的需求为 35%、养成期的需求为 30%。杂食性鱼类对饲料蛋白需求稍低些，如罗非鱼是以植物性饲料为主的杂食性鱼类，鱼苗期对饲料蛋白的需求为 40%、鱼种的需求为 30%、养成期的需求为 28%。又如中华绒螯蟹的蟹苗对饲料蛋白需求为 45%、蟹种需求为 34%、养成蟹的需求为 30%。日本对虾为肉食性，其幼虾对饲料蛋白的需求为 52%；斑节对虾为杂食性，其幼虾对饲料蛋白的需求为 40%～46%；凡纳滨对虾为草食性，其幼虾对饲料蛋白的需求为 30%。因此，水产饲料的成本因其蛋白质水平较高而比较昂贵。

（2）水产饲料成本　水产饲料成本较高的另一个原因是饲料原料的成本较高。饲料蛋白源有动物蛋白、植物蛋白和单细胞蛋白。动物蛋白有来自鱼、虾、贝的副产品和畜禽副产品，如鱼粉、肉粉、肉骨粉、血粉、羽毛粉、蚕蛹等，其中以鱼粉为最佳，其蛋白质含量高、氨基酸平衡好、消化吸收率高、适口性好，是水产饲料的主要蛋白源。然而，鱼粉的价格较高，鱼粉工业又是一个高度依赖资源的产业，其受到原料鱼资源的限制，另外，近年来我国水产饲料工业发展很快，如 1999 年水产饲料产量为 400 万 t，2005 年的产量即达到 1 100 万 t，由于对鱼粉的需求剧增，鱼粉的供需矛盾突出，鱼粉价格攀升，饲料成本相应地提高，因此，水产饲料业迫切需要解决利用价格低廉、来源丰富的其他蛋白源替代鱼粉而又不影响动物生产性能的问题。植物性蛋白源有豆类（大豆、蚕豆等）和油粕类（豆粕、棉子粕、花生粕、菜子粕等），其价格低廉。但是，植物性蛋白适口性较差，影响动物的摄食；又因其氨基酸不平衡、消化吸收率较低，影响动物对饲料蛋白的利用，如豆粕的蛋氨酸含量低，棉子粕除了精氨酸、苯丙氨酸含量较多之外，其余氨基酸的含量都低于鱼虾需求，尤其是赖氨酸的含量和利用率较低,菜子粕与棉子粕相似,其蛋氨酸、赖氨酸的含量和利用率均较低;另外,植物性蛋白还含有抗营养因子,如豆粕中含有抗胰蛋白酶、血凝素、植酸等,棉子粕含有毒的棉酚,菜子粕含硫代葡萄糖苷、单宁、芥子碱、芥酸等,花生粕含有胰蛋白酶,因此,水产动物对植物蛋白的利用能力较低,限制了其在水产饲料中的应用。单细胞蛋白有单细胞藻类(小球藻、螺旋藻等)、酵母类(海洋酵母、啤酒酵母等)和细菌类,其价格较低,其中的海洋酵母、啤酒酵母已用于配合饲料。

饲料成本主要受饲料蛋白源的影响,尤其受鱼粉在饲料中使用量的直接影响,饲料地如何合理、科学地利用廉价蛋白源替代鱼粉是降低饲料成本和养殖成本的关键。为了配制低鱼粉或无鱼粉饲料,饲料的适口性、氨基酸平衡、消化吸收率以及抗营养因子等研究成了热点,某些研究成果应用于生产实践已取得较好的效果。

① 饲料的氨基酸平衡:蛋白源的氨基酸平衡是决定其营养价值的关键之一,由于廉价蛋白源中有些必需氨基酸的相对不足,不能满足水产动物的需求,因此,改善饲料蛋白源的氨基酸平衡是提高廉价蛋白源利用率的关键。解决这一问题的方法有两种。一是将不同饲料蛋白源合理地配伍。因各种饲料蛋白源中的氨基酸含量及比例不同,如果将多种饲料蛋白源合理配伍,通过饲料蛋白中必需氨基酸的互补作用,就可以提高饲料蛋白的营养价值。如血粉含有丰富的赖氨酸,虹鳟饲料中使用喷干或烤干的血粉,其赖氨酸的生物利用率略高于合成的盐酸赖氨酸。二是添加合成的氨基酸。通过多年的研究已经了解不同植物性蛋白源中相对不足的氨基酸是哪些,如豆粕的限制性氨基酸是蛋氨酸,谷类的限制性氨基酸是蛋氨酸和赖氨酸,因此,在廉价蛋白源替代鱼粉的饲料中添加合成的氨基酸以弥补其氨基酸的不足,这是最为直接的方法。如采用豆粕和次粉配制鲤饲料,依据鲤的营养需求,在饲料中添加 0.135% 羟基蛋氨酸钙,结果表明,鲤的生长及饲料利用与饲喂鱼粉、豆粕、次粉饲料没有显著差异;在虹鳟的植物性蛋白饲料中添加赖氨酸可以显著提高鱼的生长速度;以尼罗罗非鱼肌肉的氨基酸组成为依据,在其无鱼粉饲料中添加蛋氨酸、赖氨酸和苏氨酸,鱼的生长与饲料利用与添加鱼粉组的相同。

② 植物蛋白源的抗营养因子:植物性蛋白源中抗营养因子限制了其在饲料中的用量,为了有效地利用植物蛋白源,已利用挤压膨化、发酵、遗传育种等技术去除其抗营养因子,使其能安全地用于水产饲料。去除饲料源中抗营养因子的方法因饲料源的种类而异。对于不同蛋白源需要采用不同的处理方法,如蓖麻粕中的蓖麻毒素和植物血凝素是遇热不稳定的蛋白,100 ℃ 加热 30 min,或 125 ℃ 加热 15 min 即可去除这两种因子,挤压膨化能使蓖麻粕有较

好的脱毒效果。挤压膨化还能显著降低棉子粕中游离棉酚的含量。木薯叶含有氢氰酸、单宁等有毒物质,将木薯叶和根经过发酵等处理,就能够显著降低木薯粉中有毒物质的含量,如木薯粉在吉富品系尼罗罗非鱼饲料中用量高达40%时,也不影响鱼的生长和饲料利用。热处理豆粕可以破坏其抗胰蛋白酶。发酵豆粕不仅可破坏抗胰蛋白酶、寡糖等多种抗营养因子,还可破坏细胞壁,使内容物释放,利于消化吸收。现在已有利用遗传育种技术选育出双低菜子粕,其芥酸的含量低于0.61%,硫代葡萄糖苷含量低于30 $\mu mol/g$。还有脱酚棉子蛋白,其游离棉酚的含量小于400 mg/kg。

(3) 廉价蛋白源的利用效果 水产动物对廉价蛋白源的利用能力不同,替代鱼粉的蛋白源在饲料中的适宜用量因动物的种类而异,随着水产饲料中替代鱼粉研究的深入,目前已取得较好的成果。如虹鳟饲料中用27%家禽副产品替代50%鱼粉、日本沼虾饲料中用肉骨粉替代50%鱼粉、鮠状黄姑鱼饲料中用肉骨粉替代30%鱼粉或用鸡肉粉替代50%鱼粉、虹鳟饲料中用24%浸出豆粕替代30%鱼粉、凡纳滨对虾饲料中用发酵豆粕替代1/3鱼粉、牙鲆饲料中用发酵豆粕替代45%鱼粉蛋白、莫桑比克罗非鱼饲料中用35%压榨加浸出棉子粕替代50%鱼粉、西伯利亚鲟幼鱼饲料中用脱酚棉子粕替代40%鱼粉蛋白、凡纳滨对虾饲料中用脱酚棉子蛋白替代20%鱼粉蛋白、在花鲈饲料中用脱酚棉子蛋白替代25%鱼粉蛋白等均不影响鱼虾的生长和饲料利用。由此可见,用价格低廉、来源丰富的动、植物蛋白源和单细胞蛋白源部分或完全替代鱼粉是可行的,可以解决鱼粉资源的紧缺,降低水产饲料成本,提高水产养殖的经济效益。

3. 饲料添加剂 饲料添加剂是为了需要而添加在饲料中的某种或某些微量物质。有营养性和非营养性添加剂,前者有氨基酸、维生素和无机盐,后者有诱饵剂、促生长物剂、防霉剂、黏合剂、酶制剂、免疫增强剂、着色剂等,其作用主要是补充配合饲料中营养成分的不足,提高动物的生长率及抗病能力,提高饲料的适口性及饲料效率,提高饲料品质及水产品的品质等。

(1) 诱饵物质 诱饵物质是能够将水生动物诱集到饲料周围、促进动物摄食和吞咽的物质。饲料中添加诱饵物质能提高饲料的适口性,增加水生动物的摄食量,减少饲料在水中的流失,提高饲料效率,减少饲料对环境的污染。对诱饵物质的筛选是将鱼、虾、蟹所嗜好的天然物质提取物分离成不同的组分,然后,可以对天然物质提取物的各组分或人工合成该提取物的各组分进行鱼、虾、蟹的摄食行为试验和电生理试验,亦可以对某些天然物质进行鱼、虾、蟹的摄食行为试验和电生理试验,综合分析试验结果才能确定哪些组分具有诱饵活性。多年研究表明,动物味觉敏感的物质具有诱饵活性,因动物的味觉敏感性具有种族特异性,因此,诱饵物质因动物的种类而异(表3-2-5),如氨基酸混合物能促进虹鳟的摄食,甜菜碱能促进鳗的摄食。目前诱饵物质已商品化,在生产实践中已取得良好的效果,如用脱脂大豆粉替代银大麻哈鱼饲料中15%的鱼粉,饲料的适口性下降,鱼的摄食量减少,生长减慢,死亡率提高,如果在脱脂大豆粉替代鱼粉的饲料中添加磷虾粉或鱿鱼粉,就能改善饲料的适口性,鱼的摄食量恢复正常,说明正确使用诱饵物质能够改善饲料蛋白源的适口性。目前生产的凡纳滨对虾、鳗鲡等饲料中均已添加诱饵剂,饲料的适口性较好,饲料的利用率较高。

表3-2-5 经济鱼虾的诱饵物质

试验动物	饲料提取物	摄饵促进物质
虹鳟	各种无脊椎动物	氨基酸混合物
鳗鲡	菲律宾蛤仔、甲壳类、蠕虫、小鱼	甘氨酸、丙氨酸、组氨酸、脯氨酸、氨基酸混合物、尿苷单磷酸
海鲈类	甲壳类、端足类、小鱼	氨基酸混合物
鰤	竹筴鱼肉、太平洋磷虾、头足类	肌氨酸、丙氨酸、脯氨酸、蛋氨酸、次黄单磷酸
金鳍锯石鲈	对虾、三疣梭子蟹、贝类、小鱼	氨基酸、甜菜碱
真鲷	竹筴鱼、玉筋鱼、鱼粉、斯氏柔鱼内脏	肌氨酸、ADP、ATP、甘氨酸、丙氨酸、缬氨酸、赖氨酸、甘氨酸、甜菜碱、虾青素
黑鲷	太平洋磷虾、蚕蛹	甘氨酸、丙氨酸、脯氨酸、精氨酸、谷氨酸、核苷酸
菱体兔牙鲷	桃红对虾（P. duorarum）	甘氨酸、苯丙氨酸、天冬氨酸、异亮氨酸、甜菜碱
大菱鲆	甲壳类、蠕虫、贝类、鱼类	次黄单磷酸、肌苷
鳎	蠕虫、贝类	甘氨酸、甜菜碱、氨基酸
鲤	蚕蛹	氨基酸、荧光物质
日本对虾	与日本缀锦蛤组成相似的氨基酸混合物	甘氨酸、牛磺酸、丝氨酸
美洲龙虾	蛤贝	谷氨酸、羟脯氨酸、天冬氨酸、精氨酸、甘氨酸、牛磺酸、丙氨酸

（2）着色剂 鱼类的体色主要依赖于皮肤中的色素细胞,其含有类胡萝卜素、黑色素、蝶啶和嘌呤四类色素。影响鱼体色泽的主要天然色素是类胡萝卜素,类胡萝卜素为脂溶性,由于其在鱼体组织的沉积,因而肌肉、皮肤、性腺和鳍呈现固有的色泽,如鲑鳟鱼类的黄、橘黄、粉红、深红等体色均由类胡萝

卜素沉积而成。鱼的体色尤其观赏鱼的体色非常重要,体色变化能够影响其商品价值。然而,鱼类不能在体内合成类胡萝卜素,必须从饲料中摄取,如野生鲑从摄入的浮游动物中获得虾青素,因而使其肌肉、皮肤和鳍的色泽保持红到橙色。黄条鰤和真鲷可以将饲料中大部分的虾青素转化为金枪鱼黄色素,并沉积于鱼的皮肤。红鲤能够将饲料中的玉米黄转化为虾青素,使鱼呈红色。在人工养殖条件下鱼类摄食全人工配合饲料,如果饲料中缺乏类胡萝卜素,鱼的体色就会褪色,观赏鱼会失去其艳丽的体色,如金鱼的红色逐渐变淡。鲑鳟摄食植物性饲料,其所含的类胡萝卜素主要是叶黄素和玉米黄,叶黄素呈黄色,玉米黄呈橙色,所以,植物性的类胡萝卜素并不能使鲑获得满意的体色,现在,鲑鳟的饲料中已添加类胡萝卜素,以保持其肌肉的色泽,养殖较为名贵的观赏鱼如龙鱼时也使用含有类胡萝卜素的增色饲料。

(3) 免疫增强剂 随着水产养殖品种的增多、养殖规模的扩大、集约化养殖模式的推广,水产养殖业发展迅猛,然而,由于养殖密度、饲料的质和量、养殖水体污染等因素,增加了水产动物感染疾病的概率,水产动物因病害造成的损失呈上升趋势,2006年30%以上的养殖水面受到疾病侵袭。我国对疾病的防治主要为化学药物和疫苗,鉴于抗生素及其他化学药物不合理的大量使用,会导致耐药菌株增多以及药物在水产品中的残留,威胁水产品的安全,危及人类的健康,另外,药物或其代谢产物进入养殖水体,会在水体和底泥中蓄积,还会污染养殖水体,破坏水体的生态平衡,目前对抗生素在饲料中的使用已有严格规定。疫苗对于水产动物疾病的防治效果较好,我国已有草鱼出血病疫苗,免疫接种后草鱼成活率达到85%以上,此外,还有淡水鱼类的嗜水气单胞菌疫苗,能够有效地控制该细菌性疾病。然而,疫苗的特异性强,2006年我国养殖水产动物发生的疾病有180种,目前还不能有效防止水产动物疾病的暴发。于是以防为主,从研究水产动物营养免疫学入手,通过营养提高水产动物的免疫功能,研制水产饲料免疫增强剂成了热点。免疫增强剂能够提高动物的免疫功能,提高动物对疾病的抵抗力,但是不能产生免疫记忆。经过多年的研究,免疫增强剂有化学合成物(左旋咪唑、弗氏完全佐剂等)、多糖(葡聚糖、肽聚糖、脂多糖、壳聚糖、黄芪多糖、海藻多糖等)、寡糖、益生菌、中草药等,部分产品已经商品化。

(4) 多糖 有β-葡聚糖、壳聚糖、羊栖菜多糖、海藻多糖、虫草多糖、云芝多糖等。β-葡聚糖是酵母、真菌细胞壁主要的结构多糖。用含有200 mg/kg β-葡聚糖的饲料饲喂斑节对虾,虾在感染弧菌后的成活率从0%提高到90%以上;用含有0.1%酵母β-葡聚糖的饲料饲喂大西洋鲑,其对鳗弧菌、杀鲑弧菌的抵抗力显著提高;给凡纳滨对虾饲喂β-葡聚糖21 d,可以显著提高其对白斑综合征病毒的抵抗力；用含有 0.2% β-葡聚糖的饲料饲喂草鱼，可以提高鱼对嗜水气单胞菌的抗感染能力。

壳聚糖是甲壳素脱乙酰基后的多糖。用含有 40 mg/kg 壳聚糖的饲料喂虹鳟幼鱼，能够显著提高其对嗜水气单胞菌的抗感染能力，分别用含有 0.5% 壳聚糖的饲料喂草鱼、异育银鲫，能够显著提高鱼对嗜水气单胞菌的抗感染能力。

（5）益生菌　是含有活菌及其死菌、代谢产物的微生物制剂。Kozasa（1986）最早将从土壤中分离出的芽孢杆菌用于鱼饲料，能够降低日本鳗鲡的死亡率。用含有烟草节杆菌的饲料饲喂中国明对虾，能够提高其对白斑综合征病毒的抗感染能力。用含有烟草节杆菌的饲料饲喂凡纳滨对虾，能够提高虾对副溶血弧菌的抗感染能力。

（6）低聚糖　由 1~10 个单糖通过糖苷键形成的聚合物，有甘露寡糖、低聚果糖等。给大西洋鲑饲喂含有甘露寡糖的饲料，能够提高其对疖疮病菌的抗感染力。给虹鳟鱼苗饲喂含有甘露寡糖的饲料，能够提高其对杀鲑气单胞菌的抗感染力。

4. 环保型水产饲料的研发　长期以来，水产饲料在水产养殖中的应用主要关注动物的生长、饲料的利用和饲料成本，很少考虑饲料对环境的影响。生产实践中采用人工饲料养殖水产动物虽然能够保证动物生长发育所需要的营养，然而，饲料中的氮、磷有可能污染水环境。来源于饲料的氮、磷对环境污染的途径有三方面。一是动物摄入的饲料不能完全被动物消化和吸收，其中不能被消化吸收的氮、磷以粪便形式排放到水体。水产动物对动、植物饲料源中磷的利用低，它们主要以粪便的形式排出体外。植物性饲料源中的磷主要以植酸磷形式存在，占总磷的 60%~80%，植酸磷不能被动物利用，所以，水产动物对植物性饲料源中磷的利用率很低。动物蛋白源如鱼粉中磷的含量虽然较高，但是，因其成分主要为磷酸三钙，所以利用率也不高。在虹鳟、鲑科等有胃鱼类中，鱼粉在胃中被分解，其中部分磷变为可利用磷，鱼粉中 20% 磷可被利用，其余约 80% 的磷将从粪便中排出，无胃鱼类几乎不能利用鱼粉中的磷。水产动物所需要的磷主要从饲料中添加的无机磷中获得，然而，动物对不同磷酸盐的利用率也不同，一般对磷酸二氢钠、磷酸二氢钾、磷酸二氢钙的利用率高于磷酸氢钙和磷酸钙，如果过量添加或磷源选择不当，则未被利用的磷也将随粪便排入水体。二是已被吸收的氨基酸除了可用于合成体蛋白之外，部分氨基酸将作为能源物质被氧化提供能量，其代谢产物为含氮化合物，通过鳃、尿排出体外。三是来源于残饵。如果过量投饵，水中的残饵会被水底微生物分解，释放出游离态的氮和磷。

饲料中的氮、磷大量排放到水环境，造成水体的富营养化，浮游生物大量繁殖，水环境的生态平衡遭到破坏，pH 降低，溶解氧降低，氨氮升高，浮游细菌量增加，致使水产动物的疾病发生概率成倍提高。

近年来由于对养殖水环境的保护，环保型水产饲料的研制备受关注。一是在设计饲料配方时注意合理的蛋白能量比，尽量减少饲料蛋白作为能源物质被利用，以减少蛋白质分解产物含氮化合物的排泄。二是合理调整饲料蛋白水平和提高饲料蛋白的营养价值。要依据被养殖动物的营养需求确定饲料蛋白水平，此外，还要提高饲料蛋白的消化吸收率、饲料蛋白的必需氨基酸平衡以及饲料蛋白的可利用率。三是提高饲料磷的利用率。另外，好的饲料除了有好的配方之外，还需要有好的饲料加工工艺，有了好的饲料还需有合理的投喂技术，这样才能够提高饲料的利用率，减少饲料对环境的污染。

5. 生物工程技术与微藻的利用　微藻作为人们的食物有悠久的历史。20 世纪 50 年代微藻作为蛋白质、液体燃料和精细化工品的潜在资源而备受关注。我国曾在 20 世纪 50 年代大规模地培养小球藻，以期作为人们的食物，尤其是作为一种蛋白质的来源。现在，微藻已经作为生物饵料广泛用于水产动物的苗种生产。微藻在化学组成上是极为多样性的一类生物，由于生物工程技术的发展，培养微藻不仅能够保证生物饵料的质和量，而且还能利用其所含有的生物活性物质。

（1）微藻的生物活性物质

① 类胡萝卜素：在类胡萝卜素中 β-胡萝卜素和虾青素是最令人关注的。有的微藻富含 β-胡萝卜素，如盐生杜氏藻中的 β-胡萝卜素含量高达藻干重的 14%；有的微藻富含虾青素，如虾青素在雨生红球藻的厚壁不动孢子中含量为干重的 1%～2%。类胡萝卜素是天然色素，对水产动物具有很好的着色功能；还具有抗氧化、抑制脂质过氧化、增强免疫功能的功能，如虾青素的抗氧化能力是维生素 E 的 100 倍，斑节对虾的饲料中添加 71.5 mg/kg 虾青素，饲喂 8 周，虾对弧菌的抗感染能力显著提高；另外，类胡萝卜素还能促进鱼类的性腺成熟，改善卵的质量，在鲑鳟繁殖期间，饲喂添加类胡萝卜素的饲料，能够提高卵的孵化率和仔鱼的成活率；β-胡萝卜素对某些癌症具有预防作用，尤其对上皮癌的作用较为明显。因此，可以用类胡萝卜素制备着色剂、免疫增强剂、抗癌或抗自由基氧化作用的药品或保健品。

② 高度不饱和脂肪酸：高度不饱和脂肪酸中尤其是 EPA、DHA 和花生四烯酸（AA）对于人体和动物的健康很重要，也是海水鱼的必需脂肪酸，是合成前列腺素的前体，能促进脑细胞的发育。目前高度不饱和脂肪酸主要来源于鱼油，然而，鱼类合成高度不饱和脂肪酸的能力有限，微藻却具有合成高度不饱和脂肪酸的能力，有些微藻含有较多的 EPA、DHA 和 AA，如巴夫藻的 EPA、DHA 和 AA 含量分别为总脂肪酸的 44.18%、8.35 和 1.77%，又如微

绿球藻的 EPA 和 AA 含量分别为总脂肪酸的 20.8% 和 11.43%,因此,微藻是 n-3 高度不饱和脂肪酸的重要资源。

③ 抗肿瘤活性物质:螺旋藻含有的多糖具有抗肿瘤和提高免疫功能的作用,前沟藻含有前沟藻内酯,具有体外抗肿瘤作用,小球藻和栅状藻所含的糖蛋白经过淀粉酶处理的产物可抗肿瘤。Moore 等曾对 1 000 余种蓝藻品系的提取物进行抗肿瘤活性试验,结果表明,67 个品系的蓝藻提取物具有抗肿瘤活性。

④ 动物细胞的促生长剂:有些微藻的提取物能够促进动物细胞的生长,因此,在细胞培养时可以使用微藻提取物取代或减少培养基中的动物血清。如使用小球藻、螺旋藻和栅状藻的热水提取物,可以使动物细胞培养基中牛血清用量减少 10% 左右。又如将聚球藻的渗析物加入细胞培养基中,比加胰岛素、铁传递蛋白、乙醇胺转磷酸酶、硒酸盐混合物更能促进人细胞的生长。

(2) 微藻化学成分的定向控制 对微藻的研究表明,微藻的营养成分除了因藻的种类而异之外,还受到培养条件的影响。培养液的成分、温度、光照、盐度等因素均能影响微藻的化学成分,因此,通过改变培养微藻的理化条件如光照、温度、盐度、培养液成分等,就能使微藻按照预定目标合成更多的生物活性物质,从而达到定向培养其生物活性物质的目的。

① 微藻的蛋白质含量:培养液的氮水平和氮源能影响微藻的蛋白质含量,如螺旋藻和小球藻的蛋白质含量随着培养液中氮水平的提高而升高。分别用等氮的硝酸钠和脲培养微绿球藻,用硝酸钠培养的微绿球藻蛋白质含量高于用脲培养的。光照时间的延长有利于微藻的蛋白质合成,如小球藻、等鞭金藻和新月菱形藻的蛋白质含量随着光照时间的延长而提高,而且,在 19 ℃ 培养时,蛋白质含量最高。

② 微藻的脂肪和脂肪酸组成:培养液的氮水平和氮源能够影响微藻的脂肪含量和脂肪酸的组成,如高氮培养液不利于微绿球藻的脂肪积累,但是有利于 EPA 的合成;以硝酸钠为氮源,球等鞭金藻的 EPA、DHA 含量随着硝酸钠水平的提高而升高;分别以等氮的硝酸钠、尿素、氯化铵培养微绿球藻,硝酸钠培养的脂肪含量最高;分别以等氮的硝酸钠、尿素、氯化铵培养三角褐指藻,硝酸钠或尿素培养时的 EPA 含量较高。

光照强度和光照周期也能影响微藻的脂肪酸组成,如青岛大扁藻在光照强度为 10 000 lx、光照周期为 12∶12 时培养,适宜其合成 18∶3n-3,若在光照强度为 4 000 lx 时培养,则适宜其合成 18∶2n-6。

培养温度影响藻细胞合成脂肪酸,如微绿球藻在 25 ℃ 培养时,适宜其合成 EPA,青岛大扁藻和亚心型扁藻在 20 ℃ 培养时,适宜其合成 18∶3n-3,纤细角刺藻的 EPA 含量随着培养温度的升高而提高,25 ℃ 时达到最高,等鞭金藻在15~30℃培养时,其EPA含量变化不大,而DHA含量在15℃培养时最高,并随着温度的升高而减少。

盐度能改变微藻的脂肪和脂肪酸组成,绿色巴夫藻在盐度20时培养,脂肪含量最高,盐度高于或低于20时,脂肪的含量均下降。盐藻细胞内的甘油浓度与培养液盐度呈正相关,盐度为80时,盐藻内含有2 mol甘油,盐度为160时,含有4 mol甘油,盐度接近饱和时,盐藻内甘油达到7 mol,相当于盐藻干重的56%。

③ 盐藻的β-胡萝卜素含量:盐藻的β-胡萝卜素含量因培养液的盐度而异。将盐藻从盐度150转移到250的培养液中,盐藻会暂停细胞分裂,但是,β-胡萝卜素含量从10 mg/g提高到260 mg/g,在盐度低于300时,β-胡萝卜素含量与盐度呈正相关。一般情况下,强光、高盐和低氮培养有利于盐藻合成β-胡萝卜素。

(3) 微藻的培养 最早生产性培养微藻是利用开放式大池,在室内或室外的水泥池进行单种培养。我国在鱼虾苗种生产中将微藻作为生物饵料,仍然应用这种方式培养微藻。开放式培养虽然造价低,技术要求不高,但是占地面积大,培养效率低,如微藻对光能的利用率只达到18%,微藻的光合效率仅为1%,藻液的浓度低,采集成本高,而且,影响微藻质量的因素如光照、温度、pH等难以控制,易受环境中有害昆虫、其他藻类的污染,受地区性和季节性的限制,因此,微藻的质量和微藻生产不稳定。然而,目前国内外螺旋藻基本上都在开放式水泥大池培养,因为螺旋藻适宜于高温、强光、较高的碱性条件下培养,其适宜pH为8.5~9.5。培养生产β-胡萝卜素的盐藻也采用大型水泥池培养,因其在高盐度培养不易受到污染。

自20世纪80年代开始研制封闭式光生物反应器,反应器的光源有内部和外部两种。如管道式光生物反应器(图3-2-3)和平板式光生物反应器(图3-2-4),由透明的管道或玻璃板、有机玻璃板制成,利用外部光源进行工厂化生产微藻。光纤生物反应器的光能通

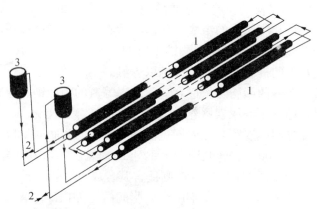

图3-2-3 双层管式光生物反应器示意图
1. 双层排列有机玻璃管 2. 压缩空气进口阀 3. 脱气罐

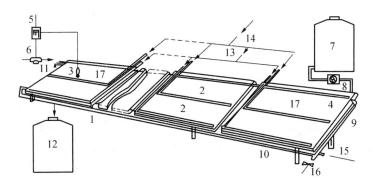

图 3-2-4 平板式光生物反应器示意图
1. 平板支架 2. 压缩空气鼓泡管 3. 温度传感器 4. 冷却水及喷头 5. 温度继电器 6. 电磁阀
7. 培养液贮槽 8. 泵 9. 气升管 10. 循环管 11. 采收液出口 12. 采收液贮槽 13. 空压机
14. 含2%CO_2压缩空气 15. 压缩空气进口 16. 采样口 17. 多极串联平板

过光纤进入聚丙烯圆柱体（呈上下垂直交错排列）成为反应器的光发射中心，混合系统采用气升循环式，通过多管流量计将氧、氮、二氧化碳等气体按比例经气体交换装置均匀混合后压入反应器（图3-2-5），藻液在压缩气体的作用下循环流动。无论是外部光源还是内部光源，在培养过程中的各项参数如温度、光强、光照时间、pH、溶解氧、营养盐、气体交换等均能通过电极或传感器由计算机自动控制。光生物反应器的研制发展很快，关键是提高光效，降低能耗，提高藻细胞对光能的利用，降低成本。

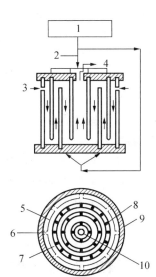

图 3-2-5 光纤光生物反应器结构图
1. 人工光源系统 2. 光纤电缆 3. 藻液进口
4. 去气体交换器 5. 光照表面 6. 进口
7. 培养液 8. 光纤 9. 反应
器顶部 10. 出口

由于封闭式光生物反应器的问世，使微藻的培养能够达到单种、大量的高密度定向培养，不仅使为水产养殖苗种生产提供的生物饵料在数量上和质量上得到保证，而且使微藻在食品、生物燃料、医药、化工原料等方面的应用具有广阔的前景。

 渔业导论

第三节 科学技术与捕捞学

一、捕捞学学科组成和捕捞业的重要性

捕捞业是渔业的重要组成部分。捕捞是最古老的生产活动,伴随着人类对自然资源的狩猎活动就产生了对鱼类的捕捞。现代渔业中的捕捞业,主要是直接捕获自然界中的鱼类等水生生物资源,由于渔业资源的经济特点,决定捕捞业作为一种产业将会长期存在。

捕捞业作为生产活动,涉及捕捞工具的设计制造、对渔业资源与渔场的了解和把握、渔船设计制造、冷冻冷藏等许多工程技术,还涉及船队管理和市场营销等经济管理活动。因此,捕捞业的科技支撑,从学科的角度来分析有捕捞学、渔业资源学及水产品加工冷藏学等。图3-3-1表示了捕捞业涉及的要素,包括渔业资源、捕捞工具、渔场环境、渔船及仪器装备,以及渔业经济管理和渔港等。图3-3-2表示了捕捞学的学科组成和相互关系。

捕捞学是根据捕捞对象的种类、生活习性、数量、分布、洄游,以及栖息水域自然环境的特点,研究捕捞工具、捕捞方法的适应性、捕捞场所的形成和变迁规律的应用学科,是渔业科学的分支之一。按研究内容,可分为渔具学、渔法学和渔场学。

(1)渔具学 研究捕捞工具的设计、材料性能、装配工艺等。可分为:研究渔具原材料和有关构件的物理、机械特性的渔具材料学;研究渔具装配工艺设计与技术的渔具工艺学;研究渔具及其构件的静力和水动力特性的渔具力学;研究渔具设计和选择性的渔具设计学。

(2)渔法学 研究鱼群探索技术、诱集和控制群体技术、中心渔场探索技术、渔具作业过程中的调整技术,以及捕鱼自动化等。

(3)渔场学 亦称渔业海洋学,是研究渔场形成和变迁的机制,以及渔况变动规律的应用学科。涉及海洋环境与鱼类行动之间的关系,鱼群侦察和渔情预报等。

从学科关系来看,渔具学和渔法学是以鱼类行为学、渔具力学为主要基础;渔具力学是以理论力学、材料力学、流体力学、弹性力学和结构力学等为基础;鱼类行为学涉及鱼类学、鱼类生理学、行为学,以及许多现代科学;渔场学涉及鱼类生理学、环境科学、气象学、海洋学、鱼类行为学,以及统计学等。

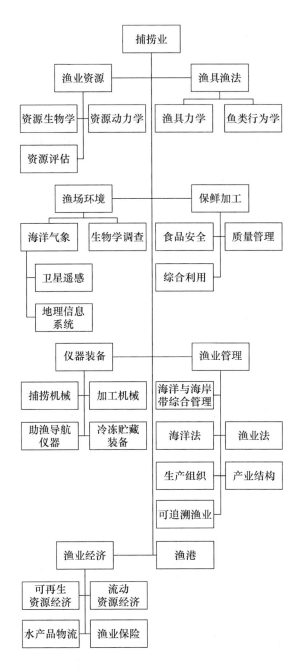

图 3-3-1 与捕捞业相关的产业和部门

渔业导论

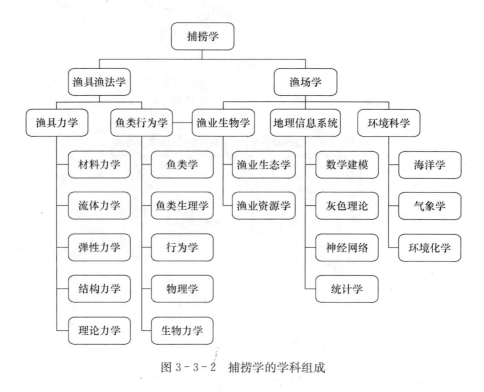

图3-3-2 捕捞学的学科组成

二、捕捞业的重要性以及可持续发展

捕捞业是全球渔业的主要组成部分,尽管在近10年中,水产养殖业产量迅速增加,但至今为止,捕捞产量约9 500万t,占总产量1.35亿t产量的70%左右。捕捞产量主要来自海洋。海洋渔业为人类提供了大量、优质、廉价的蛋白质,创造了可观的经济效益和社会效益。但是,由于经济和管理等方面的原因,全球的捕捞能力增加很快,过量的捕捞能力给渔业资源带来沉重的压力,加上气候变动,促使大多数经济鱼类资源衰竭。严酷的现实迫使人们对渔业资源的生物特点和渔业经济规律进行研究,探求科学的管理办法和技术支撑,合理利用水生生物资源,实现海洋渔业的可持续发展。

21世纪,"资源,环境,人口"以及"粮食安全"是全球各国政府、部门、组织和人们关心的热点,而渔业与这类问题密切相关,受到各方的关注。为了满足人类对粮食和蛋白质的需要,又要做到合理利用渔业资源,唯一的出路还是依靠科技,依靠对渔业可再生资源的生物经济规律的认识,依靠科学管理,走可持续发展的道路。

三、海洋渔业与科学技术

渔业发展的历史表明，科技进步对海洋渔业产生过广泛而深刻的影响。例如，造船工业的发展和船舶动力化，使海洋渔业的活动范围逐渐由沿岸水域向近海、外海以及远洋深海拓展。与此同时，海洋渔业产业结构和生产方式的内涵也发生了深刻变化。从依靠人力或风力的小船在沿海水域进行日出晚归的捕捞作业，发展到在远离基地港的深海远洋进行周年生产。目前，代表现代渔业的是大规模工业化生产的、专业化分工的、组织管理复杂的远洋渔业船队，如大型拖网加工船、大型光诱鱿鱼钓船、超低温金枪鱼钓船和金枪鱼围网船船队等。远洋渔业的生产活动体现了科学技术的高度集成，而这种生产活动是在20世纪50年代以后，在科学技术的发展下才得以实施的。

(一) 主要渔具渔法

按海洋渔业产量来分，主要的作业方式有拖网作业、围网作业、钓渔业、张网和笼壶等定置渔具作业，以及流刺网作业等。

拖网是目前最为普遍使用的渔具，是由渔船拖曳滤水的袋型网具，鱼虾类等水生生物被网片滞留在网囊中而被捕获。拖网属主动性渔具，具有较高的生产效率。作业方式有单船和双船拖曳一顶网具，在底层或中水层进行捕捞作业。大型中层拖网的网口面积近 $1\,000\ m^2$，作业时每小时过滤水体可达500万 m^3，网次产量可达几十吨。大型中层拖网加工船舶适应无限航区，可以全年在海上连续作业。

围网是一种空间尺度大的渔具，网长为 $800 \sim 1\,200\ m$，网具作业高度为 $100 \sim 200\ m$。作业时，网衣在水体中先形成圆柱状，而后因底部纲索被绞收，故整个网衣呈碗状，围捕水体达 $2\,200$ 万 m^3。主要捕捞集群性鱼类，如鲐、鲱等，一网可围捕几百吨渔获。

延绳钓是钓渔业中的主要渔具，主钓线可以长达几千米，悬挂许多支线，可挂有几千个钓钩。一般采用自动化装饵投钓机和起钓机进行作业。主钓线以水平方向进行投放作业的主要有金枪鱼延绳钓。此外，还有垂直延绳钓，如鱿鱼钓，许多钓钩串接在主钓线上，作业时，钓钩垂直投入水体并下降到一定水层，而后连续上下运动，运动的钓钩能引诱鱿鱼上钩。大型钓船往往装备几十台自动鱿鱼钓机，配有几十盏 $2\,000\ W$ 的诱鱼灯，光线穿越水体，形成光场，利用鱿鱼喜光的习性，诱集成群，提高捕捞效率。

大型流刺网利用鱼类穿越网目时，被网目限制或网衣钩挂而捕获鱼类。网长达十几千米。一般配备流网起放网机等专门机械,可进行连续作业。刺网有定置刺网和流刺网之分。定置刺网一般用锚或重物固定在海底,保持在一定水层进行作业,多半在浅水区作业。流刺网则通过带网纲与渔船相连接,一起随波逐流。刺网属被动式渔具。定置网中有张网、陷阱网、落网、扳缯网等。按鱼类习性和运动能力,将渔具设计成使捕捞对象会"自投罗网"的式样。

图3-3-3所示为常用渔具渔法。

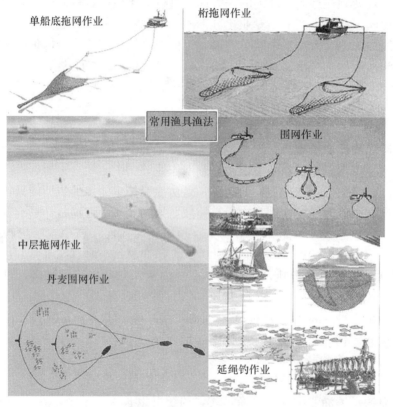

图3-3-3 常用渔具渔法——拖网、围网和延绳钓作业

(二)对现代捕捞业带来革命性影响的三大科技发明

捕捞业,作为一种商业性生产活动,众多的科技成果对它的发展起到了促进作用。综观科技对捕捞业的影响,尤其是18世纪工业革命以来,有三项科技发明对现代海洋渔业产生了革命性影响,使捕捞业获得了空前的发展。它们是蒸汽机、超声波探测仪器和人造合成纤维。

1. 蒸汽机与机械化 1796年瓦特发明蒸汽机后，引起了第一次工业革命。各个领域迅速推进机械化和动力化，生产效率迅速提高，产业得到飞跃发展。其中，蒸汽机使铁路交通成为现实，大大开拓了市场，促进了消费和经济发展。

1787年，世界上出现了第一艘钢壳渔船，20年后，美国率先在船舶上安装蒸汽机作为动力。1836年，瑞典发明螺旋桨推进器。船舶和运输业获得迅速发展。但是，直到19世纪末，也就是经过近百年的滞后，渔船上才安装了蒸汽机以及蒸汽机驱动的绞机。

尽管如此，蒸汽机的出现仍然对渔业捕捞生产产生了重大影响。

（1）扩大生产作业海区、范围，延长了作业时间。由于渔船装备了动力，生产作业范围由沿岸水域迅速扩大到近海、外海、直到深海远洋。同时，渔船有了动力，可以迅速到达渔场或返港，还可以在较恶劣的天气和海况条件下坚持作业，延长了有效生产作业时间。

（2）机械化和动力化促进了渔具改革，被动式捕捞工具被主动式捕捞工具所替代，大大提高了捕捞效率。例如，在风帆渔船时代，主要生产工具是流刺网和定置网等被动式渔具，随波逐流，等待鱼虾自投罗网，生产效率较低。自从渔船装备了蒸汽机动力，不再依赖风和海流的被动式漂流，而是主动追捕鱼群。科技人员又研发了单船尾网渔具和水动力网板，替代了固定框架的桁拖网，扩大了拖网的网口和扫海面积。船舶具有动力推进，提高了拖网作业时的拖曳速度，并且能更好地控制拖曳方向和航线，扩大单位时间捕捞作业面积和滤水体积，大大提高了作业效率。

（3）为实现机械化生产提供动力。机械化为使用大规格的渔具和缩短操作时间创造了条件。现代大型拖网长达2 500 m，网口水平扩张达40 m以上，网具拖曳时的阻力达400 t。每网次作业时间为2～3 h，连续作业。如果没有机械化，这些作业就不可能实现。

（4）铁路运输使货物可以迅速从沿海港口运到内地城市和乡村，扩大了水产品的销售范围和市场。商业发展，消费量的增加又促进了渔业生产进一步扩大。

由此可知，蒸汽机和机械化是对现代渔业产生革命性影响的科技进步。

2. 超声波探鱼仪和探测仪器 1939年以前，回声测声仪已装备在商船和北欧大型拖网渔船上。当时仅用于测量水深。在第二次世界大战期间，超声波探测仪器被改进用来探测潜水艇。战后，科技发展使超声波探测仪器小型化，价格降低，使大多数大中型渔船都能安装，用于测量水深和探索鱼群。

(1) 超声波探测仪器对渔业作业的影响　　首先，超声波探测仪使渔民能准确掌握鱼群的位置和栖息水层，使得中层拖网作业，或称变水层拖网作业的瞄准捕捞成为可能。如果说过去在大海中进行捕捞是"瞎子摸鱼"，在超声波探鱼仪诞生后，就像盲人重获光明，渔船船长可主动搜索鱼群，了解鱼群在海洋中的位置和相对于渔船的方位，通过精确地调整网具的作业水层，实现瞄准捕捞，极大地提高捕捞生产效率。其次，超声波探测仪还便于渔船船长掌握作业海区的海底情况，避开障碍物，大大减少网具损坏等作业事故，实现安全生产。再次，超声波探测仪减少了在海上寻找鱼群的时间，增加了有效作业时间。例如，以往拖网作业要花50%作业时间，围网作业要花80%作业时间用于寻找鱼群，利用超声波探鱼仪和超声波声呐可迅速、准确地发现鱼群。所以，在20世纪50年代，超声波探鱼仪获得普遍使用。当今，超声波探鱼仪已成为渔船的必备设备。见图3-3-4。

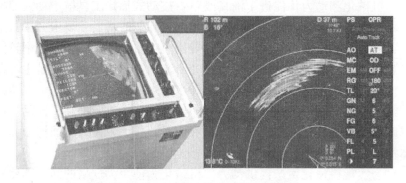

图3-3-4　声呐及显示屏上的鱼群

(2) 超声波探鱼仪工作原理　　超声波是振动频率高于人类听觉上限（20 000 Hz）的声波。在温度15 ℃的水中，超声波的传播速度约为1 500 m/s。由于声波前进中，遇到物体会产生反射，计算从发射声波到接受到回波的时间，即可了解物体与声源的相对方位和距离。超声波回声原理在渔船上得到广泛的应用，进行探测鱼群和海底障碍物等。

超声波探鱼仪主要由以下部分组成：

① 发射器：振荡器、功率放大器、调制器、换能器。

振荡器产生频率高于20 000 Hz的电信号，经调制器和功率放大器的处理后，成为有一定间隔的脉冲信号。通过换能器将该电信号转换成机械振动的声波，向水中发射和传播。其中换能器是超声波探鱼仪特有的设备。它在水下工作，利用有些材料的磁致伸缩或电致伸缩的特性，将电能与声能相互转换。常见的有金属镍、高碳酸铅和碳酸钡等陶瓷晶体。

② 接收器：换能器、放大器：超声波在水中传播时，遇到海底、鱼群和浮游生物、礁石等物体后，被反射形成回波。该回波通过换能器转换成电能，经放大器放大和处理后，送到记录器和显示器等。

③ 记录器和显示器：通过对声波发射和接受，计量其传播的时间，转换为空间的距离和位置，并通过记录器或显示器表示。为了用图形表示渔船、鱼群、海底以及障碍物的影像和相对位置，一般用单笔式、三笔式和多笔式进行记录。根据记录电压，记录纸有干式和湿式之分。20世纪80年代以来，彩色显像管被大量用来显示上述关系和图像。还利用图像处理技术和数据处理技术，发展了智能化仪器。

（3）渔用超声波探测仪器的种类和功能　由于超声波在水中传播距离远，因此被广泛应用于水下测量和信息传递。在捕捞作业中，用来探测鱼群的位置、水下障碍物和海底地形，测量网具所处的水层，传递作业状态的信息和控制信号等。在现代计算机技术的支持下，可以对渔业资源进行定量调查，分辨鱼种和数量等。

根据超声波在水中传播的特性，现已开发出多种超声波助渔仪器，协助捕捞作业时探寻鱼群或测量渔具的作业状态，通过水体传递信息。这些仪器主要有：

① 超声波探鱼仪：有垂直发射超声波的测深探鱼仪，以及可以向不同角度发射声波的水平探鱼仪，又称声呐（图3-3-4）。声呐又有单波束、多波束之分。超声波的频率一般在20~200 kHz，随探索的目标尺度和所需的分辨率而定。

② 网位仪：安装在拖网网口浮子纲中央的超声波发生器，向上、下和渔船方向发射超声波，探测网具与水面、海底的距离，以及鱼群在网具的位置，并将该信息同步传递到渔船上，供瞄准捕捞作业用，见图3-3-5。20世纪90年代研究开发了网口声呐，使用频率较高的超声波，对拖网或围网四周进行全方位的扫描探测，掌握鱼群与网具的相对位置。

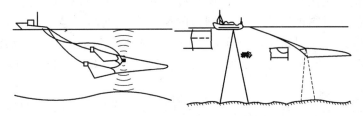

图3-3-5　中层拖网的探鱼仪、网位仪和瞄准捕捞示意图

20世纪中叶，由于超声波助渔仪器的出现，使精确的瞄准捕捞成为可能，大大提高了捕捞效率，它的出现对现代渔业具有革命性的影响。

3. 人造合成纤维　20世纪中期，美国发明了以尼龙为代表的人造合成纤维后，由于合成纤维的优良特性，它在各个领域中得到广泛的应用。在渔业中最重要的合成材料是尼龙、聚乙烯、聚丙烯等。用它们制成的网线和绳索已成为主要的渔具材料，见图3-3-6。

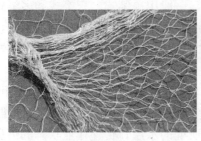 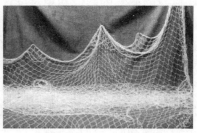

图3-3-6　合成纤维渔网

（1）合成纤维的分类　在渔业上广泛使用的合成纤维材料有尼龙PA、聚乙烯PE、聚丙烯PVC等。因加工方法不同，材料的性质有很大差异。

（2）合成纤维的主要特点　破断强度高、延伸性较大、柔挺性好、耐磨性强、耐腐蚀性高、抗老化性较差等。

（3）合成纤维对渔业生产的影响　①因强度高，网线可用得细些，不仅节省材料，又因网线细，不易被鱼发现，提高了渔获率，例如尼龙单丝流刺网。由于该作业消耗动力较少，故在发展中国家中得到广泛应用。网线可以制成无色透明的，用于刺网或钓线，有利于提高捕捞效率。②因网线细，并且表面比棉线光滑，故水阻力小，有利于网具规格扩大。例如，拖网从560目×11.4 cm扩大到1 040目×11.4 cm，以及超大网目拖网和绳索网，扩大了驱集鱼群的空间范围，提高了捕捞能力。③因为经久耐用、防腐蚀、耐磨，渔具不易损坏，大大降低了在海上作业时修补渔具的时间，增加了有效作业时间。又因为减少晒网晾干的时间等，提高了生产率。④水生生物不易附着，有利于防止生物污染，适用于海水养殖网箱。⑤相比传统的天然纤维，如棉线，合成纤维材料的吸水性小，制作的网具在起网时，排水快，重量较轻，故省力。⑥人造模拟饵料，例如将浸渍天然或人造鱼油的人造海绵制成适当的形状和颜色，挂在钓钩上，可多次长期使用，提高延绳钓的钓捕率，降低装饵的劳动量。

历史资料表明，从1950年到1970年间，全球的渔获量每年增产20万～60万t，主要是发展中国家实现机械化，广泛使用合成纤维材料和多种科技成果的结果。

（三）其他科技进步对海洋渔业的影响

海洋捕捞业的发展也促进了造船、电子、机械、化工、冷冻工程、食品加工等工业的发展。长期的密切配合，已形成了相互关联的产业链，形成专门化，如渔船建造、渔业电子和机械仪器、水产品化学和冷藏、水产品加工等专业领域，而这些领域的发展又进一步支持了海洋捕捞业的发展。历史的经验表明，积极主动地将先进的科技成果引进到渔业中，是促进渔业发展的重要途径。除了上述引起海洋渔业革命性发展的三大科技成果以外，还有许多重要的科技成果对海洋渔业和捕捞业的发展产生了积极的作用。

1. 大型工厂化加工拖网船与平板速冻机　大型双甲板尾滑道拖网加工船是现代渔业中的一项重要的发明，它是将捕捞作业、加工生产、冷冻贮藏、运输航行等功能集成在一艘船上，成为海上加工工厂。船舶的性能设计成无限航区，续航力大大延伸，可以周游全球各海区进行全年作业。通过海上补给加油、海上过载等，使捕捞渔船可长时间地在海上连续作业。这些活动又需要结构合理的船队支持，以及发达的通信技术和海上装卸手段，以适应各种气候海况，保证安全作业。

19世纪，曾有人提出在海上捕捞作业的同时，在船上进行渔获加工的概念。但是，由于当时的科技水平和管理能力的限制，直到20世纪40年代末这种想法都未能成为现实。第二次世界大战后，尤其是20世纪50年代科技大发展后，电子通信导航设备、超声波探鱼设备、液压动力起网机械、尾滑道拖网船的出现，才使大型拖网加工船的建造和作业方式成为可能。实践表明，具有完备的通信技术和网络、市场信息和后勤供应、有效的生产组织管理，才能使大型拖网加工船队可以在远离基地港的渔场进行长时间的连续生产，提高产品的质量，获得可观的经济利益和社会效益。

第一艘现代拖网加工船Fairtry号，由Salvesen建于1953年。到1970年，世界渔船队中，1 000 t以上的拖网冷冻加工船就有900艘，其中，前苏联拥有400艘，日本125艘，西班牙75艘，联邦德国50艘，法国40艘，英国40艘。到1977年，仅前苏联就迅速发展到拥有1 000 t以上、1 492~1 790 kW（2 000~2 400马力）的拖网加工船900艘。日本和波兰各有101艘大型远洋渔船，西班牙有90艘。然而，20年后，因世界经济结构的改变和海洋渔业资源的变动，1995年全球的大型拖网加工冷冻渔船数量大幅下降，根据2007年FAO统计，全球在1995年的拖网加工船有134艘，431 971总吨，其中，前苏联拥有500总吨以上的拖网加工捕鱼船95艘，见表3-3-1。我国拥有13艘。

表3-3-1 大型拖网加工船统计表

全球大型拖网加工渔船数和吨位						前苏联大型拖网加工渔船数和吨位					
年份	船数	吨位	年份	船数	吨位	年份	船数	吨位	年份	船数	吨位
1970	75	200 321	1983	112	260 785	1970	71	196 108	1983	87	190 016
1971	0	0	1984	114	268 102	1971	0	0	1984	87	188 392
1972	0	0	1985	125	338 935	1972	0	0	1985	98	258 787
1973	0	0	1986	127	346 420	1973	0	0	1986	99	263 786
1974	0	0	1987	134	375 947	1974	0	0	1987	103	286 983
1975	95	229 951	1988	142	409 950	1975	94	228 508	1988	107	315 614
1976	0	0	1989	142	421 485	1976	0	0	1989	105	320 977
1977	106	225 497	1990	167	421 485	1977	104	223 000	1990	131	407 152
1978	106	225 497	1991	148	456 558	1978	104	223 000	1991	109	360 562
1979	110	256 898	1992	178	566 389	1979	103	221 901	1992	139	471 963
1980	133	347 009	1993	151	500 866	1980	117	285 734	1993	123	453 783
1981	116	265 353	1994	154	497 544	1981	96	199 850	1994	119	439 980
1982	110	256 993	1995	134	431 971	1982	86	186 773	1995	98	375 407

（1）结构与功能　大型拖网加工渔船的主要技术特点：渔船具有双甲板、尾滑道的结构。上层甲板进行捕捞作业，而下层甲板设有鱼片加工、鱼油和鱼粉加工生产系统（图3-3-7）。一般安设电子助渔导航通信系统、平板速冻机、遥控液压或电动绞机等装备，具有很高的机械化和自动化生产能力。在2h左右的时间里，能将捕获的渔获物分类加工处理和速冻贮藏。

图3-3-7　大型围网渔船和大型拖网加工船

（2）大型拖网加工船队对渔业的影响　这种船舶和作业方式的主要优点是：由于适航性好，续航时间长，可大大延长海上作业时间，并且能开发出远离大陆的新渔场，实现全年全球作业；通过海上速冻，提高鱼品质量和保藏时间；在海上直接将渔获加工成成品或半成品，并实现综合利用；可将加工好的产品直接运送到消费地点上市，或将产品贮藏在冷库中，按市场需要调节供应，降低渔业生产季节性影响，提高经济效益和社会效益。见图3-3-8。

图3-3-8　BARDER鱼片处理机和平板速冻机，以及冷冻处理后的渔获

2. 通信导航仪器装备　20世纪50年代起，电子工业迅速发展，为助渔导航仪器的发展提供了良好的条件。电子仪器的小型化，能适应海上较恶劣的环境，且价格低廉，使助渔导航仪器在小型渔船上得以推广。完善的通信导航设备使渔船航行和作业安全获得保证；通信技术的发展为组织管理复杂的、大规模的渔业生产提供了良好的条件；定位和通信技术有利于中心渔场控制，提高作业效率。

（1）双曲线无线电定位系统　基本原理是与两定点的距离差为定值的动点的轨迹，是以两定点为焦点的双曲线。则由一个主台和两个副台组成的无线电信号台组发射信号，船舶通过分别测量两个台组信号的时差值或相位差等来代表距离差，即可在双曲线海图上查到两条曲线的交点，即获得接收者的位置（图3-3-9）。应用此基本原理设计的仪器有劳兰A、C，台卡、欧米加和卫星定位系统等。

①劳兰（Loran）：是远程导航（long range navigation）的缩写，是利用测量位置已知的主副台信号的时差进行定位的系统。

②台卡（Decca）：是利用连续波测定电波的到达相位差而求得距离差进行定位。

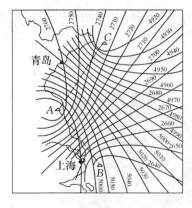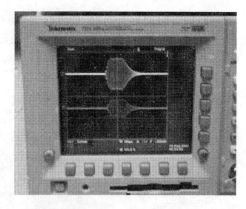

图 3-3-9 双曲线导航定位仪

③ 欧米加（Omega）：利用测量电波的相位差进行定位。与台卡不同的是发射的是 10 200 Hz 的甚低频波，即超长波。具有传播特性和相位稳定的优点，并能向水下（约几米深）传播。8 个发射台即可覆盖全球。

④ 卫星定位导航系统（GPS）：其原理是：有多颗卫星在约 1 000 km 高度，大致通过南北极的圆形轨道上运行，并且每隔 2 min 各自发出持续 2 min 的信号，其中包含时间和卫星的位置等信息。当地球上测定这种电波的频率时，因多普勒效应，卫星接近测量者时，收到的信号频率增高，远离时，频率下降。对此频率的偏移进行积分，可以计算出卫星与测量者的距离。同理，应用一定的距离差是双曲面，它与地平面的交线是双曲线的原理，可以定出测量者的位置。

（2）卫星跟踪监督系统　工作原理：当卫星经过渔船上空时，安装在船上的卫星应答器将被激发和向卫星发出一组讯号，卫星在经过卫星数据处理中心基地时，将讯号数据传递到中心，计算出该渔船的编号和位置（经纬度）。定时的通信接收，将可绘出渔船的航迹，以便进行监控。

用途：提供对渔船作业监督管理的有效工具，特别是在公海和专属经济区等水域中，对渔船的入渔和作业状态进行监控。是国际通用的船舶监控系统（vessel monitoring system，VMS）的基本设备之一。

（3）小型雷达　雷达是 radio detection and ranging 的略语 radar 的谐音，是以电波探测和测距为目的的装置。雷达从发射台（船）向某方向发射无线电脉冲波，再接收电波在传播途中的物体反射波，在荧光屏上显示周围的物体的位置和运动趋向。通过回波的强弱还可以分析了解物体的性质。随着计算机数据处理技术的发展，数据雷达（ARPA）可以自动跟踪几十个目标、模拟航线和自动报警。渔船雷达的用途主要是提高航行安全，控制渔船间距，安全作业，防止渔具作业事故。渔船雷达见图3-3-10。

图3-3-10 渔船雷达

雷达脉冲电波的特性：电波具有直线性传播（方位）的特性；在空气中传播速度为$3×10^8$ m/s；波长越短，方向性越强。

雷达的性能和影响因素：雷达的性能指标主要有探测能力、方位辨别能力、距离辨别能力、最小探测距离和图像的清晰度等。①探测能力是指雷达能够探测的最大距离。影响探测距离的因素有雷达的发射功率、接收灵敏度、波导管的微波传输损耗、天线增益、波长、物标的种类和高度、天线高度和环境条件等。②方位分辨能力是指判断在某距离内横向排列的两个物标的能力，用两个物标连接扫描天线中心而成的角度来表示。该分辨能力主要受雷达波的水平波束宽度的影响。③距离分辨能力是指能够判断同一方位的两物标的能力，用两物标之间的距离表示。该能力受脉冲的宽度影响。④最小探测距离是指能够探测物标的最短距离。它受脉冲宽度、波束的垂直宽度、扫描天线高度、物标的性质、环境条件等影响。最小探测距离与雷达盲区有关。⑤图像清晰度与接收器的灵敏度、显像管的特性、脉冲重复频率、天线的旋速度等有关。

（4）甚高频无线电电话（VHF） 利用甚高频（very-high frequency）进行的无线电通话。在渔业生产调度中，普遍使用单边甚高频无线电电话。这是一件非常有效的通信工具，方便生产组织和调度，大大提高生产安全性。

3. 机械化及自动化装备

（1）液压装备 利用液体，如油的不可压缩性，传递压力和能量，达到做功或信号传递和控制的目的。主要部件有油泵、油马达、管路、油开关、油缸与活塞等。

液压技术的应用主要是渔业机械动力化。主要应用于液压绞机，普遍用于拖网、围网和延绳钓等作业渔船；液压动力滑车，主要用于围网作业中，起吊围网网衣；三滚柱式起网机 TRIPLEX，主要用于围网作业（图 3-3-11）。另一种应用是液压遥控技术。利用管路内的液压油传递压力信号，对可变螺距推进器、液压绞机、起重机等工作部件进行遥控。

图 3-3-11　三滚筒起网机和液压绞机

液压技术的优点：功率大；过载能力强，适应作业时的波动载荷和冲击载荷；安全，相对电力电路不会产生触电事故；不易腐蚀，零件简单，维修保养容易，尤其是适应海上工况。

（2）捕捞作业监测系统　一般由多种仪器设备构成，对渔具各部分的作业状态进行连续监测。常用的仪器如下。图 3-3-12 所示为中层拖网作业状态监测系统与传感器。

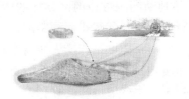

图 3-3-12　中层拖网作业状态监测系统与传感器

（3）曳纲张力长度仪　通过监测曳纲上的张力，得知网具的阻力以及渔获物的数量，包括监控网具是否遇到障碍物，提高作业安全和效率。同时通过调整曳纲的长度来精确控制网位，或当曳纲载荷突然增加时，自动释放一定长度的曳纲来缓冲载荷，降低事故发生率。曳纲张力仪有弹簧式、应变仪式、液压式、单滑轮式、二滑轮式等。

（4）网位仪　网位仪用于拖网作业时监视拖网所处水层。一般安设在拖网上纲，通过压力传感器测量水压来推算水深，同时还有超声波发射器，通过声波的回波测量下纲与上纲的距离（即网口高）和上纲离海底的距离或离水面的距离。通过电缆或超声波信号与作业渔船联系。

(5) 网口声呐　基本原理与网位仪相同,安设在拖网上纲上的声呐,能进行三维立体扫描,将网口前后鱼群相对渔具的影像、网板的位置和网口扩张程度等信息传递回作业渔船,采用类似雷达显示器提供网口四周平面的情况,方便地了解鱼群对网具的反应和运动趋向,以提高捕捞效率。

(6) 渔获物充满度仪　拖网网囊在充满渔获时,网目会受渔获挤压而张开,故利用传感器测量网囊网衣的张力,或在网囊网口到网末端安设几个超声波发射器/接收器,通过测量渔获物存在的位置推算渔获量,并自动将信息通过电缆或超声波信号送到渔船上。

(7) 拖网作业控制系统　是多种捕捞辅助仪器的综合,由网位仪或网口声呐、网板间距测量仪、网板倾角姿态测量仪、渔获物充满度仪、曳纲张力仪和曳纲长度仪等组成。可实时、同步测量拖网作业系统各部分的作业状态参数,供调整控制参考。现代仪器中,还储存有渔具最佳作业状态的数据库,供比较用或自动调节,又称为智能化监控系统或最佳参数专家系统。该系统专门用于中层拖网瞄准捕捞作业。

(8) 网板扩张度仪　测量两网板的间距,有的还测量网板的内外倾角。通常应用超声波测距原理进行。

(9) 网口高度仪　基本原理同网位仪,但是也有利用安设在上下纲的传感器,测量压力差,推算网口高度。

(10) 大型建网渔况遥测监控装置　将多个超声波探测仪与无线电信号发射接收系统相结合,对建网的网口、集鱼部等处的鱼类状态进行实时遥测监控。

(11) 流网无线电浮标　为了防止流网因纲绳断裂而丢失,在流网上安装几个无线电浮标,以便测量流网的位置,及时回收,避免"幽灵网"的事故产生。

4. 卫星遥感技术　通过装载在卫星上的遥感仪器,对海水表面温度、水色、叶绿素、浮游生物量等进行测量,提供多种数据资料的等值线图和彩色分布图,及海况状况和参数的分布图。例如 Sea SAR 系统提供的实时海况信息,见图 3-3-13 和图 3-3-14。

卫星遥感信息可以用来进行渔场测报,通过海况测报的数据资料,结合鱼群的习性、洄游规律和渔场形成条件,预报渔场产生的空间位置和时间信息。此外,在上述资料的基础上,将历年同期或系列资料进行对比分析,结合渔船作业信息和观察员收集的资料,较系统地提供有关渔业生产管理所需的资料。

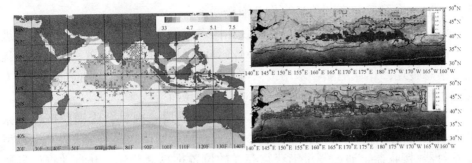

图3-3-13 卫星遥感信息与渔船作业位置、捕捞努力量合成图

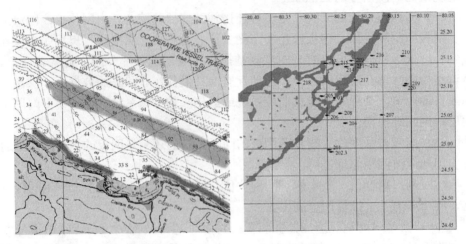

图3-3-14 大麻哈鱼渔场图

5. 生产管理指挥系统 为了进行渔业生产的科学管理，需要对多种资料进行综合分析。由于捕捞作业的海况和生产的多个环节受许多因素影响，变化大而复杂，因此，在进行生产管理和指导时，需要实时地处理各种星系。随着计算机技术的发展，人们开发了许多实用的管理软件，如图3-3-15所示为渔船监控系统示意图，其他还有：

（1）渔船调度系统 建立渔船作业数据库，包括船位、渔获量、单位网次产量等，用渔业作业状态图表示中心渔场及渔船分布，结合鱼汛和海况等进行调度，制订生产作业计划。

（2）渔船生产数据自动收集系统 通过渔船与基地之间的通信系统，将渔船的生产数据发送到基地，并自动生成数据库和有关表格、图表，供分析用。电子渔捞日志可以将数据资料发给管理部门，实现即时监督。

（3）渔船航行资料库 通过收集各渔船的航行资料，并应用地理信息系统表达所有渔船的位置和动向。

第三章 渔业与科学技术

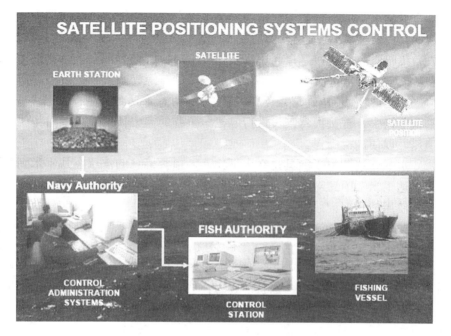

图 3-3-15 渔船监控系统示意图

（4）渔况分析测报系统 通常将上述系统综合，对渔场状态进行分析，预测渔场和渔情发展趋势，建立系统的渔业服务系统，以便指导和组织生产。

（5）灾害警报系统 将海洋天气形势、海况预报和警报等资料，与渔船分布及其航行资料库相结合，向作业渔船提供灾害警报，并向可能处于危险的渔船提供防灾建议。通常结合生产调度系统，对渔船进行安全调度。

（6）渔船生产状况分析和优化系统 在渔船生产数据自动收集系统的基础上，将每条渔船的生产状况与船队的平均生产水平相比较，找出优劣，分析原因，提出改进方案，提高船队的整体生产水平。

（7）全球海上遇难求救安全系统 GMDSS 由船载求救信号发生器、卫星监察和定位系统、岸台等组成的综合自动求救系统。

（8）市场信息系统 经过多年的努力，一些国际组织和政府机构建立了渔业信息数据库，提供市场供求信息，例如联合国粮农组织 FAO 组建的 INFOFISH，以及在中国建立的分支机构 INFOYU、CHINFISH。上海水产大学建立了 CHINA-FISHERY（见网址 http://www.china-fishery.net）等，提供专门的分类信息服务。

6. 观察装备和技术 在渔业生产和渔业科学研究中，需要对渔具作业状态、鱼群行动和行为反应等进行观察，但是，在浩瀚的海洋中，要进行观察不

是一件容易的事。从观察技术的角度分类可以有在生产作业现场的空中观察和水下观察,以及在实验室进行的观察。

(1) 飞机空中侦察 是指利用飞机在空中对鱼群进行观察进行。适用于渔业观察的航空飞行器是上翼展、飞行速度较慢的、螺旋桨式飞机。由观察员进行直接观察,或使用遥感仪器航测和航拍,实时或事后进行影像处理和分析。在金枪鱼捕捞中,直接由驾驶员进行金枪鱼鱼群的空中侦察,并及时将情况报告给渔船,以便进行围捕。

(2) 水下观察 由于渔具是在水下作业,鱼类栖息的水层在几十米到几百米,甚至达千米,因此对水下观察技术和装备的要求较高。

主要使用的观察记录设备有:

① 水下照相机:可以采用普通的相机,但需解决水密问题和控制问题。同时由于水下焦距调整受水的密度影响较大,需采用水镜或清水箱等技术措施。此外,在水深 50 m 以下处,一般需要带有水下光源进行照明。对于在更深的水层进行拍摄时,安设在渔具或观察仪器上的水下照相机的拍摄控制方法有定时自动连续摄影或遥控摄影。这种方法仅可获得静止的相片,往往不能反映动态过程。

② 水下微光摄像机:主要用于在水下照度低的环境里,为了避免因人造光源对鱼类行为的影响,一般不采用照明,因此在几乎黑暗的条件下,进行鱼类行为观察时,需解决摄像管在低照度时的灵敏度和高照度环境中的自动保护功能。同时,采用摄像机可以获得动态的连续过程记录,记录和反映鱼类行动的过程和趋势。

相机或摄像机可以由潜水员携带,或安置在专门的运载装置上,通过遥控进行。

运载设备和观察方式主要有:

① 自带呼吸装置的轻潜器 SCUB:供潜水员使用。优点是:潜水员可以自由行动,方便地进行水下观察。但是,作业水深一般不超过 70 m,并且作业时间较短,受天气和海况的影响和限制。在水流较急或需要观察的范围较大时,可以为潜水员配置水下运载摩托,以节省潜水员的体力。进行水下观察时,一般需要 3 人小组进行协同工作,提供安全保证。

② 拖曳式载人潜水橇:该装置靠船舶拖曳向前运动,潜水员通过改变舵角,可控制潜水橇相对观察目标,如拖网的上下、左右的相对位置。由于潜水橇与网具同时拖曳,潜水员处于相对静止的位置,有利于进行网具作业状态和鱼类行为观察。但是,观察人员使用的是轻潜设备,因此连续水下观察时间受一定限制。

③ 拖曳式遥控潜水橇：属无人驾驶的，对其相对位置和观察设备可以进行遥控的运载装置。一般可以长时间地进行连续观察，受天气和海况的影响较小。英国阿伯丁海洋研究所根据环流效应设计的有线式遥控水下观察装置，可以同步观察鱼群对渔具的反应和行为，以及渔具的形态（图3-3-16）。

图3-3-16　英国阿伯丁海洋研究所有线式遥控水下观察装置

④ 自航式潜水艇与自航式无人遥控潜水橇：该设备又称为水下机器人，可通过预先设置的程序，按预定路线，对海底地形等进行自动观察和记录。

（3）模型试验　除了在海上或生产现场进行观察外，还可以在实验室中对渔具和鱼类进行观察研究。例如，将渔具、渔船等按特定的准则（几何相似、运动相似和动力相似），按比例缩小制成模型，在水槽或风洞里测量它们的几何和力学性质，取得各种参数及相互的关系，为海上实测提供参考，并减少实测的工作量和盲目性。渔具和渔船模型试验的主要设备有：①静水槽，模型由拖车沿轨道拖曳匀速运动，进行观察和力学测量。一般用于拖网和渔船的观察试验。为了保证运动的匀速性，在轨道铺设技术和拖车运动方面要求较高。②动水槽，应用运动的相对性，将渔具（如拖网、流刺网或延绳钓等）固定在测量柱上，水流以匀速、无旋流过，可以测量渔具在各种流速下的几何形状和变化过程，同步或不同步测量各种力学参数，便于长时间观察，特别有利于培训教学。流速一般不大于1m/s，对水流的速度和整流要求较高，耗能和运行费用较高。

英国于1978年在哈尔渔业训练中心，建成观察段为5 m宽，2.5 m高，15 m长的大型动水槽，并设有活动海底，适用于底层拖网、中层拖网、网箱等渔具动态实验。水流在垂直面里循环，即回流从水槽下半部通过，可避免试验段水平倾斜的问题。在该水槽成功地研发了许多现代拖网和改进了作业性能。该水槽成为现代渔具专用动水槽的代表，它的技术参数成为最基本的要求。由于效益明显，各渔业大国，如丹麦、加拿大、澳大利亚、日本相继建造尺度更大的动水槽。丹麦的北海渔业中心的动水槽的宽度为8 m，水深4 m，水流速度为0~1.0 m/s可控（图3-3-17）。

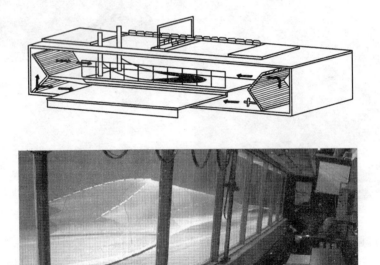

图3-3-17　坐落在英国哈尔和丹麦的北海渔业中心大型渔具实验动水槽

7. 计算机技术应用　计算机技术中的仿真系统、模拟技术、地理信息系统、可视化技术等都在渔业上获得了应用。例如：

（1）一体化驾驶作业控制系统　渔船驾驶台上有多种助渔导航仪器，同时还有许多控制器和记录器，信息随时变化，有分别显示，给及时综合处理带来困难。因此，将安设在驾驶台上的各种助渔导航仪器的数据集中处理后，在少数几个显示器上显示，并且与储存在计算机数据库中的各种方案进行比较选择，实现智能化管理。这涉及计算机技术、数据库、接口技术和伺服机构等。这种一体化系统的优点是：提高了仪器的综合使用效率；减少仪器的重复设置，节约资金；为智能化作业提供基础。

(2) 电子海图 航海海图的电子版。已在航海中普及使用。便于检索、放大、标注、预设、报警和储存等。也是其他控制和管理系统中的重要组成部分。

(3) 渔捞电子海图 采用地理信息系统、可视化技术等。海图中除包括与航海有关的资料外,还包含与渔业作业有关的海底底质和障碍物、鱼类栖息地、鱼汛和渔场资料。英国白鱼局在20世纪70年代就将向渔船船长收集到的各种渔业信息标注到普通海图上,为捕捞作业提供了非常有用的信息,受到船长们的欢迎。

(4) 捕捞航海模拟训练器 是利用仿真技术和模拟技术,提供人造的、各种常见的作业环境,便于进行专题或综合训练,并可进行反复训练。模拟训练器是按照捕捞航海作业的各种案例在各种工况下进行训练的有效设备。与海上实况训练相比,模拟器训练是既安全又节约成本的方法。因此,现在被广泛用于航空、航海及汽车驾驶等训练。此外,还可以利用模拟器对一些事故或操作方案进行模拟,以便对参数和对策进行研究和调整,进行优化设计或优化方案。模拟器还被用于军事战略部署和战术模拟。见图3-3-18。

模拟器主要有原理型模拟、仿真型模拟和仿真原理型模拟。原理型模拟主要用于战术研究,如离靠码头解缆和带缆模拟器。注重数学模型的科学性和严密性,硬件价格较低。也可用于战术方案的分析。仿真型模拟器主要用于操作性训练。要求

图3-3-18 捕捞航海模拟训练

逼真度高,多数用于军事训练,注重环境、视觉、听觉、反应速度等的逼真性,要求训练器中的仪器装备与实际使用的装备相同,例如要求训练室(模拟驾驶室)能摇晃、有立体三维的雾号、仿真的视景等,因此造价较高。仿真原理型模拟器介于前两者之间,主要用于教学训练,既说明某项教学要点,又使学员获得实际操作的体会和经验。这种模拟器可以模拟多种性能的仪器设备,具有适应仪器更新快、型号多的优点,广为教学训练所用。

8. 船舶设计制造

(1) 可变螺距推进器 可变螺距推进器是渔船上特有的推进器。一般的螺旋桨推进器是整体浇注,桨叶角度固定,是按船舶航行进行最优设计。但是,

渔船在航行时和拖网作业时的负荷差异很大,如果通过调整主机转速来适应,则主机功率和效率都不能处在最佳状态。如果通过调整螺旋桨桨叶的角度(即螺距)而主机转速保持稳定,则可使主机发挥最高效率。特别是在拖网作业中,可变螺距推进器能在各种工况下,既适应渔船在巡航速度下运行,例如12 kn*(节),又适应渔业作业时拖曳网具的速度,例如2~3 kn,达到最佳效率和节能的目的。螺距控制通常是用液压技术使桨叶旋转而改变角度来达到。

(2) 导流管 通过在螺旋桨外加一两端稍有喇叭口的圆管状导流管,提高螺旋桨的效率和有效推力。在渔船传统的螺旋桨外加设导流管后,可以增加船舶推力,节省能源,而且可以保护螺旋桨,防止其撞击损坏,见图3-3-19。

图3-3-19 渔船导流管与可变螺距推进器

(3) 专用渔船、多用途渔船和辅助船只

① 多用途渔船:在20世纪曾盛行使用多用途的渔船,即一条渔船可以适用于两种或多种作业方式,如拖围、拖钓、流钓兼作渔船。设计制造此类渔船是为了捕捞不同鱼种,达到全年生产的目的,可以减少改装的时间和费用。但是,在作业性能上,多用途渔船比专业性渔船的效率低一些。当今,由于渔业资源受到过大的捕捞压力,同时为了方便管理,国际上不提倡使用多用途的兼作渔船。

② 专用渔船:例如光诱鱿钓渔船、金枪鱼围网船和金枪鱼延绳钓船、大型流网船、尾滑道拖网渔船、臂架式拖网船、蟹工船等,见图3-3-20。渔

---

* 1 kn=1 n mile/h。

船的高度专业化是现代捕捞业的发展趋势。专业化程度不仅仅是作业方式,而且针对捕捞对象和渔场、市场需求的产品形式和加工方式等进行专门的设计和建造。例如专门用于捕捞狭鳕、竹筴鱼、南极磷虾等的拖网加工船。由于捕捞对象和渔场不同,在船型和加工能力上有很大区别。

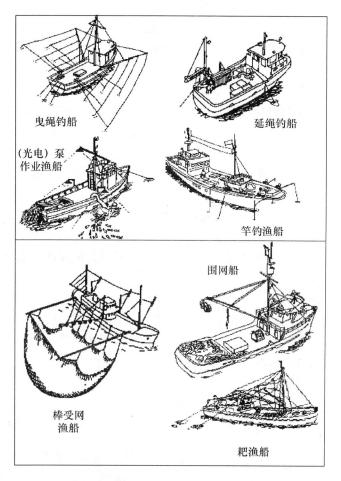

图 3-3-20 各种作业方式的渔船

③ 渔业辅助船:如专用灯光船、冷冻运输船。可以使船队结构合理,提高船队的整体效率。例如在远洋光诱鱿钓作业船队中,配置专门的加工冷冻船,可以减少捕捞船来回返航的路程,大大增加有效作业时间和节约燃油,提高效益。

(四)基础理论研究

为了提高捕捞生产的效益,或对捕捞对象进行选择性捕捞,达到渔业资源可持续利用，捕捞生产工具必须适应鱼类的行为反应和生产环境，同时，为了研究开发出对生态友好的渔具渔法，渔具力学和鱼类行为学成为渔具设计技术的基础。

1. 渔具力学 渔具力学是研究在渔具作业时，渔具系统和构件周围的流态及水动力，各种物理参数对渔具的升阻力和张力的影响，渔具形状和作用力之间的关系，以及有关的计算方法的科学。

主要研究内容有：渔具的各种构件，包括网衣、绳索、浮子和沉子、网板等的水动力的形成机理和计算；拖网扩张装置设计；渔具模型试验原理与方法；渔具形状和作业性能的数学力学模型、计算机模拟和实时控制；渔具系统的空间位置、运动学和动力学等。

2. 鱼类行为学与选择性渔法 进行渔业生产时，不论是捕捞，还是养殖，都有必要了解生产对象的行为习性。在水产养殖中，需了解鱼类的摄食、生殖等行为习性，渔业资源工作者需了解鱼群的洄游规律；而捕捞生产时，需要了解鱼类或鱼群对渔具作业的反应，行动规律，进行选择性捕捞，达到资源保护和提高生产效率的目的。

研究表明，在鱼类的各种感觉器官中，视觉是重要的感觉器官。因此，鱼类行为能力中与渔具作业关系最密切的是鱼类的游泳能力和视觉。其次是对声波和振动波的感觉。这些研究成果已广泛应用于渔具选择性、渔具设计和捕捞作业中。例如：

提高或降低渔具的可见性，提高捕捞效率。根据鱼类的视觉能力和背景条件，选择渔具的颜色，如无色透明的流刺网，黑白网线并线编织的围网。

采用较长的手纲等，增加驱集鱼的作用范围，达到提高捕捞效率的目的；

根据鱼类的游泳速度和耐久力研究成果，采用合理的渔具作业运动速度，提高捕捞效率，节约能量。

利用鱼虾游泳能力的差异而设计的鱼虾分离装置，能选择性地捕虾，而不捕或少捕混在一起的小鱼，实现选择性捕捞，达到保护资源的目的。此外，在捕捞金枪鱼时，采用 TED 装置，可以避免捕捞混在一起的海豚；利用海龟释放装置（TED，一种专门设计的金属栅栏），可将入网的海龟导出网外，而鱼类穿越栅栏进入网囊被捕获，见图 3-3-21。

利用不同鱼类遇到障碍物时规避运动的方向不同而设计的分隔式拖网，可在拖网作业过程中，实现对渔获物的自动分类处理，减小劳动强度和保护资源。

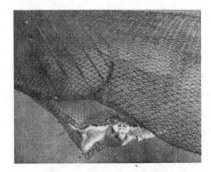

图 3-3-21 选择性分离装置 TED

3. 声光电辅助渔法 声光电辅助渔法是指利用鱼类对声光电等物理刺激的行为反应，设计各种辅助设备，提高捕捞的效率。常见的有：

（1）电渔法 鱼虾在电场里受到电刺激时，会被惊吓逃离电极附近的强电场，或游向阳极，呈现趋阳反应，或被电流所麻痹或杀伤。据此，设计了各种基于上述反应的助渔设备。合理使用时，可以提高捕捞的选择性和效率，节省能量。但是，由于捕捞效率过高和监督管理的困难，对渔业资源造成过大的压力和损害，而且易发生人身事故，因此，我国渔业法规定，除科学研究外，禁止使用电渔法。

实用的电渔法辅助工具有：

① 电脉冲惊虾器：利用电脉冲的刺激，使潜伏在海底泥沙中的虾类连续弹跳，离开海底，达到捕捞的目的。

② 电钓、电铦：在捕鲸或金枪鱼钓捕等作业中，将电流通过炮铦或钓钩送到渔获身上，击昏渔获，减少挣扎的强度和时间，提高生产效率和渔获质量。

③ 光电泵无网捕鱼和自动化捕鱼作业平台：利用鱼类趋光的习性，使用光在大范围里诱集鱼类，再进一步利用鱼类在电场中的趋阳反应，使鱼类游向设置了阳极的吸鱼泵，鱼类被抽送而捕获。实践中，利用废旧的石油平台，设立光电泵捕捞系统，连续捕获鱼类并进行自动分理、干燥加工。

④ 电泵取鱼技术：在围网捕鱼的取鱼阶段，由于渔获密度过大，流动性差，效率较低。采用呈阳极的鱼泵吸取时，鱼类自动游向鱼泵口，提高抽取的效率。

（2）声渔法 根据鱼类对不同频率和强度的声响刺激，会产生聚集、逃避反应及被杀伤等情况而设计制造的助渔仪器。例如：

① 放声集鱼装置：对水下发送单频声波、或录制的鱼类摄食声或游泳声、被捕食对象的声响等，诱集鱼类的同类或掠食者，以利于捕捞。

② 气泡幕拦鱼装置：利用气泡的声响和视觉效果，引导鱼群运动或起阻拦的效果。

③ 声响赶鱼装置：利用高强度的突发声响、或录制的凶猛鱼类或海洋动物的声响，恐吓和驱赶鱼类到特定方向，提高捕捞效率或保护水工装备。

④ 敲鼓作业：利用某些鱼类，如石首科鱼类，对声响的敏感性，用一群围成圈的小木船敲打船板或船梆，通过船体向水下发送低频声波，惊吓鱼类向水面聚集，鱼类呈现昏迷状态或因内脏共振受伤而死亡，渔船聚拢并捞取飘浮在水面的鱼类的作业。由于该作业方式对渔业资源的破坏性极大，为我国渔业法所禁止。

(3) 光渔法 利用有些鱼虾喜光的习性，进行光诱集鱼，提高捕捞效率。

考虑到不同波长的光在海水中的衰减不同，集鱼灯多半采用发白光或蓝绿光的灯。诱鱼的灯又有水面灯和水下灯两大类。水上集鱼灯的结构较简单，通常使用白炽灯、卤素灯，配有反光罩，通常将多个水面灯成组使用。使用水面灯时，水面反射使入水的光线损失较多。水下集鱼灯可以悬挂在水下发光，提高了光的效率。水下灯要具有防水、耐压和防撞击性能，一般单个使用。

结合鱼类对光的行为反应，光强、光色，以及在水中形成的光场都是研究的内容，以获得最佳诱集效果，又节约能量。光诱鱿钓渔业中，使用的水上灯，每个功率为500～3 000 W，悬挂在船舷上方，利用船体的遮挡，在水中形成明暗交界的光场，以控制鱼群的位置，见图3-3-22。

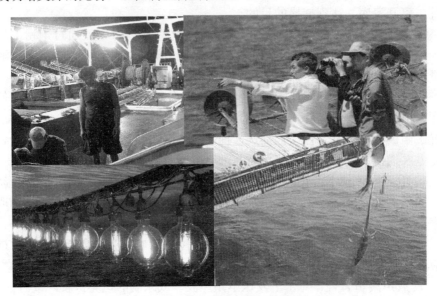

图3-3-22 光诱鱿鱼钓作业

4. 大网目渔具与绳索网 利用某些鱼类具有跟随目标或保持与目标一定距离的习性（即保标性）而设计的，使用大于鱼体体周长的网目，如几十厘米，甚至几米大的网衣和几根绳索达到驱赶、聚集鱼群的目的。由此大大降低了网具阻力和节约网材料。大网目渔具与绳索网普遍用于大型中层拖网。见图3-3-23。

5. 泥沙云和短袖拖网 对渔具作业状态和鱼类行为观察表明，渔具在海底上拖曳时，刮起的泥沙，具有阻拦和驱集鱼群的作用。由此，改进的拖网尽管在网袖处没有网衣，仅有纲索，仍然可以驱赶鱼群，同时减少了网具阻力和节约网材料。

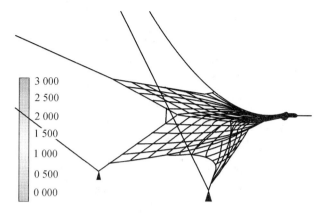

图 3-3-23 大型中层拖网张力分布数学力学模型示意图

第四节 科学技术与水产品加工利用

水产品加工历史悠久，加工方式多样，一般可分为传统加工和现代加工两大类。传统加工主要指腌制、干制、熏制、糟制和天然发酵等，随着中国经济的高速发展和科学技术的不断进步以及一些先进设备的引入，加工的方法和手段有了根本性的改变，产品的技术含量和附加值有了很大的提高，已形成了一大批包括鱼糜制品加工、紫菜加工、烤鳗加工、罐装和软包装加工、干制品加工和冷冻制品加工在内的现代化水产品加工企业，成为推动渔业生产可持续发展的重要动力。

2008年中国水产品加工企业9 971家，水产加工量1 367.8万t，位居世界首位，水产品加工比例约33.5%，2008年水产品加工总量由大到小依次为山东、浙江、福建、辽宁、广东、江苏和广西，七省（自治区）的水产品加工量占全国的90%，可见，我国水产品加工企业主要分布在沿海。其中，冷冻水产品仍然是主要加工品种，约占60%。淡水渔业产量比较高的主要有湖北、广东、江苏、江西、湖南、安徽、山东和广西八个省、自治区，淡水渔业产量所占比例为全国的81%，其中，湖北的加工比例较高。

随着科学的发展和技术的进步，水产原料除了可加工水产食品外，许多水产资源以及水产食品加工中的废弃物还可用来生产鱼粉、鱼油、海藻化工产品、海洋保健食品、海洋药物、皮革制品、化妆品和工艺品等产品。尤其值得一提的是，海洋医药保健食品的发展非常迅速，目前，已从海洋生物中分离出数百种生理活性物质，这对人体保健和在治疗某些疾病方面将掀开新的一页。

渔业导论

一、水产加工原料

（一）水产加工原料的种类和特点

水产加工原料主要是指具有一定经济价值和可供利用的生活于海洋和内陆水域的生物种类，包括鱼类、软体动物、甲壳动物、棘皮动物、腔肠动物、两栖动物、爬行动物和藻类等。由此可见，水产加工原料覆盖的范围非常广，不仅有动物，而且有植物，无论是在体积还是形状上都千差万别，这就是水产加工原料的多样性；其次，由于原料种类多，其化学组成和理化性质常受到栖息环境、性别、大小、季节和产卵等因素的影响而发生变化，这就是原料成分的易变性；此外，水产动物的生长、栖息和活动都有一定的规律性，受到气候、食物和生理活动等因素的影响，即在其生长过程中，在不同的季节都有一定的洄游规律，因此对水产原料的捕捞具有一定的季节性；最后值得一提的是，水产原料一般含有较高的水分和较少的结缔组织，极易因外伤而导致细菌的侵入，另外，水产原料所含与死后变化有关的组织蛋白酶类的活性都高于陆产动物，因而水产原料一旦死亡后就极易腐败变质。

水产加工原料的这些特点决定了其加工产品的多样性、加工过程的复杂性和保鲜手段的重要性。对水产品而言，没有有效的保鲜措施，就加工不出优质的产品。因此，原料保鲜是水产品加工中最重要的一个环节。

（二）水产原料的一般化学组成和特点

鱼虾贝类肌肉的化学组成是水产品加工中必须考虑的重要工艺性质之一，它不仅关系到其食用价值和利用价值，而且还涉及加工贮藏的工艺条件和成品的产量和质量等问题。

鱼虾贝类肌肉的一般化学组成大致是水分占 70%～80%，粗蛋白质占 16%～22%，脂肪占 6.5%～20%，灰分占 1%～2%。值得注意的是，其化学组成常随着种类、个体大小、部位、性别、年龄、渔场、季节和鲜度等因素而发生变化。

藻类属植物类，根据其形态结构和组成特点，分为褐藻类（如海带、昆布、裙带菜、马尾藻等）、红藻类（如紫菜、石衣菜、江蓠等）、绿藻类（如小球藻、浒苔、石莼等）和蓝藻（螺旋藻、微囊藻等）。其化学组成因种类不同而有较大的差异，一般而言，水分占 82%～85%，粗蛋白质占 2%～8%，脂肪占 0.15%～0.5%，灰分占 1.5%～5.2%，碳水化合物占 8%～9%，粗纤维占 0.3%～2.1%。藻类化学组成的特点是脂肪含量极低，一般只占干物质重量的0.5%～3.7%，然而碳水化合物的含量较高，大约占干物质重量的40%～60%，主要成分是多糖类，根据种类不同主要包括琼胶、卡拉胶、褐藻胶、淀粉类和糖胶以及纤维素等成分，而无机盐成分亦高达干重的15%～30%，并以水溶性无机盐成分居多，因此素有"微量元素宝库"之称，尤其值得一提的是，含碘量特别高，在海带和昆布的个别品种中高达0.4%～0.5%。

1. 水分 水是生物体一切生理活动过程所不可缺少的，亦是水产食品加工中涉及加工工艺和食品保存性的重要因素之一。

关于水分在原料或食品中存在的状态，通常有两种表示方法，一种是用自由水和结合水的方法，另一种则是以水分活度（A_w）表示。水产原料中鱼类的水分含量一般在75%～80%，虾类76%～78%，贝类75%～85%，海蜇类95%以上，软体动物78%～82%，藻类82%～85%，通常比畜禽类动物的含水量（65%～75%）要高。水分活度是指溶液中水的逸度与纯水逸度之比，一般用食品原料中水分的蒸汽压对同一温度下纯水蒸汽压之比来表示，通俗地讲，就是指这些物质中可以被微生物所利用的那部分有效水分。新鲜水产原料的A_w一般在0.98～0.99，腌制品在0.80～0.95，干制品在0.60～0.75。A_w低于0.9时，细菌不能生长；低于0.8时，大多数霉菌不能生长；低于0.75时，大多数嗜盐菌生长受抑制；而低于0.6时，霉菌的生长完全受抑制。这两种水分的表示方法各有特点，两者之间的关系则可通过等温吸湿曲线来表示。

2. 蛋白质 鱼虾贝类肌肉中的蛋白质根据其溶解度性质可分为三类：可溶于中性盐溶液（$I \geqslant 0.5$）中的肌原纤维蛋白（也称盐溶性蛋白），可溶于水和稀盐溶液（$I \leqslant 0.1$）的肌浆蛋白（也称水溶性蛋白）以及不溶于水和盐溶液的肌基质蛋白（也称不溶性蛋白）。通常所说的粗蛋白除了上述这些蛋白质外，还包括存在于肌肉浸出物中的低分子肽类、游离氨基酸、核苷酸及其相关物质、氧化三甲胺、尿素等非蛋白态含氮化合物。

鱼肉的肌原纤维蛋白质占其全蛋白质量的60%～70%，是以肌球蛋白和肌动蛋白为主体所组成的，是支撑肌肉运动的结构蛋白质，其中，由肌球蛋白为主构成肌原纤维的粗丝，由肌动蛋白为主构成肌原纤维的细丝。肌浆蛋白由肌纤维细胞质中存在的白蛋白和代谢中的各种蛋白酶以及色素蛋白等构成，有100多种，相对分子质量在1万～10万，其含量为全蛋白含量的20%～35%。肌基质蛋白是由胶原蛋白、弹性蛋白和连接蛋白构成的结缔组织蛋白，占全部蛋白质含量的2%～10%，远远低于陆产动物，这也是水产原料蛋白质构成的一个特点。

3. 脂肪 鱼体中的脂肪根据其分布方式和功能可分为蓄积脂肪和组织脂

肪两大类。前者主要是由甘油三酯组成的中性脂肪，贮存于体内，用以维持生物体正常生理活动所需要的能量，其含量一般会随主客观因素的变化而变化；后者主要由磷脂和胆固醇组成，分布于细胞膜和颗粒体中，是维持生命不可缺少的成分，其含量稳定，几乎不随鱼种、季节等因素的变化而变化。

鱼贝类脂肪中，除含有畜禽类中所含的饱和脂肪酸及油酸（18∶1）、亚油酸（18∶2）、亚麻酸（18∶3）等不饱和脂肪酸外，还含有高度不饱和脂肪酸。值得一提的是，鱼油中不饱和脂肪酸和高度不饱和脂肪酸的含量高达70%～80%，远远高于畜禽类动物。研究证明这与水产类动物生长的环境温度有一定的关系，环境温度越低，脂肪中不饱和脂肪酸的含量就越高，二十碳五烯酸（EPA）和二十二碳六烯酸（DHA）也是在海水鱼中含量最高，淡水鱼次之，畜禽类中最少。海豹油脂中还含有丰富的二十二碳五烯酸（DPA）。

鱼虾类中磷脂含量较低，软体动物特别是贝类中略高；鱼类中所含的甾醇几乎都是胆固醇，而胆固醇的含量在头足类的章鱼、墨鱼和鱿鱼中最高，虾类和贝类中次之，鱼类中含量较少。

4. 无机物 食品中的无机物总量占全部质量的1%～2%，其中包括钾、钠、钙、镁、磷、铁等成分。在鱼类褐色肉中含铁量较多，海参和鱼贝类肉中的钙含量，大多数高于畜产动物肉，如银鱼、远东拟沙丁鱼、黄姑鱼可食部中的钙量分别为每100 g含258 mg、70 mg、67 mg，而猪、牛肉仅为每100 g肌肉含5 mg和3 mg。此外，锌、铜、锰、镁、碘等在营养上必需的微量元素在鱼贝类肉和藻类中的含量都高于畜禽类的动物的肉，尤其是藻类，海带和紫菜中碘的含量要比畜禽类动物高出50倍左右。由于某些鱼类和贝类的富集作用，一些重金属如汞、镉、铅等也常会经过食物链在鱼贝类肉中进行浓缩积蓄，而且其浓度有随着成长或年龄增长而增多的趋势。

5. 浸出物 肌肉浸出物，从广义上讲是指在鱼贝类肌肉成分中，除了蛋白质、脂肪、高分子糖类之外的那些水溶性的低分子成分，而从狭义上讲，这些水溶性的低分子成分主要是指有机成分。这些成分除了参与机体的代谢外，也是水产品特有的呈味物质的重要组成成分。一般鱼肉中浸出物的含量为1%～5%，软体动物7%～10%，甲壳类肌肉10%～12%。此外，红身鱼肉中的浸出物含量多于白身鱼类。相对而言，浸出物含量高的水产品比浸出物低的风味要好。

水产原料肌肉浸出物包括非蛋白态氮化合物和无氮化合物。非蛋白态含氮化合物主要是游离氨基酸、低分子肽、核酸及其相关物质、氧化三甲胺（TMAO）、尿素等，其中，肌肽、鹅肌肽、氨基酸、甜菜碱、氧化三甲胺、牛磺酸、肌苷酸等物质都是水产品中重要的呈味成分。海产的虾、蟹、贝、墨鱼、章鱼肌肉中含有较多的牛磺酸，鳗鲡含较多的肌肽，鲨、鳐类含鹅肌肽多，板鳃类鱼、墨鱼、鱿鱼含氧化三甲胺多，章鱼、墨鱼、鱿鱼则含较多的甜菜碱，而红身鱼类含组氨酸含量较高。贝类含有较多的琥珀酸，含糖原量较高的洄游性鱼类的肌肉中相应乳酸的含量也较高，这与这类鱼在长距离洄游中糖原的分解有关。

6. 其他成分

（1）维生素类　鱼贝类的维生素含量不仅随种类而异，而且还随其年龄、渔场、营养状况、季节和部位而变化，无论是脂溶性维生素，还是水溶性维生素，其在水产动物中的分布都有一定的规律，即按部位来分，肝脏中最多，皮肤中次之，肌肉中最少；按种类来分，红身鱼类中多于白身鱼类，多脂鱼类中多于少脂鱼类，而值得一提的是鳗鲡、八目鳗、银鳕的肌肉中含有较多的维生素 A，南极磷虾也含有丰富的维生素 A，而沙丁鱼、鲣和鲐肌肉中则含较多的维生素 D。

（2）色素　水产原料的体表、肌肉、血液和内脏等不同的颜色，都是由各种不同的色素所构成的，这些色素包括血红素、类胡萝卜素、后胆色素、黑色素、眼色素和虾青素等，有些色素常与蛋白质结合在一起而发挥其作用，虾青素与蛋白质结合将由蛋白质是否变性而决定虾蟹壳的颜色是否发生变化。

（三）水产原料的死后变化

从上述水产原料化学组成的特点可以发现，水产动物在死后比陆产动物更容易腐败变质，为了防止水产原料鲜度的下降，生产出优质的水产品，就必须了解鱼贝类死后变化的规律，以创造条件延缓其死后变化的速度。

1. 死后僵硬　鱼体死后肌肉发生僵直的现象称之为死后僵硬，导致这一现象的主要原因是，糖原在无氧条件下酵解产生乳酸，使三磷酸腺苷（ATP）的生成量急剧下降，而 ATP 又不断分解产生磷酸并释放一定的能量，这样由于乳酸和磷酸的生成，导致鱼肌 pH 下降，而当 ATP 下降到一定程度时，肌原纤维发生收缩而导致肌肉僵硬，当 ATP 消耗完，能量释放完后，肌肉僵硬也就结束。在肌肉僵硬期间，原料的鲜度基本不变，只有在僵硬期结束后，才进入自溶和腐败变化阶段。由于鱼肌僵硬出现的时间和持续的时间均比畜禽类动物要短，因此，如果渔获后能推迟鱼开始僵硬的时间，并能延长其持续僵硬的时间，便可使原料的鲜度保持较长时间。

2. 鱼体的自溶作用　鱼体经过一定时间的僵硬期后就会解僵变软，在鱼体内组织蛋白酶的作用下，鱼肌中成分逐渐发生变化，蛋白质分解成肽，肽又分解成氨基酸，所以，非蛋白氮含量明显增加，游离氨基酸可增加 8 倍之多，

此时，肌肉组织变软，失去弹性，pH 比僵硬期有所上升。这些特点，为细菌的生长繁殖提供了良好的条件，鱼体的鲜度也就随之开始下降。因此，必须采取有效的保鲜措施，否则鱼体将很快进入腐败阶段。

3. 腐败　随着自溶作用的进行，黏着在鱼体上的细菌已开始利用体表的黏液和肌肉组织内的含氮化合物等营养物质而生长繁殖，至自溶作用的后期，pH 进一步上升，达到 6.5～7.5，细菌在最适 pH 条件下生长繁殖加快，并进一步使蛋白质、脂肪等成分分解，使鱼肉腐败变质，所以，腐败与自溶作用之间并无十分明确的分界线。腐败阶段的主要特征是鱼体的肌肉与骨骼之间易于分离，并且产生腐败臭等异味和有毒物质，因而在食品卫生上必须予以特别重视。

二、水产冷冻食品加工技术

水产冷冻食品加工是将水产品在低温条件下加工、保藏的技术。水产品的低温加工技术能在低成本大规模的条件下有效地保持水产品原有的品质。

（一）水产品低温保藏原理

鱼类经捕获致死后，其体内仍进行着各种复杂的变化，这种变化主要是鱼体内存在的酶和附着在鱼体上的微生物不断作用的过程及由非酶促反应引起的变质。

随着水产品贮藏温度的不断降低，微生物和酶的作用也就变得越来越小。当水产品在冻结时，生成的冰结晶使微生物细胞受到破坏，使微生物丧失活力而不能繁殖，酶的反应受到严重抑制，水产品的化学变化就会变慢，因此它就可以作较长时间的贮藏而不会腐败变质。

（二）水产食品的冷却、冷藏

鱼类的冷却是将鱼体的温度降低到接近组织液的冰点而又不冻结的加工工艺。鱼类组织液的冰点，依鱼的种类而不同，多数在 $-0.5\sim-2\ \text{℃}$ 的范围内，一般平均冰点可采用 $-1\ \text{℃}$。水产品的冷却方法有碎冰冷却保鲜法和冷海水（冷盐水）保鲜法。鱼类捕获后必须快速冷却，因为鱼类死后，经过死后僵硬、自溶作用冷却后即进入腐败阶段，且这一过程的发生明显快于畜禽类产品，冷却、冰藏虽不能使这些变化停止，然而可延缓这些过程。用冷却的方法保鲜，一般不超过 1～2 周。

（三）水产品的微冻保鲜

把鱼体温度冷却到低于其冰点 1～2 ℃的低温条件下进行保鲜的方法称为微冻保鲜。在此微冻条件下，鱼体中有相当量的水分转化为冰，同时使组织液的浓度增加，介质 pH 下降 1～1.5。如鲤在－2 ℃微冻时约有 52.4%的水转化为冰，在－3 ℃时则为 66.5%，所有这些因素对微生物都有不良的影响。因而，动植物食品在微冻条件下贮藏，其贮藏期比在 0 ℃条件下延长 2～2.5 倍，从而使微冻保鲜方法得到了广泛的应用，适用于所有的鱼类、虾类、贝类及藻类的保鲜。

微冻保鲜法有冰盐混合微冻保鲜法，低温盐水微冻保鲜法和鼓风冻结器中微冻保鲜法。

（四）水产品的冻结、冻藏

采用冻结或冻藏手段来保藏和运输水产品的一种方法。一般而言，水产品在冻结点以上的冷却状态下，只能贮藏 1～2 周，如果温度降至冻结点以下，则可进一步延长保藏期。国际上推荐－18 ℃以下冻藏，在冻结状态下，可作长期贮藏，并且温度越低，品质保持越好，实用贮藏期越长。

1. 一般冷藏加工工艺 一般冻整条鱼的冷加工工艺流程如下：

新鲜原料鱼 → 清洗 → 放血、去鳞、去鳃、去内脏 → 清洗 → 分级 → 过秤 → 摆盘 → 冻结 → 脱盘 → 包冰衣和包装 → 冻藏

一般把原料鱼从捕捞后至冻结前的一系列加工处理过程称为冻前处理或预处理。从鱼品冻结后到进库冻藏前的一系列处理过程称为冻后处理或后处理。

2. 冻前处理 冻前处理必须在低温、清洁的环境下迅速、妥善地进行。一般来说，前处理包括原料鱼捕获后的清洗、分类、冷却保存、速杀、放血、去鳃、去鳞、去内脏、漂洗、切割、挑选分级、过秤、装盘等操作。为防止品质降低，对某些鱼种需进行特殊的前处理，主要包括盐水处理、加盐处理、加糖处理、脱水处理等等。

3. 冻结

（1）冻结速度

① 时间划分：水产品中心从－1 ℃降到－5 ℃所需的时间，在 30 min 之内谓快速，超过即谓慢速。之所以定为 30 min，因在这样冻速下冰晶对肉质的影响最小。

② 距离划分：单位时间内－5 ℃的冻结层从水产品表面伸向内部推进的距

离。时间 t 以小时（h）为单位，距离 l 以厘米（cm）为单位。冻结速度为 $V=l/t$。根据此种划分把速度分成三类：

快速冻结时 $V>5\sim20$ cm/h
中速冻结时 $V=1\sim5$ cm/h
缓慢冻结时 $V=0.1\sim1$ cm/h

根据上述划分，所谓快速冻结，对厚度或直径在 10 cm 的水产品，中心温度至少必须在 1 h 内降到 -5 ℃。

一般讲冻结速度以快速为好，必须快速通过 $-1\sim-5$ ℃ 温度区域。

（2）冻结温度曲线   随着冻结的进行，水产品的温度逐渐下降。图 3-4-1 显示冻结期间水产品温度与时间的关系曲线。不论何种水产品，其温度曲线在性质上都是相似的，曲线分三个阶段。

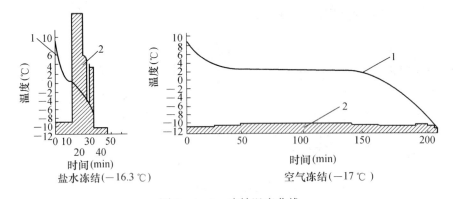

图 3-4-1   冻结温度曲线

① 初阶段：即从初温到冰点，这时放出的是显热。此热量与全部放出的热量比较，其值较小，故降温快，曲线较陡。

② 中阶段：此时水产品中大部分水结成冰。由于冰的潜热大于显热 $50\sim60$ 倍，整个冻结过程中绝大部分热量在此阶段放出，故降温慢，曲线平坦。

③ 终阶段：从成冰到终温，此时放出的热量一部分是冰的降温，一部分是余下的水继续结冰。冰的比热容比水小，曲线理应更陡，但因还有残留的水结冰，其放出的热量大于水和冰的比热容，所以曲线不及初阶段那样陡。

一般温度降至 -5 ℃ 时，已有 80% 的水分生成冰结晶。通常把食品冻结点至 -5 ℃ 的温度区间称为最大冰晶生成带，即食品冻结时生成冰结晶最多的温度区间。

（3）冻结率   食品温度降至冻结点后其内部开始出现冰晶。随着温度继续降低，食品中水分的冻结量逐渐增多，但要食品内含有的水分全部冻结，温度要降至-60℃左右,此温度称为共晶点。要获得这样低的温度,在技术上和经济上都有难度,因此,目前大多数食品冻结只要求食品中绝大部分水分冻结,品温在-18℃以下即达到冻结贮藏要求。食品在冻结点与共晶点之间的任意温度下,其水分冻结的比例称冻结率。

(4) 水产品冻结方法　鱼类的冻结方法很多,一般有空气冻结、盐水浸渍、平板冻结和单体冻结四种。我国绝大多数采用空气冻结法,但随着经济的发展,我国和其他发达国家一样,越来越多地使用单体冻结法。

4. 冻后处理　冻后处理主要指脱盘、镀冰衣和包装等操作工序。

(1) 脱盘　采用盘装的水产品在冻结完毕后依次移出冻结室,在冻结准备室中立即进行脱盘。脱盘方式分为两种:手工脱盘和机械脱盘。

(2) 镀冰衣　脱盘后紧接着应给冻鱼块镀冰衣。镀冰衣就是冻结后迅速把产品浸在冷却的饮用水中或将水喷淋在产品的表面而形成冰层。镀冰衣时水温控制在0～4℃。时间为3～8 s。

这层冰衣的作用与紧密包装一样,去除空气,并隔绝外界空气与冻鱼块的直接接触,防止空气的氧化作用。冻藏期间,冰衣比鱼体内的水分先行升华,减少鱼品的干耗。同时,可以增加产品的光泽,外观平整美观,增加产品的商品价值。也可在镀冰衣的清水中加入糊料等添加物,如羧甲基纤维素(CMC)、聚丙烯酸钠(PA·Na)等,然后镀冰衣。

(3) 包装　目前国内外对冻鱼制品普遍使用的包装有收缩包装、气调包装、真空包装和无菌包装四种。包装能有效地防止干耗和氧化作用,更好地维护冻结鱼产品的品质。

5. 冻藏　冻鱼制品一般于-18℃冻藏室进行较长时间的贮藏,根据对不同原料品质要求的不同,也可采用低于-18℃冷库甚至是超低温冷库保藏。即使在最佳的冻藏条件下,冻鱼制品的质量下降也不可能完全阻止,并随着时间的积累而增加。堆垛方式和冻藏条件等因素都对冻鱼制品质量产生重要的影响,直接关系到鱼品的冻藏寿命。我国每年冷冻水产食品的产量达600万吨,占整个水产加工食品的60%左右。

三、水产干制食品

食品干制保藏是最古老的食品保藏方法之一,早在人类进入文明时代之前,就存在着利用食品自然晒干或风干而进行保藏的方法。干制保藏方法简单、经济,以至于在世界上许多地方,至今仍沿用日光干燥和风干法。

水产原料直接或经过盐渍、预煮后在自然或人工条件下干燥脱水的过程称为水产品干制加工,其加工的成品称为水产干制品。干燥(drying)就是在自然条件下促使食品中水分蒸发的工艺过程;脱水(dehydration)则是在人工控制条件下促使食品水分蒸发的工艺过程。脱水食品不仅应该达到耐久贮藏的要求,而且要求复水后基本上能恢复原状,因此,其食品品质变化最小。食品干藏就是脱水干制品在它的水分降低到足以防止腐败变质的水平后,始终保持低水分进行长期贮藏的过程。

(一)水产食品干燥保藏原理

干制加工及保藏的原理简单地说就是除去食品中微生物生长、发育所必要的水分,防止食品变质,从而使其可以长期保存。除微生物外,食品原料中的各种酶类(蛋白质、脂肪和碳水化合物的分解酶)也会由于水分降低而活性被抑制;此外,食品中的氧化作用也与水分含量有关。但是对这些影响因素起决定性作用的并不是食品的水分总含量,而是它的有效水分,即食品中的水分活度。

1. 水分活度 水分活度(A_w)表示食品中的水分可以被微生物利用的程度。其定义为:溶液中水蒸气分压(p)与纯水蒸气压($p^\ominus$)之比。对于纯水来说,因为 p 和 $p^\ominus$ 相等,所以 A_w 为1;对于不含任何水分的食品来说,p 等于零,所以 A_w 为0;而一般食品均含有一定量的水分,且水中溶有盐类及其他物质,所以 p 总是小于 $p^\ominus$,因而食品中的 A_w 在 0~1 之间。

2. 水分活度与微生物繁殖的关系 食品的腐败变质通常是由微生物作用和生物化学反应造成的,任何微生物进行生长繁殖以及多数生物化学反应都需要以水作为溶剂或介质。干藏就是通过对食品中水分的脱除,进而降低食品的水分活度,从而限制微生物活动、酶的活力以及化学反应的进行,达到长期保藏的目的。

不同微生物在食品中繁殖时,都有它最适宜的水分活度范围,细菌最敏感,其次是酵母和霉菌。一般情况下,A_w 低于 0.90 时,细菌不能生长;A_w 低于 0.87 时,大多数酵母受到抑制;A_w 低于 0.80 时,大多数霉菌不能生长,但也有例外情况。水分活度与微生物生长活动的关系如图 3-4-2 所示,如果水分活度高于微生物发育所必需的最低 A_w 时,微生物的生长繁殖就可能导致食品变质。

3. 水分活度与酶促反应的关系 水分在酶反应中起着溶解基质和增加基质流动性等作用。酶反应的速度一般随水分活度的提高而增大,通常在水分活度为 0.75~0.95 的范围内酶活性达到最大,超过这个范围酶促反应速度就会下降,因为高水分活度会对酶和底物起稀释作用。当食品中水分活度极低时，酶反应几乎停止，或者反应极慢。一般控制食品的 A_w 在 0.3 以下，食品中淀粉酶、酚氧化酶、过氧化酶等受到极大的抑制，而脂肪酶在极低的水分活度（$A_w = 0.025 \sim 0.25$）下仍能保持活性。

4. 水分活度与生物化学反应的关系 水分活度是影响食品中脂肪氧化的重要因素之一，当水分活度在很高或很低时，脂肪都容易发生氧化，水分活度在 0.3～0.4 之间时脂肪氧化作用最小。对于多数食品来说，如果过分干燥，不仅会引起食品成分的氧化，还会引起非酶褐变（成分间的化学反应）。要使食品具有最高的稳定性所必需的水分含量，最好将水分活度保持在结合水范围内，即最低的 A_w，这样既可以防止氧对活性基团的作用，也能阻碍蛋白质和碳水化合物的相互作用，从而使化学变化难于发生，同时又不会使食品丧失吸水性和复原性。

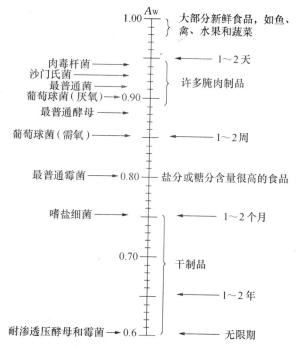

图 3-4-2 水分活度和微生物生长活动的关系

（二）水产食品干制

无论采用何种干制方法，将热量传递给食品并促使食品组织中水分向外转移都是食品脱水干制的基本过程。在干燥初期，在单位时间内物料水分的蒸发速度在不断增加，此时称为快速干燥阶段，主要表现为物料表面温度的上升和水分的蒸发；随着干燥的进行，物料表面的水分蒸发量与内部水分向表面扩散量相等时，蒸发速率均一，称之为等速干燥阶段，此阶段主要表现为水分的蒸发，而物料表面的温度不再上升；当干燥到某一程度时，物料的肌纤维收缩且相互间紧密连接，使水的通路受堵，再加上此时物料表层肌肉变硬，导致水分向表面的扩散以及从表面蒸发的速率下降，此时便进入了减速干燥阶段，这时主要表现为水分蒸发减少，物料的温度又开始上升。至减速干燥结束时，物料中的水分已很难再蒸发，假如要进一步除去物料中的水分，可将已干燥的物料

堆积在室内，蒙盖一层厚布，放置1~2 d，停止水分蒸发，促进水由内向外扩散使表面水分略增，有助于次日再行日晒时，其内部水分继续向外扩散，以支撑表面蒸发，这一操作称为罨蒸。此时，干制品的水分含量更低，而水分在内部的分布也更均匀。

延长恒速干燥的时间，有利于食品的脱水干燥。假如强行急速干燥，会使内部水分向表面的扩散速度跟不上表面水分的蒸发速度，从而造成食品表面的干燥效应，形成表层硬壳，此时，内部的水分已很难再通过表面蒸发出来，而这时食品内部的水分含量仍很高，不易久藏。在水产品的干制中，一般要避免这种情况。

（三）食品在干制过程中的主要变化

食品干燥时，水分由物料内部向表面迁移，可溶性物质也随之向表面迁移，当溶液到达表面后，水分汽化逸出，溶质的浓度增加，随着干燥的进行，食品会变硬，甚至发生干裂。而各种挥发性物质也将受到不可回复的损失。

食品干制时蛋白质会发生变性，组成蛋白质的氨基酸还会与还原糖发生作用，发生美拉德反应而产生褐变。脂肪在一定程度上也会发生氧化，为了抑制干制时的脂肪氧化，常在干燥前添加抗氧化剂。碳水化合物在高温长时间干燥时易分解焦化，特别是葡萄糖和果糖。各种维生素在加温干燥中损失比例最大，水溶性维生素如抗坏血酸易在高温下氧化，硫胺素对热也很敏感，核黄素对光敏感等。

（四）水产品的干制方法

干制方法可分为天然干燥与人工干燥两类。天然干燥法主要是日干和风干；人工干燥法较多，用于水产品干制的主要有热风干燥和冷冻干燥等。

1. 日光干燥法 利用太阳的辐射热使原料中的水分蒸发，并通过风的流通使原料周围的湿空气除去的干燥方法。在渔区选择一个适当的场地，将被干原料平摊在竹帘、草席上或用绳子吊挂起来就可干燥。这一方法的优点是无需设备投入，方便易行，成本较低。缺点是易受气候条件的限制，产品质量不易控制。

2. 热风干燥法 将加热后的热空气进行循环，当它流经原料表面时，就会加速原料中水分的蒸发，并同时带走其表面的湿空气层而达到干燥目的的一种方法。水产品干制中最常见的就是隧道式干燥设备，加工中，将湿原料平摊在网片上，再将网片一层一层插入托盘烘车上，然后将烘车顺次推入通有热风的烘道内，从隧道的一端移动到另一端的过程中进行干燥。特点是可大规模连续化生产，干制速度快，产品质量易控制。

3. 冷冻干燥法 又称升华干燥。将物料中的水分冻结成冰后，在高真空条件下使冰不经过液态直接汽化的一种干燥方法，也可直接在真空干燥室内迅速抽真空而使食品冷冻。这一方法对食品的组织结构和营养成分破坏较少，复水性良好，但设备费用较贵，操作周期长，产品成本较高。

4. 冷风干燥法 这是一种以除湿冷风代替热风进行干燥的方法。将温度调节到15~20 ℃，相对湿度调节到20%左右，以2.5 m/s的风速进行干燥。由于温度低，不易出现脂肪氧化和美拉德反应引起的褐变，所以适合于小型多脂鱼的干燥，产品的色泽良好。

5. 冻干法 利用冬天昼夜温差干制的一种方法。即将物料在晚上置于室外进行冻结，白天随气温上升使物料解冻流出水分，反复进行直至物料干燥。这一方法很少在鱼贝类的干制中使用，而在从海藻中提取琼脂的生产中使用此法。

6. 焙干法 这是一种利用燃烧木柴、炭火、电热、煤气等热源以较高温度进行干燥的方法。由于温度高，易引起食品表面干燥，所以相对而言，这类干制品水分含量较高，不易久藏。

（五）水产干制品种类

水产干制品按其干燥之前的前处理方法和干燥方法的不同可以分成生干品、盐干品、煮干品、冻干品、熏干品、烘干品等。著名的加工产品有风鳗、鱿鱼干、螟蜅鲞、鱼肚、紫菜干、虾米、虾皮、海蛎干、鱼翅、淡菜、烤鳗、调味鱼片干、香甜鱿鱼丝等，由于产品种类多，风味各异，可加工成各种休闲食品，携带方便，因而深受消费者的欢迎，目前年加工产量达65万t左右。

1. 生干品 生干品又称素干品或淡干品，是指原料不经盐渍、调味或煮熟处理而直接干燥的制品，不经其他杀菌过程，仅利用脱水干燥来抑制细菌繁殖和酶的分解作用，不能使附着的微生物及存在的酶完全杀灭和破坏。主要的生干品有鱿鱼干、鳗鱼干、鱼翅等。

2. 煮干品 煮干品又称熟干品，是将原料煮熟后干燥而成的成品。蒸煮有脱水作用，兼有杀菌作用，同时可破坏食品组织中的消化酶类。煮干品具有味道好、质量佳、食用方便和便于贮藏等特点。主要的煮干品有熟干沙丁鱼、虾干、虾米干、熟干贝、海参、鲍鱼等。

3. 盐干品 盐干品是将原料经过适当的处理，盐渍后干燥而成的产品。

一般多用于不宜进行生干和煮干的大中型鱼类的加工，以及来不及进行生干和煮干的小杂鱼加工。主要的盐干品有黄鱼干、鳗干、盐干带鱼、盐干小杂鱼等。

4. 冻干品 冻干品是经冻结后解冻干燥而得的产品。主要的冻干品有明太鱼干和琼脂等。

5. 调味干制品 调味干制品是指原料经调味料拌和或浸渍后干燥或先将原料干燥至半干后浸调味料再干燥的制品。干制的方法主要是烘烤，它不仅能够保藏，而且是一种营养丰富、鲜香味美的方便食品。主要的调味干制品有五香鱼脯、五香烤鱼、香甜墨鱼（鱿鱼）、调味海带、调味紫菜等。

6. 熏干品 熏干品中最有名的是干松鱼，又称鲣节，是鲣鱼肉经加工后成为像木质的硬块，所以也称木鱼或柴鱼，能久藏不腐，食用时刨成薄片似刨花，放在汤内，滋味鲜美。其制作工艺主要包括：分切、煮熟、去骨、脱水、熏干、日晒、削修、日晒与生霉、日晒，得成品。

四、水产腌制品加工

水产品腌制加工是保藏水产品的有效方法之一，腌制的目的有：增加风味、稳定颜色、改善质地、有利保存。特点是生产设备简单、操作简易，还可与干制、熏制、发酵和低温等方法相结合，形成多种加工方式和制品品种及风味。

水产腌制品著名的产品有咸带鱼、咸黄鱼、咸鳓、咸鲱和海蜇等。

（一）腌制加工原理

食品的腌制按照腌料的不同分为盐渍、糖渍、酸渍、糟渍和混合腌渍。食品腌渍过程中，不论盐或糖或其他酸味剂，总是形成溶液后，扩散进入食品组织内，使溶质增加，而组织内的水分渗透进入盐溶液，从而降低了肌肉组织中游离水含量，提高了渗透压。对微生物而言，脱水将导致细菌质壁分离现象而影响其正常的生理代谢活动，在这一条件下，酶的活力也因蛋白质变性而失活，氧的含量也大大减少，从而有效地抑制了微生物的生长繁殖，使食品的保质期延长。

影响腌制的因素包括食盐的浓度和纯度、温度、腌制的方法和鱼体大小等。

（二）腌制方法及对食品品质的影响

1. 腌制剂 在腌制中，一般使用腌制剂。腌制剂除了食盐外，还有硝酸盐（硝酸钠、亚硝酸钠），可使腌制品产生诱人的颜色；抗坏血酸（烟酸、烟酰胺）可帮助发色；而磷酸盐则可提高鱼肉的持水性；选用糖和香料还可起到调节风味的作用。

2. 腌制方法　水产品的腌制方法按照使用腌制剂的方式可以分为干腌法、湿腌法、动脉或肌肉注射法、混合腌制法。

（1）干腌法　该法是将食盐或其他腌制剂干擦在原料表面，然后层层堆叠在容器内，先由食盐的吸水在原料表面形成极高渗透压的溶液，使得原料中的游离水分和部分组织成分外渗，在加压或不加压的条件下在容器内逐步形成腌制液，成为卤水。反过来，卤水中的腌制剂又进一步向原料组织内扩展和渗透，最终均匀地分布于原料内。虽然干腌的腌制过程较缓慢，但腌制剂与食品中的成分以及各成分之间有充分的接触和反应，因而，干腌产品一般风味浓烈、颜色美观、结构紧密、贮藏期长。我国许多传统名特优类腌制品均由此法制作。这类产品往往有固定的消费群体。

（2）湿腌法　湿腌法即用盐水对原料进行腌制的方法。盐溶液配制时一般是将腌制剂预先溶解，必要时煮沸杀菌，冷却后使用。然后将食品浸没在腌制液中，通过扩散和渗透作用，使原料组织内的盐浓度与腌制液浓度相同。根据不同产品选择不同浓度和成分的腌制液，腌鱼时常用饱和盐溶液。

（3）动脉或肌肉注射法　动脉注射法是腌制液经过动脉血管输送到肌肉组织中去的腌制方法。肌肉注射法可用于各种肉块制品的腌制，无论是带骨的还是不带骨的，自然形状的还是分割下的肉块。此法使用针头注射，有单针的，也有多针的。针头上除有针眼外，尚在侧面有多个小孔，以便注射时使腌制液从不同角度和层次注入肌肉。

（4）混合腌制法　这是将干腌渍法和湿腌渍法结合起来使用的一种复合方法。

3. 腌制对食品品质的影响　腌制过程包括盐渍和成熟两个阶段，盐渍就是食盐和水分之间的扩散和渗透作用。在盐渍中，由于鱼肌细胞内盐分浓度与食盐溶液中盐分浓度存在着浓度差，这就导致了盐溶液中食盐不断向鱼肌内扩散和鱼肌内水分向盐溶液中渗透而最终使鱼肌脱水的作用，这一作用在整个盐渍过程中一直在进行，直至肌细胞膜内外两侧浓度达到平衡，浓度差消失，渗透压降至零，此时便达到盐渍平衡，此时，可让腌制品在卤水中再放置一段时间，以便其继续成熟。成熟是指在鱼肌内所发生的一系列生化和化学变化，主要包括以下几个方面：

（1）蛋白质在酶的作用下分解为短肽和氨基酸，非蛋白氮含量增加，使风味变佳；

（2）在嗜盐菌解脂酶作用下，部分脂肪分解产生小分子挥发性醛类物质而

具有一定的芳香味；

（3）肌肉组织大量脱水，一部分肌浆蛋白质失去了水溶性，肌肉组织网络结构发生变化，使鱼体肌肉组织收缩并变得坚韧；

（4）由于加入的腌制剂中存在部分硝酸盐和亚硝酸盐，可使肌肉有一定的发色作用。

（三）水产腌制品加工工艺

水产腌制品主要包括盐腌制品、糟腌制品和发酵腌制品。盐腌制品主要用食盐和腌制剂对水产原料进行腌制，可采用干腌法、湿腌法或混合腌制法进行，用盐量为原料重量的25%～30%或饱和食盐水溶液，具体使用量及腌制时间一般视产品要求和季节而定。糟腌制品是以鱼类等为原料，在食盐腌制的基础上，使用酒酿、酒糟和酒类进行腌制制成的产品，亦称糟醉制品或糟渍制品。中国的糟制品多用米酿造的酒酿和酒加入适量的砂糖和花椒等作为腌浸材料。制法是以青鱼、草鱼、鲤和鲳、海鳗等为原料鱼，经剖割洗净，加20%～23%食盐腌渍7～10 d，然后取出晒干或风干，装入小口缸，再加入配好的腌材，密封贮藏1～3个月成熟后，分装玻璃瓶或陶罐出售。这种制品肉质结实红润，香醇爽口。发酵腌制品为盐渍过程自然发酵熟成或盐渍时直接添加各种促进发酵与增加风味的辅助材料加工而成的水产制品。多为别具风味的传统名产品，其中有盐渍中依靠鱼虾等本身的酶类和嗜盐菌类对蛋白质分解制得的制品，如中国的酶香鱼、虾蟹酱、鱼露，日本的盐辛，北欧的香料渍鲱等。添加辅助发酵材料的制品有鱼鲊制品、糠渍制品，以及其他一些使用油酿、酒糟、米醋、酱油等材料腌制发酵的制品。

五、水产品的熏制加工

熏制品是原料经调理、盐渍、沥水、风干，通过与木材产生的烟气接触，赋予特有风味和保藏性的一类制品。烟熏法也是人类在远古时代就掌握的一种鱼、肉加工方法。烟熏保藏不仅可以形成具有特殊烟熏风味的产品、增添花色品种；还可使食品带有烟熏色并有助于发色；也是防止腐败变质、预防氧化的重要方法之一。随着食品工业的发展和饮食要求的变化，熏制技术也得到了进一步的提高和发展。

（一）熏制加工原理

熏烟是由熏材的缓慢燃烧或不完全燃烧氧化产生的蒸气、气体、液体（树脂）和微粒固体的混合物。熏烟中含有有机酸、酚、醛、酮等成分。其中酚与醛赋予制品特有的香味，酚溶于鱼体的皮下脂质，防止脂质氧化。另外有机酸、酚和醛具有抑制微生物发育、增强制品贮藏性的作用。烟熏的时间影响杀菌的效果。不产芽孢的细菌熏制3h可致死，芽孢对熏烟有抵抗性，芽孢形成后经过的时间越长，抵抗性越强。病原菌如白喉菌、葡萄球菌接触熏烟1h左右即死亡。熏烟有较强的杀菌效果，但不能渗入制品的内部，因而防腐作用只限于制品的表面。熏烟是多种成分的混合物，现在已有200多种化合物被分离出来。这并不意味着熏制品中存在着所有这些化合物。熏烟的成分常受燃烧温度、燃烧室的条件、木材的种类、熏烟的发生方法（包括木片的大小）、燃烧方法和熏烟收集方法等的影响。熏烟中有不少成分对制品风味和防腐来说并不重要，一般认为熏烟中最重要的成分为酚类、醛类、酮类、醇类、有机酸类、酯类和烃类等。熏制就是利用熏材不完全燃烧而产生的熏烟，将其引入熏室，赋予食品贮藏性和独特的香味。

（二）熏制方法

熏制品的生产，一般经过原料处理、盐渍、脱盐、沥水（风干）、熏干等工序。熏制设备有熏室和熏烟发生器以及熏烟和空气调节装置等。根据熏室的温度不同，可将熏制方法分成冷熏法、温熏法和热熏法。另外，还有液熏法和电熏法。

1. 冷熏法 冷熏法是将熏室的温度控制在蛋白质不产生热凝固的温度区以下（15～23 ℃），进行连续长时间（4～14 d）熏干的方法。这是一种烟熏与干燥（实际上还包括腌制）相结合的方法。制品具有长期保藏性。产品盐分含量为8%～10%，制品水分含量约40%，保藏期为数月。鲑鳟类和鲱、鲥、鳕类及远东多线鱼等常加工成冷熏品。

2. 温熏法 使熏室温度控制在较高温度（30～80 ℃），进行较短时间（3～48 h）熏干的方法。目的是使制品具有特有的风味。在60 ℃以上温度区加热时，原料肉的蛋白质将产生热凝固。制品的水分55%～65%，盐分2.5%～3.0%，保存性略差。可低温保藏或在低温下再熏制2～3 d，以熏干。主要原料有鲑、鳟、鲱、鳕、秋刀鱼、沙丁鱼、鳗鲡、鱿鱼、章鱼等。

3. 热熏法（调味熏制） 也称焙熏，在120～140 ℃熏室中，进行短时间（2～4 h）熏干。制品水分含量高，贮藏性较差。由于热熏时因蛋白质凝固，以致制品表面上很快形成干膜，妨碍了制品内部的水分渗出，延缓了干燥过程，也阻碍了熏烟成分向制品内部渗透，因此，其内渗深度比冷熏浅，色泽较淡。

热熏法在德国最为盛行,产品水分含量高,所以贮藏性差,生产后一般要尽快消费食用。

4. 液熏法 一般采用液态烟熏剂:柠檬酸(醋):水=20～30:5:65～75 比例;将原料鱼放在其中浸渍 10～20 h,还可用熏液对原料鱼进行喷洒,然后干燥即可,还可将液熏剂置于加热器上蒸发对原料进行熏制,这些都称为液熏法。根据产品的需要,可对以上方法组合使用。熏液中的酸性成分对于生产去肠衣的肠制品时,有促进制品表面蛋白质凝固、形成外皮的作用;有利于上色和保藏。使用液态烟熏剂可降低产品被致癌物污染的机会,使用十分方便安全。

5. 电熏法 将食品以每两个组成一对,通以高压电流,食品成为电极产生电晕放电。带电的熏烟即被有效地吸附于鱼体表面,达到熏制的效果。但由于食品的尖突部位易于沉淀熏烟成分,设备运行费用也过高,故尚难实用化。

(三) 水产烟熏制品加工工艺

烟熏制品生产的国家很广,主要有俄罗斯、德国、丹麦、荷兰、法国、英国、波兰、加拿大、日本、菲律宾、印度尼西亚以及非洲的一些国家。各国都以自己独特的方式生产制品,品种繁多。原料鱼种有鲑、鲱、鳕、鲐、带鱼、沙丁鱼、金枪鱼以及柔鱼类、贝类等。

烟熏制品一般根据产品的要求而采用不同的加工工艺。下面以红鲑的棒熏为例介绍其加工工艺。

1. 加工工艺流程 水产烟熏制品加工工艺流程如下:

原料处理→盐渍→修整→脱盐→风干→熏干→罨蒸→包装→冷藏

2. 工艺要求

(1) 原料处理 选新鲜红鲑,取背肉和腹肉两块,充分洗净血液、内脏等污物。

(2) 盐渍 在盐渍时先向背肉和腹肉抹上食盐,然后逐条按皮面向下、肉面向上的方式整齐地排列在木桶中,每层再撒盐盐渍,盐渍后的鱼肉注入足够的 25 波美度食盐水。

(3) 修整 盐渍后的鲑鱼肉切除腹巢即算完成。但注意切片部容易发生色变及油脂氧化,因而这些部位需要进行人工修整。

(4) 脱盐 洗净鱼片后,尾部打一细结吊挂在木棒上,置于脱盐槽内吊挂脱盐。根据盐渍时盐水的浓度和水温等调整脱盐时间。一般盐水浓度为 22～23 波美度、水温 44 ℃时,需脱盐 120～150 h。大约经 100 h 脱盐后,烤一片鱼肉尝试一下鱼的盐分，直到盐分略淡时为止。

（5）风干　将脱盐后的鱼片悬挂在通风好的室内，沥水风干72 h。直至表面充分沥水风干、鱼体表面出现光泽为止。风干不足，有损于制品色泽，但干燥过度，表面出现硬化干裂，不利于加工高质量的产品。

（6）熏干　熏干温度一般根据大气温度、原料情况适当调整。常规标准如下：3.6 m见方、高度6 m、吊挂4层、气温10 ℃、熏室温度18 ℃。上述条件适宜在最初的3～5 d内烟熏，5 d以后应增加火源，温度最高控制在24 ℃，大约再熏干15 d。在此期间，吊挂的鱼要上下翻动，或头尾交替吊挂，以利烟熏均匀。夜间加火源，白天风干，使鱼体水分均一。顶部门开启1/3左右烟熏。白天停止烟熏期间，打开下部通风门及顶部窗。最初的4～5 d，如温度过高，表面发硬，对产品不利，因此需逐渐升温。

（7）罨蒸　熏制结束后，拭去表面尘埃，放在熏室或走廊内，堆积成1～1.3 m的高度，覆盖好后罨蒸3～4 d，使鱼块内外干燥一致，色泽均匀良好。

（8）包装与贮藏　用塑料袋进行真空包装。产品可常温下流通，若需长期保藏，则可采用低温贮藏。

3. 其他调味熏制品　鱿鱼、章鱼、贝柱、河豚、狭鳕等有时加入食盐、砂糖、味精等调味料调味甚至煮熟后再进行温熏。调味烟熏后的贝柱还可再油浸，真空包装。用同样方法处理的鲐、河鳗、牡蛎常制成油浸烟熏罐头。

六、水产罐头食品加工

我国水产资源非常丰富。水产罐头在加工中占有重要地位。随着生活水平的提高和生活方式的改变，水产罐头食品加工将会得到更快的发展。

水产原料品种很多，但由于受各种条件限制，我国用于罐藏加工的品种仅有70多种。鱼类是水产罐头中处理量最大的一种原料，其中淡水鱼罐头制品的原料多为活、鲜原料，而海产鱼类由于捕获、运输等原因必须进行冻藏，在加工前再解冻。

（一）原料处理

鲜、活原料或经解冻后的原料需经过一系列预处理加工，包括去内脏、去头、去壳、去皮、清洗、剖开、切片、分档、盐渍和浸泡等。预制条件直接影响产品产量和质量，因此，要进行严格的控制和管理。

(二)水产罐头保藏原理

1. 水产罐头食品的微生物 水产原料的表皮和内脏附有大量细菌,罐装的目的就是通过加热或结合使用其他保存方法,杀灭食品中的微生物。其中 D 值的概念是在规定的温度下杀死90%细菌(或芽孢)所需要的时间。F 值表示在一定温度下杀死一定浓度细菌(或芽孢)所需要的时间,常为 121.1 ℃或 100 ℃时的致死时间。Z 值是指加热致死时间或 D 值按 1/10 或 10 倍变化时,所对应的加热温度的变化,它是加热致死曲线斜率的倒数。另一常用术语是杀菌值(F_0 值)。F_0 值是指当 Z 值为 10 ℃时,在 121 ℃下,杀死一定浓度的参比菌种所需的时间。

2. 杀菌值 F_0 的计算 确定杀菌条件一般有两种方法。一种是计算法,即根据容器的热传递及指标微生物的耐热性试验数据通过计算求得;另一种是试验法,即将指标微生物接种到食品中去,根据食品是否败坏来确定杀菌条件。一般情况,先通过计算确定杀菌条件,再用指标微生物做接种试验以验证其条件是否可靠。

用罐头温度测定仪测定罐内冷点温度,查表获得相应的 L_i 值,累积起来,乘以测定的间隔时间即为杀菌值(F_0 值)。也可将罐内测得的温度与相应时间和 L_i 值标绘在坐标纸上,然后计算时间-L_i 曲线下的面积,将其和 $F=1$ 的单位面积相比即为该罐头的杀菌值。

罐装水产品的 F_0 值一经确定,厂家就必须采取措施,确保所有罐头都得到正确的热处理,使影响罐头热传递率的各种因素都能得到控制。在控制热处理程序实施方面,最普遍采用的技术是拟订一个加热处理程序表。

(三)水产食品硬罐头生产工艺

水产罐头食品是将水产品装入马口铁罐、玻璃瓶等容器内,经排气、密封、杀菌等工艺制成的食品。由于所用罐藏容器不同,生产工艺也有所不同。

1. 水产食品硬罐头加工的一般工艺流程 水产食品硬罐头加工的一般工艺流程如下:

原料保藏和预处理→食品的装罐→排气→密封→杀菌和冷却→保温、检验、包装→贮藏

2. 水产食品硬罐头加工的工艺要求

(1) 装罐 水产食品硬罐头的罐装容器主要是镀锡薄板罐和玻璃罐。装罐前必须对容器进行清洗和消毒。加工处理后的原料及时、迅速装入清洁的镀锡

薄板罐和玻璃罐中，装罐时要保持罐头的一定顶隙度，质量要求基本一致，严格防止夹杂物混入罐内。水产原料多为易碎的块状，大都采用手工装罐和加汤汁，加汤汁也可采用液体加汁机。

（2）排气　罐头的排气是食品装罐后密封前排除罐内空气的技术措施。某些产品在进入加热排气之前或进入某种类型的真空封罐机之前要进行罐头的预封。预封是将罐盖钩与罐身钩稍稍弯曲勾连，其松紧程度以能使罐盖可沿罐身筒旋转而不脱落为度，便于密封时卷封操作和防止加热排气后至密封工序过程中罐内温度过多地下降而使罐头在加热排气或真空封罐过程中，罐内的空气、水蒸气以及其他气体能自由地逸出。

常用的排气方法有加热排气、真空封罐排气、蒸汽喷射排气以及气体置换排气等。将食品装罐后经过预封或不预封罐头送入排气箱，在工艺规定的排气温度下，经过一定时间的加热使罐头中心温度达到 70~90 ℃，排气后的罐头应迅速密封。

（3）密封　使罐内食品与外界完全隔绝的处理，采用封罐机将罐身和罐盖的边缘紧密卷合，称为罐头的密封。镀锡薄板罐的密封是通过封罐机的头道和二道卷封滚轮，将罐身的翻边部分即身钩和罐盖的钩边部分即盖钩，包括密封填料胶膜，进行牢固紧密的卷合，形成完好的二重卷边结构。罐头玻璃瓶的罐盖为镀锡薄板，它是依靠镀锡薄板卷边和密封填圈滚压在罐头瓶口边缘而形成密封的。目前国内采用的密封方法有：卷边密封法（卷封密封法）、旋转式密封法（螺旋式密封法）、揿压式密封法等。

（4）杀菌和冷却　罐头加热杀菌处理一般为商业杀菌，水产罐头常用的杀菌和冷却方法有：高压水杀菌和冷却，多用于大直径扁罐和罐头玻璃瓶。此法的特点是杀菌时能较好地平衡罐内压力，适于水产罐头这类低酸性食品的杀菌；空气反压杀菌和冷却用于那些容易变形的空罐。

（5）保温、检验　用保温贮藏方法，给微生物创造生长繁殖的最适温度，放置到微生物生长繁殖所需要的足够时间，观察罐头是否膨胀，以鉴别罐头质量是否可靠，杀菌是否充分，这就是罐头的保温检验。水产类罐头采用 37 ℃±2 ℃保温 7 昼夜的检验法，要求保温室上下四周的温度均匀一致。如果罐头冷却至 40 ℃左右即进入保温室，则保温时间可缩短至 5 昼夜。

将保温后的罐头或贮藏后的罐头排列成行，用敲音棒敲打罐头底盖，从其发出的声音来鉴别罐头的好坏。发音清脆的是正常罐头，发音混浊的是膨胀罐头。

除了保温检验和敲音检验，罐头出厂前还须进行外观、罐头的真空度、开罐检验等。

(四)水产食品软罐头生产工艺

生产蛋白质含量较高、水分活度较大的水产品软罐头需采取较复杂的工艺,对专用设备和包装容器的要求很高。传统软罐头生产在国内一直采用加压加热高温杀菌的工艺,软包装生产新技术有欧洲和美国的真空包装——巴氏杀菌工艺(Sous vide)和日本的气体置换包装——阶段杀菌工艺(新含气调理杀菌工艺)。

1. 加压加热高温杀菌水产食品软罐头加工工艺

(1)工艺流程 加压加热高温杀菌水产食品软罐头加工的工艺流程如下:

原料验收及选择→加工处理(清洗、预煮、调味等)→装袋→抽真空(或充入氮气)→热熔封口→高温加压加热杀菌→反压冷却→擦袋、检袋→保温检验→成品包装

(2)工艺要求

① 装袋:装袋操作要点:一是成品限位,软罐头成品的总厚度最大不得超过 15 mm,太厚影响热传导,降低杀菌值。二是装袋量,装袋量与蒸煮袋容量要相适宜,不要装大块形或带棱角和带骨的内容物,否则影响封口强度,甚至刺透复合薄膜,造成渗漏而导致内容物败坏。三是真空度,装袋应保持一定的真空度,以防袋内食品氧化、颜色褐变、香味变异。袋内空气排除方法有抽真空法、蒸汽喷射法、压力排气法及热装排气法。

② 热熔封口:一般封口采用热熔密封,即电加热及加压冷却使塑料薄膜之间熔融而密封,蒸煮袋最适封口温度为 180~220 ℃,压力 0.3 MPa,时间 1 s。

③ 加热杀菌:软罐头食品杀菌时升温阶段的系数须修正,在相同加工工艺条件下,软罐头的杀菌值比马口铁罐头和玻璃瓶大,因此可以用比同类罐头更短的杀菌时间而达到同样的杀菌效果。

2. 气体置换包装——阶段杀菌水产食品软罐头 气体置换包装——阶段杀菌在日本主要由小野食品兴业株式会社、小野食品机械株式会社及日本含气调理食品研究所研制,被称为新含气调理食品加工技术(New Technical Gas Cooking System),是针对目前普遍使用的真空包装、高温高压灭菌等常规软罐头加工方法存在的不足而开发的一种软罐头食品加工新技术,同样适用于水产品。它是将食品原料经预处理后,装在高阻氧的透明软包装袋中,抽出空气,注入不活泼气体并密封,然后在多阶段升温、两阶段冷却的调理杀菌锅内进行温和式灭菌。经灭菌后的食品可在常温下保存和流通长达 6~12 个月,较完美地保存食品的品质和营养成分,食品原有的口感、外观和色香味几乎不会

改变。这不仅解决了高温高压、真空包装工艺带来的品质劣化问题,而且也克服了冷冻、冷藏食品的货架期短、流通领域成本高等缺点。

新含气调理食品加工工艺流程可分为初加工、预处理、气体置换包装和调理灭菌四个步骤。

七、冷冻鱼糜和鱼糜制品加工

鱼经采肉、漂洗、精滤、脱水、搅拌和冷冻加工制成的产品称为冷冻鱼糜,将其解冻再经擂溃或斩拌、成型、加热和冷却工序就制成了各种不同的鱼糜制品。

鱼糜制品在我国已有悠久的历史,久负盛名的福建鱼丸,云梦鱼面,江西的燕皮,山东等地的鱼肉饺子等传统特产,便是具有代表性的鱼糜制品。我国的鱼糜制品于1984年开始进入较大规模的工业化生产,至2008年底,冷冻鱼糜和鱼糜制品的产量已达超过80万t,已形成了鱼丸、虾丸、鱼香肠、鱼肉香肠、模拟蟹肉、模拟虾肉、模拟贝柱、鱼糕、竹轮和天妇罗等鱼糜制品系列产品以及鱼排、裹衣糜制品等冷冻调理食品。

(一) 鱼糜制品加工的基本原理

1. 鱼糜制品的凝胶化 鱼糜肌肉在加热后能形成具有弹性凝胶体的蛋白质主要是盐溶性蛋白质,即肌原纤维蛋白质,它是由肌球蛋白、肌动蛋白和肌动球蛋白所组成,是形成弹性凝胶体的主要成分。

(1) 凝胶化过程 当加工鱼糜制品时,在鱼糜中加入2%~3%的食盐,经擂溃或斩拌,能形成非常黏稠和具可塑性的肉糊,这是因为食盐使肌原纤维的粗丝和细丝溶解,在溶解中其肌球蛋白和肌动蛋白吸收大量的水分并结合形成肌动球蛋白的溶胶。这种溶胶在低温缓慢地,而在高温中却迅速地失去可塑性,形成富有弹性的凝胶体,即鱼糜制品。鱼肉的这种特性叫做凝胶形成能力,由于生产鱼糕的鱼肉都要求具有很强的凝胶形成能力,所以也叫鱼糕生成能力,这是衡量原料鱼是否适宜做鱼糜制品的一个重要标志。

在鱼糜制品生产上,一般低温长时间的凝胶化使制品的凝胶强度比高温短时的凝胶化效果要好些,但时间太长,为此,在生产中常常采用二段凝胶化以增加制品的凝胶强度。

(2) 凝胶形成能的鱼种差异性 凝胶形成能是判断原料鱼是否适合做鱼糜制品的重要特征,不同的鱼种凝胶形成能是不一样的。这种不同表现在两个方面:一方面是凝胶化速度,另一方面是凝胶化强度。

① 凝胶化速度（凝胶化难易速度）：不同的鱼种凝胶化速度不一样，见图 3-4-3。根据不同的鱼种在相同的温度条件下形成某一强度凝胶所需的时间不同，大致可分为三类：

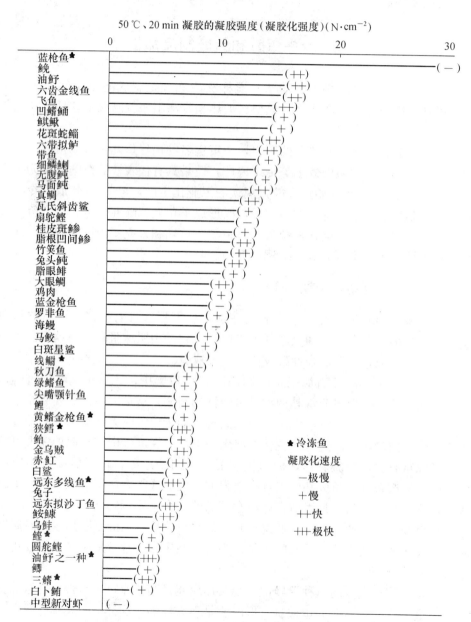

图 3-4-3 潜在凝胶形成能与凝胶化速度的关系

凝胶化速度极快的鱼种：狭鳕、长尾鳕、远东拟沙丁鱼、远东多线鱼等冷水性鱼。

凝胶化速度一般的鱼种：飞鱼、马面鲀、竹筴鱼、蛇鲻、鲍和金线鱼等。

凝胶化速度较慢的鱼种：栖息在热带水域的鲨鱼、罗非鱼等，以及金枪鱼、带鱼、鲐、海鳗、秋刀鱼、马鲛等暖水性鱼类和鲤、鲫、白鲢等淡水鱼类。

② 凝胶化强度（潜在凝胶形成能）：各种鱼类在最适合条件（食盐3%、pH 6.8、水分82%）下形成的凝胶强度见图3-4-3。由图可见，各鱼类之间的差异相当大，这除了与不同鱼类肌肉中肌原纤维的含量不同有关外，还与肌球蛋白在形成网状结构中吸水能力的强弱有关。

盐擂鱼糜的凝胶化强度和凝胶化速度之间无相关性。鲍、油䱛、蛇鲻、飞鱼等易凝胶化，而且能形成很强的凝胶。远东拟沙丁鱼和远东多线鱼等能迅速形成凝胶化，但其凝胶强度差。旗鱼、细鳞鲥凝胶化速度慢，但凝胶强度较强。

（3）鱼糜制品的弹性　当鱼体肌肉作为鱼糜加工原料经绞碎后肌纤维受到破坏，在鱼肉中添加2%～3%的食盐进行擂溃，肌纤维进一步被破坏，促进了鱼肉中盐溶性蛋白（肌球蛋白和肌动蛋白）的溶解，它与水发生水化作用并聚合成黏性很强的肌动球蛋白溶胶，在加热中，大部分呈现长纤维的肌动球蛋白溶胶发生凝固收缩并相互连接成网状结构固定下来，其中包含与肌球蛋白结合的水分，加热后的鱼糜便失去了黏性和可塑性，成为橡皮般的凝胶体，因而富有弹性。

在擂溃中，还加入淀粉、水和其他调味料。这除了增加鱼糜的风味外，淀粉在加热中其纤维状分子能加强肌动球蛋白网状结构的形成，因而可起到增强制品弹性的作用。

2. 影响鱼糜制品弹性的因素　不同鱼种或者同一种鱼经不同的加工工艺会使制品产生不同的弹性效果。影响鱼糜制品弹性效果的因素如下：

（1）鱼种对弹性的影响　由于鱼种的不同，其肌动球蛋白的含量和热稳定性就不同，因而鱼糜的凝胶形成能就有很大的差异。就大部分鱼类来讲，小型鱼加工成的鱼糜制品的凝胶形成能比大型鱼的要差些。大部分淡水鱼比海水鱼的弹性要差，软骨鱼比硬骨鱼的弹性要差，红肉鱼类比白肉鱼类要差。

（2）盐溶性蛋白对弹性的影响　鱼糜制品在弹性上的强弱与鱼类肌肉中所含盐溶性蛋白，尤其是肌球蛋白的含量直接有关。一般来讲，白色肉鱼类肌球蛋白的含量较红色肉鱼类的含量高，所以制品的弹性也就强些，如飞鱼、带鱼、蛇鲻、马面鲀和真鲷等。另外，即使是在同一种鱼类中，也存在这种盐溶性蛋白含量与弹性强弱之间的正相关性，一般而言，肌肉中盐溶性蛋白含量越高，肌动球蛋白 Ca-ATPase 活性越大，则其相应的凝胶强度和弹性也越强。

(3) 鱼种肌原纤维 Ca-ATPase 热稳定性的影响　所谓热稳定性就是指鱼体死后在加工或贮藏过程中肌原纤维蛋白质变性的难易和快慢，稳定性好表明蛋白质变性速度慢，Ca-ATPase 失活少。不同鱼种由强至弱依次为非洲鲫＞鳗鲡＞鲤＞鲥鱼＞虹鳟＞鲈鲉＞狭鳕。Ca-ATPase 的热稳定性与这些鱼类栖息环境水域的水温有很强的相关性。作为肌原纤维蛋白质变性指标的 Ca-ATPase 活性有着明显的种特异性，且与栖息水温有着密切关系，生活在热带水域的鱼种 Ca-ATPase 热稳定性要高于冷水性环境中生活的鱼种，而且 Ca-ATPase 失活速率较慢，这种差异也可通过凝胶形成能表现出来。

(4) 捕获季节对弹性的影响　鱼类在产卵后 1～2 个月内其鱼肉的凝胶形成能和弹性都会显著降低。例如，在 4 月下旬至 5 月份产卵后的狭鳕凝胶形成能力很弱，6～7 月份肉质慢慢恢复，到 8 月份可恢复到原状，凝胶形成能逐渐增强，弹性恢复。

(5) 鱼肉化学组成对弹性的影响　一般白色肉鱼类蛋白质变性比红色肉鱼类等要慢，因而用鲐、沙丁鱼、竹筴鱼和蓝圆鲹等红色肉鱼类作鱼糜制品的原料时，常由于蛋白质的迅速变性而影响到制品的弹性。红色肉鱼类蛋白质容易变性的原因是其肌肉的 pH 偏低和水溶性蛋白质含量较高。

为使红肉的鱼糜制品弹性提高，一般采用清水和淡碱盐水溶液对红肉鱼糜进行漂洗，这样既可提高鱼糜的 pH，又可达到除去水溶性蛋白质而相对提高盐溶性蛋白质含量的目的，从而提高鱼糜制品的弹性。

(6) 鱼鲜度对弹性的影响　鱼糜制品的弹性与原料鱼的鲜度有一定的关系，随着鲜度的下降其凝胶形成能和弹性也就逐渐下降。这主要是由于随着鲜度下降，肌原纤维蛋白质的变性增加，肌动球蛋白溶解度下降，从而失去了亲水性，即在加热后形成包含水分少或不包含水分的网状结构而使弹性下降。

(7) 漂洗对弹性的影响　鱼糜漂洗与否将直接影响到制品的弹性，对红色肉鱼类的鱼糜或鲜度下降的鱼糜尤其如此。鱼糜经过漂洗后，其化学组成成分发生了很大的变化，主要表现在经过漂洗后，水溶性蛋白质、灰分和非蛋白氮的含量均大量减少。通过漂洗可将水溶性蛋白质等影响因素除去，同时又起到提高肌动球蛋白相对浓度的作用，可提高鱼糜制品弹性。

(8) 冻结贮藏对弹性的影响　鱼类经过冻结贮藏，凝胶形成能和弹性都会有不同程度的下降，肌肉在冻结中由于细胞内冰晶的形成产生很高的内压，导致肌原纤维蛋白质发生变性，一般称之为蛋白质冷冻变性。一旦发生冷冻变性，盐溶性蛋白质的溶解度就下降，从而引起制品弹性下降。

（二）鱼糜制品加工的辅料和添加剂

在鱼糜制品中添加的辅料包括鱼糜用水、淀粉、植物蛋白、蛋清、油脂、明胶、糖类等，而添加剂包括品质改良剂、调味品、香辛料、杀菌剂、防腐剂和食用色素等。

为了改善和提高鱼糜制品的弹性、食味、外观、保藏期、营养价值等，除了在制品中添加上述辅料外，还可根据产品的要求，添加乳化稳定剂、抗氧化剂、辅助呈味剂、保水剂、pH调节剂、发色剂、防腐剂和抗冻剂等。

（三）冷冻鱼糜生产技术

冷冻鱼糜又称生鱼糜，是指经采肉、漂洗、精滤、脱水并加入抗冻剂冻结之后得到的糜状制品。

按生产场地分，可分为海上鱼糜和陆上鱼糜，海上鱼糜的弹性和质量更好；根据是否添加食盐又可分为无盐鱼糜和加盐鱼糜。在狭鳕、拟沙丁鱼类容易凝胶化的鱼类中采用无盐鱼糜的方式较稳定；加盐鱼糜在鲐和鲨鱼等不容易凝胶化的鱼类中使用，并且在只需短时期贮藏时采用，需长期贮藏用无盐鱼糜冷藏比较适合。

1. 冷冻鱼糜生产工艺流程　工艺流程如下：

原料鱼→前处理→水洗（洗鱼机）→采肉（采肉机）→漂洗（漂洗装置）→脱水（离心机或压榨机）→精滤（精滤机）→搅拌（搅拌机）→称量→包装（包装机）→冻结（冻结装置）

2. 冷冻鱼糜生产工艺要求

（1）鱼种的选择　可以用作鱼糜制品的鱼类品种很多，大约有100余种。考虑到产品的弹性和色泽，一般选用白色肉鱼类如白姑鱼、梅童鱼、海鳗、狭鳕、蛇鲻和乌贼等做原料。但实际生产中由于红色肉鱼类如鲐和沙丁鱼等中上层鱼类的资源较丰富，仍是重要的加工原料，此外，还必须充分利用丰富的淡水鱼资源，如鲢、鳙、青鱼和草鱼等。

（2）原料鱼的处理和洗净　目前，原料鱼处理基本上还是采用人工方法。先将原料鱼洗涤，除去表面附着的黏液和细菌，然后去鳞、去头、去内脏，切割后，再用水进行第二次清洗，以除清腹腔内的残余内脏或血污和黑膜等，清洗一般要重复2～3次，水温应控制在10℃以下，以防止蛋白质变性。

在国外,尤其是在渔船上加工,鱼体的处理已采用切头机、除鳞机、洗涤机和剖片机等综合机器进行自动化加工,国内一些以生产鱼糜和鱼糜制品为主的企业也已开始陆续配备这些设备,从而大大提高了生产效率。

(3) 采肉 鱼肉的采取自20世纪60年代后开始使用采肉机,即用机械法将鱼体的皮骨除掉而把鱼肉分离出来的过程。采肉机的种类分为滚筒式、圆盘压碎式和履带式三种。目前使用较多的是滚筒式采肉机,在采肉时升温要小,以免蛋白质热变性。

(4) 漂洗 漂洗指用水或水溶液对所采的鱼肉进行洗涤,以除去鱼肉中的水溶性蛋白质、色素、气味和脂肪等成分。对鲜度差的或冷冻的原料鱼以漂洗来改善鱼糜的质量很有效果,弹性和白度都有明显提高。

漂洗的方法:用3~5倍量的清水漂洗,根据需要按比例将水注入漂洗池与鱼肉混合,慢速搅拌8~10 min,使水溶性蛋白等成分充分溶出,静置10 min使鱼肉充分沉淀,倾去表面漂洗液,如此重复3~5次。最后一次可用0.15%的食盐水溶液进行漂洗,以使肌球蛋白收敛,脱水容易。

(5) 脱水 鱼肉经漂洗后水量较多,必须脱水。脱水的方法有三种:①过滤式旋转筛脱水;②螺旋压榨机压榨脱水;③离心机离心脱水,在2 000~2 800r/min离心20 min即可。量少时可将鱼肉放在布袋里绞干脱水。脱水后要求鱼糜水分含量在80%~82%。

(6) 精滤、分级 精滤、分级由精滤机完成,根据鱼体肉质的差异,用两种不同的工艺。中上层红色肉鱼类,如沙丁鱼、鲐等经漂洗、脱水后,通过精滤机将细碎的鱼皮、碎骨等杂质除去。白色肉鱼类,如狭鳕、海鳗、鲨鱼等的精滤工艺稍有不同,它们是在漂洗后先脱水、精滤、分级、再脱水。经漂洗后的鱼糜用网筛或滤布预脱水,然后用高速精滤分级机分级。

(7) 搅拌 搅拌的目的是将加入的抗冻剂与鱼糜搅拌均匀,以降低蛋白质冷冻变性的程度,由搅拌捏和机完成。目前应用比较多的标准抗冻剂配方为:蔗糖4%、山梨醇4%、三聚磷酸钠0.15%、焦磷酸钠0.15%、蔗糖脂肪酸酯0.5%,可有效地降低蛋白质冷冻变性的程度。

(8) 称量与包装 将鱼糜输入包装充填机,由螺杆旋转加压挤出4.5~5.5 cm(厚)×3.5~3.8 cm(宽)×55~58 cm(长)的条块,每块切成10 kg,以聚乙烯塑料袋包装。

(9) 冻结和冻藏 将袋装鱼糜块用平板冻结机冻结,然后以每箱两块装入硬纸箱,运入冷库冻藏。冻藏时间以不超过6个月为宜。

整条冷冻鱼糜生产的工艺设备流程见图3-4-4。

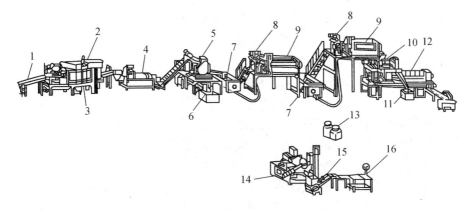

图 3-4-4　冷冻鱼糜生产的工艺设备流程图

1. 原料鱼　2. 预处理机　3. 鱼头内脏　4. 洗鱼机　5. 采肉机　6. 皮和骨　7. 漂洗槽　8. 泵　9. 旋转塞　10. 精滤机　11. 筋和鳞　12. 旋转压缩机　13. 抗冻剂　14. 混合调配机　15. 充填机　16. 计量器

（四）鱼糜制品生产

鱼糜制品种类主要包括鱼丸、鱼糕、鱼香肠、鱼肉火腿、鱼卷、鱼面、燕皮、模拟蟹肉、模拟虾仁、模拟干贝、鱼排、海洋牛肉等。

1. 鱼糜制品一般加工工艺

（1）鱼糜制品一般加工工艺　加工工艺流程如下：

冷冻鱼糜→解冻→擂溃或斩拌→成型→凝胶化→加热→冷却→包装→贮藏

（2）鱼糜制品加工工艺要求

① 解冻：从冷库取出冷冻鱼糜，采用 3~5 ℃空气或流水解冻法，待鱼糜品温回升到 -3 ℃易于切割即可，注意切勿使其完全解冻，以免影响鱼糜的功能性和切割处理的效率。经解冻和切割处理之后，鱼糜品温在 0~-1 ℃。加盐冷冻鱼糜因冻结点较低，解冻速度较慢。

② 擂溃或斩拌：擂溃分为空擂、盐擂和调味擂溃三个阶段。

空擂：将鱼肉放入擂溃机内擂溃，通过搅拌和研磨作用，使鱼肉的肌纤维组织进一步被破坏，为盐溶性蛋白的充分溶出创造良好的条件。时间一般为 5 min 左右。

盐擂：在空擂后的鱼肉中加入鱼肉量 1%~3% 的食盐继续擂溃的过程。经擂溃使鱼肉中的盐溶性蛋白质充分溶出，鱼肉变成黏性很强的溶胶。时间控制在 15~20 min。

调味擂溃：在盐擂后，再加入砂糖、淀粉、调味料和防腐剂等辅料并使之与鱼肉充分均匀，一般可使上述添加的辅料先溶于水再加入，另外，还需加入

蔗糖脂肪酸酯，使部分辅料能与鱼肉充分乳化，而能促进盐擂鱼糜凝胶化的氯化钾、蛋清等弹性增强剂应该在最后加入。

擂溃所用的设备主要是擂溃机。近几年，许多加工企业开始使用斩拌机代替擂溃机用于生产鱼糜制品。斩拌机能使未解冻的鱼糜迅速解冻，盐擂时间可缩短至 10 min 左右，辅料的加入和擂溃后的取肉都很方便，而且制品的弹性、光泽等质量指标也不亚于使用擂溃机的效果，因此使用已越来越普遍。

为提高鱼糜制品的质量，可使用真空擂溃机和真空斩拌机，以便把鱼糜在擂溃等加工中混入的气泡驱走，使其对质量的影响减小到最低程度。

③ 成型：经配料、擂溃后的鱼糜，具有很强的黏性和一定的可塑性，可根据各品种的不同要求，加工成各种各样的形状和品种，再经蒸、煮、炸、烤、烘和熏等多种不同的热加工处理，即成为鱼糜制品。

鱼糜制品的成型，一般采用成型机来进行，如鱼丸成型机、三色鱼糕成型机、鱼卷成型机、"天妇罗"万能成型机、鱼香肠自动充填结扎机、各种模拟制品的成型机等。

④ 凝胶化：鱼糜在成型后加热之前，一般需在较低的温度条件下放置一段时间，以使鱼糜制品凝胶化。

⑤ 加热：加热方式包括蒸、煮、焙、烤、炸五种。加热设备包括自动蒸煮机、自动烘烤机、鱼丸和鱼糕油炸机、鱼卷加热机、高温高压加热机、远红外线加热机和微波加热设备等。

⑥ 冷却：加热完毕的鱼糜制品大部分都需在冷水中急速冷却。以鱼糕为例，加热完成后迅速放入 10~15 ℃的冷水中急冷，使鱼糕吸收加热时失去的水分，防止发生皱皮和褐变现象，并能使鱼糕表面柔软和光滑。加工鱼香肠时，加热后将其投入 0~10 ℃冷水中急速冷却 30 min 再取出。急速冷却后制品的中心温度仍然较高，通常还要放在冷却架上让其自然冷却。

⑦ 包装与贮藏：对鱼糕、鱼卷和模拟制品等均需要包装，一般都采用自动包装机或真空包装机，包装好的制品再装箱，放入冷库（0 ℃±1 ℃）中贮藏待运。

2. 加工产品 鱼糜制品种类繁多，鱼丸（鱼圆）是我国产量最高的一种鱼糜制品，包括福州鱼丸、鳗鱼丸、花枝丸、夹心鱼丸和油炸鱼丸等；鱼糕，如单色、双色和三色鱼糕，方形、圆形和叶片形鱼糕，板蒸、焙烤和油炸鱼糕等；鱼香肠，包括鱼肉香肠、藻类鱼香肠等；鱼卷是一种串状焙烤鱼糜制品，也称竹轮；模拟蟹肉和模拟虾肉，是以狭鳕鱼糜为原料，辅以淀粉、砂糖、蟹味调料液等配料，经斩拌、蒸煮、火烤等诸多工序加工而成的产品，又称仿蟹腿肉、蟹足棒。

八、水产品加工 HACCP 安全保证体系

(一) HACCP 体系

1. HACCP 的概念 HACCP 是英文 hazard analysis and critical control point 的缩写，中文译为危害分析与关键控制点。它是基于科学的原理，通过鉴别食品危害、采用重点预防措施，来确保食品安全的一种食品质量控制体系。国际食品法典委员会 CAC（Codex Alimentarius Commission）对 HACCP 的定义是：鉴别和评价食品生产中的危险与危害，并采取控制的一种系统方法。HACCP 顾名思义是由两部分程序组成，一是食品的危害分析（HA），要求识别食品安全危害中重要的危害；二是建立关键控制点（CCP）这一措施，以减少、防止或剔除影响食品安全的重要危害。有关 HACCP 的细节并无一致的看法，但总体有以下 7 项原则：进行危害分析，确定关键控制点，设定关键限值，建立监控程序，制定纠偏措施，确认验证程序，建立记录保存系统。

2. HACCP 的产生和发展 HACCP 始于 20 世纪 60 年代，当时美国在实行阿波罗登月计划，由美国 Pillsbury 公司与美国航空航天局（NASA）和美国军事 Natick 实验室合作研制航天食品，它们采用"零缺陷"方法，致力于建立防止沙门氏菌等有害微生物污染宇航员食品的控制体系，来确保航天食品的微生物安全，HACCP 作为这个预防性微生物安全控制体系由此应运而生。

1971 年在美国国家食品保护会议上，HACCP 系统的概念首次正式发表。1989 年 11 月，美国食品微生物标准顾问委员会（NACMCF）制定并批准了第一个 HACCP 系统的标准版本，题为《用于食品保护的 HACCP 原则》。20 世纪 80 年代以来，联合国粮农组织（FAO）和世界卫生组织（WHO）都致力于向发展中国家介绍推广 HACCP 系统。1991 年 6 月，由 FAO/WHO 组成的食品法典委员会（CAC）起草了一个推行 HACCP 计划的文件。1997 年 10 月，CAC 公开采用了最新的修订本，全球化的 HACCP 文本被命名为《HACCP 体系应用指南》，该指南得到了国际上的广泛接受和普遍采纳，已经成为世界范围内生产安全食品的准则。在 HACCP 指导下，对食品中微生物、化学和物理三方面危害加以分析和评估，有力地保障了食品安全性地生产，有效地强化了食品安全性的管理。

3. HACCP 在各国的推广和应用 HACCP 作为食品安全保证体系而获得广泛的接受，目前是国际公认能确保食品安全的有效控制管理体系之一。

美国是世界上最早应用 HACCP 原理的国家，并在部分食品加工制造业中

强制性实施 HACCP 的立法和监督工作,1999 年,美国食品药品管理局(FDA)将 HACCP 写入其《食品法典》中。

加拿大在 20 世纪 90 年代推出一个食品安全强化计划(food safety enhancement program),要求在所有农业食品中推行 HACCP 原理,企业建立自己的 HACCP 计划,农业部门对 HACCP 计划的实施情况进行评估。

欧盟于 1993 年对水产品的卫生管理实行新制度,逐步实施 HACCP 管理。在 2000 年 7 月 17 日布鲁塞尔会议上,欧盟在公布的四个法规提案中谈到,应在食品行业中强制推行 HACCP 系统,并对实施 HACCP 系统企业的有关记录进行监控。

澳大利亚食品业已经与本国贸易联盟理事会鉴定了正式协议,把 HACCP 引入各种食品企业中。

中国于 20 世纪 80 年代中后期开始关注应用 HACCP 系统,原国家商检局、农业部分别在 1990 年、1997 年和 1998 年派遣专家赴 FDA 和美国食品安全检验局(FSIS)参加 HACCP 培训交流,并多次邀请国外专家来华讲课。HACCP 原则逐步开始在部分出口食品加工企业的注册卫生规范中得到应用。从 1997 年 12 月 18 日起,原国家商检局要求在输美水产品企业中强制实施 HACCP 认证。目前,在罐头类、禽肉类、茶叶、冷冻类等食品加工领域中正在试点性应用 HACCP 体系。

4. HACCP 体系的优点 HACCP 作为当今国际上推崇的食品安全保证体系,其优点如下:

(1) HACCP 克服了传统食品质量控制方法的缺点,从过去仅仅过分依赖终端产品的检验转变为建立起一套科学的、有效的、预防性的针对食品安全的质量保证体系。

(2) HACCP 是一种具有预见性而非反应性的控制方法,通过事前预防措施,可以显著减少产品的损失,而且体系运行成本较低,具有良好的经济效益。

(3) HACCP 已得到国际权威机构 FAO/WHO 共同组建的食品法典委员会的推崇和认可,被认为是当今控制食品中食源性疾病的最有效方法。

(4) HACCP 增进了食品生产商自身对食品安全的责任感,增强了产品质量安全可靠的信心,帮助企业积极参与到国际市场的有效竞争中。

(5) HACCP 可与其他质量管理体系一同运作,它主要针对涉及从土地到餐桌全程食品链的食品安全的各个方面,是对其他质量管理体系的补充。

(6) HACCP 也是有关食品生产的一种检查方法,它使政府职能部门有可能更有效和更高效地进行食品安全质量的监督管理。

（二）HACCP体系实施步骤和前提基础条件

1. HACCP体系的实施步骤 HACCP是识别、评估并控制食品安全性危害的一种系统方法。它的应用必须根据实施食品对象的不同而具体分析，不同产品在各个细节方面存在差异，但总体上可以按照下列步骤依次具体实施：

```
┌─────────────────────────────────┐
│ HACCP体系实施的前提基础条件      │
└─────────────────────────────────┘
              ↓
┌─────────────────────────────────┐
│ 制定HACCP体系计划的5个预备阶段   │
└─────────────────────────────────┘
              ↓
┌─────────────────────────────────┐
│ HACCP体系7项原则的组合应用       │
└─────────────────────────────────┘
              ↓
┌─────────────────────────────────┐
│ HACCP体系的动态运行并持续进行改进 │
└─────────────────────────────────┘
```

2. HACCP体系实施的前提基础条件 HACCP实施的前提基础条件可分为以GMP和SSOP为框架的两个条件。

（1）食品GMP GMP是英文good manufacturing practice的缩写，中文的意思是良好操作/作业规范，又称为优良制造规范。GMP是一种特别注重制造生产过程中产品质量与卫生安全的自主性管理制度，当用于食品的生产管理时就称作食品GMP。

GMP最早诞生于美国，1963年，FDA首先制定了药品的GMP，目的在于确保药品的质量，并于第二年即1964年强制实施药品GMP。1969年，美国公布食品GMP基本法，即《食品制造、加工、包装与贮藏的现行良好操作规范》，日本、加拿大、新加坡、德国、澳大利亚、中国台北等都在积极推广食品GMP，我国于1998年发布了《膨化食品良好生产规范》和《保健食品良好生产规范》两部中国版的食品GMP，这也是我国首批食品GMP标准。

食品GMP的基本出发点是建立健全食品质量管理体系，将人为过失降至最低程度，防止食品在制造过程中遭受污染及出现品质劣化现象。GMP强调从事后把关变为工序控制，从管结果变为管因素。目的是保证食品在卫生状态下制造、加工、包装、贮藏及运输，保证食品可以安全食用，保证食品有正确而且必要的标示。食品GMP的管理要素可归纳为四个M：①人员（man）：要由合适的人员来制造和管理；②原料（material）：要选用优良的原材料来制造；③设备（machine）：要采用标准的厂房和合格的机器设备来制造；④方法（method）：要遵循既定的最适方法来制造。GMP的重点是确保食品生产过程的安全性；防止异物、毒物、有害微生物污染食品；它具备双重检验制度，防止人为过失；它建立完善的生产记录、报告存档的管理制度和标签管理制度。

我国水产品行业标准中也建立有与特定食品 GMP 专则要求内容相似的各种特殊工艺操作规程。1988 年至今，卫生部共颁布 20 个国标 GMP。其中 1 个通用 GMP 和 19 个专用 GMP，并作为强制性标准予以发布。通用 GMP 为《食品企业通用卫生规范》（GB 14881—94），19 个专用 GMP 是罐头、白酒、啤酒、酱油、食醋、食用植物油、蜜饯、糕点、乳品、肉类加工、饮料、葡萄酒、果酒、黄酒、面粉、饮用天然矿泉水、巧克力、膨化食品、保健食品、速冻食品良好生产规范。国家环境保护局颁布的《有机（天然）食品生产和加工技术规范》共有 8 个部分：有机农业生产的环境；有机（天然）农产品生产技术规范；有机（天然）食品加工技术规范；有机（天然）食品贮藏技术规范；有机（天然）食品运输技术规范；有机（天然）食品销售技术规范；有机（天然）食品检测技术规范；有机农业转变技术规范。农业部颁布的 GMP 有《水产品加工质量管理规范》（SC/T 3009—1999）；绿色食品生产技术规程；无公害食品生产规程；一些农产品生产技术规程等。

（2）卫生标准操作规范 SSOP　卫生标准操作规范（sanitation standard operation procedure，简称 SSOP）是关于食品生产企业如何满足卫生条件和如何按卫生要求进行生产的条例。它是 HACCP 实施的基础之一，是建立在现代 GMP 的基础上，为食品加工企业生产者编写的符合卫生条件和操作的程序。

我国政府历来重视食品的卫生管理，1999 年 4 月正式执行的《中华人民共和国食品卫生法》中第八条规定了食品生产经营过程必须符合的卫生要求，20 世纪 80 年代中期我国政府开始食品企业质量管理规范的制定，从 1988 年起，先后制定了一批食品企业卫生规范，这些规范制定的指导思想和 SSOP 类似，规范主要是围绕预防和控制各种有害因素对食品的污染、保证食品安全卫生这一目的要求而相应制定的。

（三）制定 HACCP 计划实施的 5 个预备阶段

HACCP 的原理逻辑性强，简明易懂。但由于食品企业生产的产品特性不同，加工条件、生产工艺、人员素质都不同，因此在 HACCP 体系的具体建立过程中，在有效地应用 HACCP 7 大原则之前，可采用食品法典委员会中食品卫生专业委员会 HACCP 工作组专家推荐的五个预备步骤，以一种循序渐进的方式来制定 HACCP 体系。

第一步：组建 HACCP 小组。

HACCP 小组的主要工作职责是负责从 5 个预备步骤开始一直到 7 项原则实施的 HACCP 计划全过程。HACCP 小组成员必须由掌握相关专业知识的人员构成，他们应熟悉并具备相关专业内容，因此，小组成员应包括微生物学专家、食品加工工艺专家、质量控制负责人、食品工程设备专家、包装专家以及原料采购等人员。

第二步：进行产品描述。

HACCP 小组建立以后，应首先开始对 HACCP 计划所覆盖的产品进行充分的描述，它通常包括如下内容：产品的名称；产品的原材料和成分；产品的重要物理、化学特性（如 pH、A_w 等）；产品的加工步骤；产品的贮存、包装和销售方式等。

第三步：确定产品用途及使用方式。

实施这一步骤时，HACCP 小组必须考虑产品的消费人群，特别应关注老人、婴儿、孕妇、营养失调者这些脆弱人群食用产品时存在的潜在危害。除此以外，还必须确定产品的使用方式，即食品是直接食用还是需要烹饪加热后才能食用等。

第四步：绘制产品生产工艺流程图。

HACCP 小组必须确定食品加工中每一工序，绘制出完整的工艺流程图，从原料选择、接受、生产、分销、消费者的反馈意见等都应反映在流程图中。流程图上的每一步骤要简明扼要，但必须清晰细致，这一步骤为 HACCP 小组进行危害分析打下基础。

第五步：现场确认流程图。

HACCP 小组此时需要参观加工现场，在充分理解加工流程图的基础上，将已完成的流程图与实际生产操作过程进行比对和审核，并在不同操作时间阶段检查生产工艺，确保流程图的真实有效性。

（四）HACCP 体系的 7 项原则

HACCP 作为当今国际上最具权威的食品安全保证体系，其原理经过实践的应用和修改，已被食品法典委员会（CAC）确认，由以下 7 项原则组成。

1. 建立危害分析 这一步骤是对某一食品生产链（包括原材料的生长、收获、接收、食品加工、贮存、运输、销售一直到烹饪以及消费者食用等所有阶段）中有关的各种微生物、化学和物理性危害因素对人所造成的危害性和危险性逐一进行详细的阐述和评估，确定可能出现的高风险性危害，并考虑和制定控制这些危害应该采取的各种预防保护措施。

危害分析有两个基本要素：①鉴别可损害消费者或引起产品腐败变质的物质；②详细了解这些危害是如何产生的。危害分析必须是定量的，需要评估危害的严重性和风险性。对低风险的危害一般不做进一步的考虑。

2. 确定关键控制点 关键控制点（CCP）是指可实施控制手段以使危害

能被防止、消除或减少到可接受水平的一个点、工序或步骤。CCP 这一加工工序一旦失去控制，就会导致不可容忍的健康危害。CCPs 是保证食品安全的有效控制点，其本身不能执行控制，需要建立相对应的防止措施或手段，以确保危害能正确及时地得到控制。

在 HACCP 系统的危害分析控制过程中，应根据危害的风险与严重性仔细确定 CCP。生产中可能会有很多控制步骤，这其中有些是与安全控制无直接相关的控制步骤，而可能是产品的法定属性或是质量的控制点，它们就不能算作关键控制点，一般可称为加工控制点。

典型的 CCP 例子有：巴氏灭菌、蒸煮加热、冷却、腌制、包装等步骤。

3. 建立确保 CCP 得到控制的极限标准 这一步骤包括制定 CCP 的各项预防措施必须达到的极限值。判断某一环节的 CCP 是否得到真正的控制，就必须涉及一个可衡量的标准，它是区分可接受和不可接受的准则。CCP 预防性措施的极限标准可以是定性的，如感官属性的判定一般采用描述性文字，也可以是数字定量的，通常使用较易控制的物理、化学参数，诸如时间、温度、湿度、pH、有效氯含量等。这是 HACCP 中最重要的部分，它保证了最终产品的安全和质量。

4. 建立监控 CCP 的具体措施 当 CCP 和控制限定标准建立之后，就需要对其实施有效的监控措施。监控是指以设定的频率对每个 CCP 的工序和加工过程进行检查的行动，并将监测结果与已制定的标准比较，评估 CCP 是否在控制之中。监控是判定加工过程管理和维持控制管理的技术程序。

监控内容可总结为 4W1H，即监控什么（What）、哪里监控（Where）、谁监控（Who）、何时监控（When）以及如何监控（How）。监控时应根据关键限制值的性质、方法的可行性、实际的时间和操作的费用，采用连续/间隔方式进行观察或测量两种方法。所有的观察或测量结果必须记录在检查表或控制图上，并有监控人员和公司负责检查的认可人员的签名，这也是监控程序的组成部分。

5. 制定纠偏行动 HACCP 体系在实际的运行过程中，终究难免会有偏差的发生。因此一旦当偏差出现，即监控结果与已制定的 CCP 对应的极限值不相符合时，这表明操作失控，必须采取补救和纠正措施。纠偏行动是一套行动预案，是文件化的书面程序，可有效保证偏差发生时食品得到合理的处置。

6. 确认验证程序 这一步骤中涉及两个内容：确认和验证。确认是指除通过监控来测定是否符合 HACCP 计划之外，还可应用其他方法、程序、测试进行评估。确认是证明 HACCP 计划是否得到切实执行。确认的形式有仪器校准、样品分析、记录检查、HACCP 计划检查等。

验证是收集证据证明 HACCP 计划的原理行之有效，证明计划的有效性。

验证过程是在维持 HACCP 系统和确保其工作连续有效的基础上进行，内容包括对 CCP 极限值的验证、核实记录等，其中关键极限值的验证是重点。验证方法如：随机抽样分析；对经灭菌处理的产品做细菌培养实验；产品是否符合预期或标示的保质期实验；成品检验实验等。

7. 保存记录和文件 整个 HACCP 方案中必须建立有完整的文档记录，这一步骤是建立 HACCP 体系有效的档案保管制度。这不仅要求准备并保存一份书面的 HACCP 计划，计划中应包括危害分析、预防措施、CCP 和极限值、监控的程序和形式、纠正行动计划以及确认和验证的程序和形式等，同时还要求保存计划运行过程中产生的所有记录。完整的记录是 HACCP 体系成功运行的关键之一。

已批准的 HACCP 计划方案和有关记录应存档，有专人负责保管，所有文件和记录均应装订成册，以便管理监督部门的检查。

良好的作业规范和 HACCP 体系的实施可以减少危害的产生。

（五）ISO 9000 标准

ISO 9000 标准是国际标准化组织（ISO）为企业科学经营管理以保证产品质量制定的国际标准。用于证实组织具有提供满足顾客要求和适用法规要求的产品的能力，目的在于提高产品的信誉、减少重复检验、削弱和消除贸易技术壁垒；公正、科学地对产品和企业进行质量评价和监督；可以作为顾客对供方质量体系审核的依据。而 HACCP 体系是预防性食品安全质量控制体系。其不同点是：ISO 9000 适用于各类行业，HACCP 目前主要应用于食品行业；实行 ISO 9000 是企业自愿行为，而实施 HACCP 则逐渐由自愿向强制过渡。ISO 9000 与 HACCP 虽然存在差别，但它们很多要求和程序是相互兼容的，如记录、培训、文件控制、内部审核等。实践证明二者结合有利于企业的管理和生产向更加科学、规范和有效的方向发展。2001 年 ISO 将 HACCP 原理引入 ISO 9000 标准之中，形成新的标准，即 ISO15161：2001《食品与饮料行业 ISO 9001：2000 应用指南》。

第五节　渔业信息技术概述

一、渔业信息技术的概念与内涵

（一）渔业信息技术的概念

信息技术是指在信息的产生、获取、存储、传递、处理、显示和使用等方面能够扩展人的信息器官功能的技术。随着经济的发展、科学技术的进步，现代信息技术已发展成为一门综合性很强的高新技术群。它以现代信息科学、系统科学、控制论为理论基础，以通信、电子、计算机、自动化和光电等技术为依托，已成为产生、存储、转换、加工图像、文字、声音及数字信息的所有现代高新技术的总称。20世纪末，信息技术在世界各国国民经济各部门和社会各领域得到了广泛应用，不仅改变了人们的工作、学习及生活方式，也促使人类社会产业结构发生了深刻变革。

现代渔业信息技术是现代信息技术和渔业产业相结合的产物，是计算机、信息存储与处理、电子、通信、网络、人工智能、仿真、多媒体、"3S"（GIS——地理信息系统、RS——遥感系统、GPS——全球定位系统）、自动控制等技术在渔业领域移植、消化、吸收、改造、集成的结果，是发展渔业现代化、信息化的有效手段。

现代渔业信息技术与其他各种新型渔业技术结合，对渔业所涉及的资源、环境、生态等基础学科有机结合，并对其进行数字化和可视化的表达、设计、控制，在数字水平上对渔业生产、管理、经营、流通、服务等领域进行科学管理，改造传统渔业，达到合理利用渔业资源、降低生产成本、改善生态环境等目的，从而加速渔业的发展和渔业产业的升级，使渔业按照人类的需求目标发展。

（二）渔业信息技术的内涵

众所周知，信息技术内涵深刻，外延广泛，其构成至少包括三个层次，如图3-5-1所示。第一层是信息基础技术，即有关材料和元器件的生产制造技术，它是整个信息技术的基础；第二层是信息系统技术，即有关信息获取、传输、处理、控制设备和系统的技术，主要有计算机技术、通信技术、控制技术等方面，是信息技术的核心；第三层是信息应用技术，即信息管理、控制、决策等技术，是信息技术开发的根本目的所在。信息技术的这三个层次相互关联，缺一不可。

图3-5-1 信息技术的层次模型

渔业信息技术是信息技术在渔业中的应用，主要属于信息应用技术范畴，因此，我们对渔业信息技术的内涵主要从应用的角度来理解。早期渔业信息技术主要是指在渔业中应用的计算机技术，此后，随着信息技术的发展，逐渐向综合应用方向发展，涉及许多新的技术，如计算机网络、微电子技术、现代通信技术、数据库、计算机辅助系统、管理信息系统、人工智能与专家系统、仿真与虚拟现实、多媒体、3S 技术、自动控制技术等。

由此可见,渔业信息技术是一个不断发展的技术领域,渔业信息技术的内涵将随着信息技术的发展而不断丰富,并且随着时代的进步和信息技术在渔业领域的不断深入应用,渔业信息技术的内容将会越来越丰富,对渔业发展的促进作用也必将越来越显著。

渔业信息技术是一个多维技术体系。从渔业行业内部各产业结构的角度来看,渔业信息技术包括养殖业信息技术、捕捞业信息技术、加工业信息技术,以及渔业装备与工程信息技术等;从渔业经济和管理层面来看,渔业信息技术包括渔业宏观决策信息技术、渔业生产管理信息技术、渔业市场信息技术、渔业科技推广信息技术等;从认识渔业对象发生发展规律来看,渔业信息技术包括渔业对象信息技术、渔业过程信息技术等;从渔业信息自身属性来看,渔业信息技术是渔业信息获取、存储、处理、传输、分布和表达的综合;从渔业信息技术的应用形式来看,渔业信息技术是渔业管理信息系统、渔业资源与生态环境监测信息系统、渔业生产与执法过程管理调度系统、渔业决策支持系统、渔业专家系统、精确渔业系统、渔业电子商务系统、渔业教育培训等系统的综合。

二、发达国家渔业信息技术的发展状况

渔业信息技术的历史是从计算机在渔业中的应用开始的,最早可追溯到美国华盛顿大学(University of Washington)的 L. J. Bledsoe(L. J. 贝尔德森)关于北太平洋渔业模型的计算。在多数发达国家,渔业(尤其是水产养殖业)属于大农业范畴,因此,要了解渔业信息技术的发展历史,有必要先了解农业信息技术的发展历史。

农业信息技术的历史最早可追溯到 1952 年美国农业部的 Fred Waugh 博士在饲料混合方面的工作,在此后的 50 多年中,大致经历了四个发展阶段:20 世纪 50~60 年代,主要用于解决农业中的科学计算问题,诸如饲料配比、田间试验统计分析、农业经济中的运筹与规划等;70 年代,由于计算机存储设备的改善、软件开发技术的提高,各类农业数据库得到了开发和应用;80 年代初,微机技术崛起,计算机在农业方面的应用逐步发展为一股潮流,应用重点转向知识处理、农业决策支持与专家系统、自动化控制的研究与开发;90 年代进入 Internet 网络化时代,同时,以人工智能、3S 技术、多媒体技术为依托的虚拟农业、精细农业初现端倪。

与农业信息技术的发展相比,发达国家渔业信息技术的发展主要经历三个

阶段:

第一阶段:20世纪70年代,主要用于科学计算,例如当时美国华盛顿大学的L. J. Bledsoe设计了北太平洋渔业模型,并在计算机上运行,计算不少运行结果,大大提高了数据处理速度。

第二阶段:20世纪80年代,主要用于数据处理和数据库的建设,如采用Basic、Pascal、C等语言编写程序,进行数据处理,数据格式主要是文件系统;80年代末期,字处理软件包、Lotus、DBASE等数据库管理系统的出现,开发和建立了一些渔业数据库,例如美国、加拿大、日本和澳大利亚等国家建立了海洋渔业生物资源数据库、环境数据库、灾病害数据库、文献专利技术数据库等。由于这个时期计算机没有普及,使用计算机的人员大部分是软件编制人员,和渔业专业人员相分离,致使计算机在渔业上的应用仍然局限在很小的范围。

第三阶段:20世纪90年代,随着以计算机技术为代表的信息技术的迅猛发展,发达国家的渔业信息技术得到了快速发展,许多信息技术应用到政府辅助决策,资源管理和环境保护,水面利用和区划管理,气象、海况、渔况测预报,鱼群探测,渔船导航和海上生产作业实时指挥等;智能化的专家系统用于水产养殖中的池塘理化参数监制、自动投饵、饲料配制、鱼病诊断等;Internet技术的迅猛发展与普及,出现许多渔业网站,产生了渔业电子商务等。

目前,在国际上,尤其是美、欧、日等发达国家和地区,渔业信息技术已经得到了广泛的应用,渗透到了渔业的生产、管理和科研的方方面面。通过下面几个渔业信息技术的简单介绍,即可窥见一斑。

(一)渔业数据库系统

数据库系统(database system,简称DS)是一种能有组织地和动态地存储、管理、重复利用一系列有密切联系的数据集合(数据库)的计算机系统。利用数据库系统可将大量的信息进行记录、分类、整理等定量化、规范化的处理,并以记录为单位存储于数据库中,在系统的统一管理下,用户可对数据进行查询、检索,并能快速、准确地取得各种所需要的信息。

建立渔业数据库是实现渔业信息共享的基础,因此,发达国家非常重视渔业数据库建设和信息资源的开发利用。渔业上常见的基础数据库有:渔业资源信息数据库(种质资源、水资源)、渔业环境信息数据库(水文、气象、病虫害、污染)、渔业生产资料信息数据库(种苗、渔药、化肥、渔具、饲料及其原料等)、渔业技术信息数据库(新技术、新产品、新品种等)、水产品市场信息数据库(各种水产品的销售数量、价格及各地水产品行情等)、渔业经济数据库（渔业人口、水面、产量、渔民收入、就业等）、渔船及捕捞许可数据库、渔业政策法规数据库、渔业机构数据库等。

目前，世界著名的渔业数据库系统有 ASFA、FISHBASE 等，它们都是有上千万条记录的庞大系统，收录了各种农业（包括渔业）生产和科研的技术、成果、专利和基础知识。其中 ASFA（Aquatic Sciences and Fisheries Abstracts）是水科学和渔业文摘数据库，覆盖了全世界海淡水资源、水环境科学、养殖技术、政策和管理等方面的综合性文摘。这个数据库的建立为全世界的渔业工作者分享渔业信息提供了极大的便利，对查阅和检索渔业文献及课题立项和成果鉴定方面起到重要作用，具有速度快、效率高、权威性强的特点。

（二）渔业专家系统

专家系统（expert system，简称 ES）是一种智能的计算机程序，它能够运用知识进行推理，解决只有专家才能解决的复杂问题。换句话说，专家系统是一种模拟专家决策能力的计算机系统。专家系统是以逻辑推理为手段，以知识为中心解决问题。

渔业专家系统是以渔业专业知识为基础，在特定渔业领域内能像渔业专家那样解决复杂的现实问题的计算机系统。它是将渔业专家的经验，用合适的表示方法，经过知识的获取、总结、理解、分析，存入知识库，通过推理机制来求解问题。

国外从20世纪70年代后期起就把专家系统技术应用于相关生产领域，目前已应用于水产养殖水中理化参数监控、自动投饵、饲料配制、鱼病诊断以及渔业经济效益分析、水产品市场销售管理等方面。例如日本的青田木一郎等开发了包括鱼卵丰度、幼鱼渔获量和黑潮暖流路径等28个变量和由这些变量之间的关系构成的146条规则的专家系统，对日本神奈县的鳀渔况进行预测的专家系统。丹麦的 Fuchs. F（1991）利用专家系统外壳 AUTOKLAS 开发了分析鱼类与环境之间关系的专家系统。联合国粮农组织（FAO，1993）开发了交互式专家系统，它包含一个专家知识库和一个模型库，可以对包括环境因子的剩余产量模型进行选择和拟合，主要应用于对渔业资源的评估与预测。

（三）渔业管理信息系统

管理信息系统（management information system，简称 MIS）是一个以人为主导，利用计算机硬件、软件、网络通信设备以及其他办公设备，进行信息搜集、传输、模拟、处理、检索、分析和表达，以增强企业战略竞争、提高效率和效益为目的，并能帮助企业进行决策、控制、运作管理的人机系统。

渔业管理信息系统是管理信息系统技术在渔业管理中的具体应用，能够帮助渔业从业人员辅助管理、科学决策、提高效益。目前在发达国家和地区，渔业管理信息系统已经广泛应用于渔业行政管理、渔业生产管理、渔业经营管理、渔业企业管理、渔业产物资源质量管理、渔业科技管理等方面。

(四) 3S 技术

3S 技术是遥感（remote sensing，简称 RS）、地理信息系统（geography information system，简称 GIS）和全球定位系统（global positioning systems，简称 GPS）的简称，是将空间技术、遥感技术、卫星测量定位技术与计算机技术、通信技术和控制技术互相渗透、互相结合的一门技术，已经广泛应用于军事、通信、交通、环境、国土、农业等诸多领域，对社会可持续发展起了极其重要的作用。

在渔业领域，3S 技术最早应用于海洋渔业，始于 20 世纪 80 年代中后期，但在 90 年代才得到发展。目前，3S 技术已经广泛应用于渔况测预报和鱼群探测、渔业资源管理、渔场动态监测、环境保护、各种渔业灾害（赤潮、台风、病虫害等）的实时预测与监测、水面利用和区划管理、渔船导航和海上生产作业实时指挥等，并针对不同的应用对象和用途进行研究开发，在渔业生产、科研、管理中起着重要的作用。

在国际上，西方发达国家和地区相对较早地将 3S 技术应用于渔业领域，例如：

20 世纪 80 年代中期，美国西南及东南渔业研究中心（WSFSC，ESFSC）将遥感技术应用于加利福尼亚沿岸金枪鱼和墨西哥湾的鲷和稚幼鱼资源分布及渔场调查研究，取得了成功，并且利用 Nimbus27 CZCS 水色扫描仪所获得的信息，定期计算了墨西湾的叶绿素和初级生产力的空间分布，并结合利用 NOAA AVHRR 信息计算海面温度及其梯度分布，发现了鲷和稚幼鱼资源渔场分布与上述信息的关系，研究出定量回归模式，此后又将这一成果结合专家系统广泛用于美国墨西哥湾的渔业生产。

日本农林水产厅自 20 世纪 80 年代以来也一直以气象卫星遥感信息为主，为该国海洋捕捞做定期渔场渔情服务，包括每隔 5 d、7 d 的整年定期渔海况速报，鱼汛期季节性的定期渔海况速报和全年（每 10 d 1 次）的渔海况速报。Tokai 大学还利用卫星监测夜间在日本附近海域作业渔船的灯火分布，并将它与遥感反演的海表温进行叠加分析，发现渔船作业大多在冷暖水边界靠冷水的一边，这就为海洋渔业资源管理提供了依据。目前，日本海渔况速报和预报的品种、预报海域的范围均不断扩大，技术水平处于国际领先。

加拿大建立了海湾地理信息系统（G-GIS）、海洋信息系统（MEDS），用于管理加拿大 200 n mile 经济专属区的国内外渔船，自动记录捕捞证、配额、捕获量、捕捞努力量等数据。英国综合运用 GIS、DBMS 和 GPS 技术开发了渔业生产动态管理系统 FISHCAM2000，该系统由船载模块和管理模块两部分组成，船载模块安装在船载微机中，定制的软件系统与全球定位系统相连，数据以自动传送和磁盘两种方式汇集；管理部门用管理模块（ODBMS 与一个 GIS 相连）进行数据处理、分析和输出。德国、芬兰、挪威、苏格兰和瑞典联合开发的 Skagex 电子图集，包括了 7 个波罗的海国家海域的物理、水文、化学、生物参数。

（五）计算机网络

计算机网络（computer network）是指利用通信设备和传输介质将地理位置不同、功能独立的多个计算机系统互连起来，以功能完善的网络软件实现网络中资源共享和信息传递的系统。目前世界上发展最迅速、利用最广泛、规模最庞大的计算机网络是国际互联网 Internet。目前，Internet 已覆盖了全世界大多数国家和地区，联网的主机达到数千万台，上网用户达到数亿。Internet 信息内容涉及广泛，几乎包括工农业生产、科技、教育、文化艺术、商业、资讯、娱乐休闲等各个方面，在 Internet 上，购物、在线教育、在线炒股、远程医疗、点播电影、网络会议、网络展览都已变成现实，Internet 已成为人类技术和文明的巨大财富，是全球取之不尽、用之不竭的信息资源基地。

与其他行业一样，计算机网络在渔业领域上的应用非常广泛，除了传统的渔业数据库系统、渔业专家系统、渔业管理信息系统等信息系统由单机转向网络化，还建立了专门的渔业信息网络，提供专业的渔业信息服务。例如创建于 1870 年的美国渔业协会，于 20 世纪 90 年代初期就发布了其信息服务的网站 http：//www.fisheries.org，提供功能强大、内容丰富的渔业信息服务；水产品在线交易市场（http：//www.fishmark.com）实现渔业电子商务，提供网上在线交易；美国国家渔业信息网络建设了全国性的、基于 Web 的、统一的渔业信息系统 FIS（The Fisheries Information System），提供美国渔业的准确、有效、及时、全面的数据信息，回答何人、何时、何地、做何事、为何和如何等问题，为决策者提供渔业政策和管理决策依据，为科研人员提供数据资料，为从业人员提供信息服务。

（六）多媒体技术

多媒体技术（multimedia technology）是指把文字、音频、视频、图形、图像、动画等多种媒体信息通过计算机加工处理（采集、压缩、解压、编辑、存储等），再以单独或合成形式表现出来的一体化技术，其本质不仅是信息的集成，也是硬件和软件的集成，同时它通过逻辑链接形成具有交互能力的系统。多媒体技术处理的信息具有两个重要特性，其一是信息呈现的多样性，信息以图文并茂、生动活泼的动态形式表现出来，给人以很强的视觉冲击力，留下深刻印象；其二是交互性，人们可以使用键盘、鼠标、触摸屏等输入设备，通过计算机软件控制多媒体的播放，从而能提供更有效的控制、使用信息的手段。

多媒体技术丰富了渔业信息技术的手段，使渔业信息的表现形式呈现多样化，与其他渔业信息技术综合应用，开发出多媒体的渔业数据库系统、渔业专家系统、渔业管理信息系统，其图、文、声、像并茂，易为渔业从业人员所接受。发达国家早在20世纪90年代初期，就开发和应用了多媒体的水产养殖管理系统、饲料配方专家系统、渔业信息咨询系统等。

三、我国渔业信息技术的发展状况

在国内，信息技术在渔业领域的应用起步于20世纪80年代初期，在短短20多年的时间里，我国渔业信息技术经历了起步、发展和提高等三个阶段，与发达国家的差距正在缩小，在某些地区，某些技术应用已经达到了国际先进水平。

（一）起步阶段（1990年以前）

这一阶段，当时的信息技术背景是电子计算机昂贵，局限于科研院所，为专业人员使用，且计算机的功能有限。在渔业领域，主要是利用计算机的快速计算能力，解决渔业领域中的科学计算和数学规划问题，以及简单的渔业数据处理、预测分析等。

1980年，厦门大学的江素菲等人应用TQ-16电子计算机，对闽南—台湾浅滩渔场带鱼种群的研究，解决了长期以来该海域带鱼是否存在两个不同种群的问题；1983年，厦门水产学院的林瑞镛应用TRS-80微型计算机，对福建省渔业机械化调查统计，有效地减轻了统计分析工作中庞大烦琐的人工劳动，并使整个统计工作达到国内先进水平；1983年4月，黄海水产研究所等单位研制的"渔情测报系统"，首先开拓了微型电子计算机在渔业中应用的新领域，为我国渔情资料快速传递、处理和发布，及时反映海上渔场分布概况，指出中心渔场，反映捕捞对象全面动态提供了重要手段；1986—1989年，福建水产研究所开展了"微电脑在渔业上的应用研究"课题,采用多元回归分析方法,进行了闽南地区灯光围网渔获量预报的研究,用 DBASE2 数据库建立了闽南地区灯光围网渔业统计资料及有关气象水文资料数据库。另外还有:1986 年徐明的"鱼用饲料原料配比的计算机程序初步研究",1987 年林瑞镛的"船舶推进计算机辅助设计的数值计算"、1989 年的"中小型船舶微机辅助设计 SCAD 系统",1986 年张秉章的"水产养殖微机数据采集处理的硬件电路与软件设计"等等。

与此同时,引进和利用了国外先进的渔业信息数据库系统。1985 年,国家海洋信息中心代表中国加入联合国水科学和渔业情报系统(ASFIS),并成为 ASFA 中国国家中心。水科学和渔业文摘(Aquatic Sciences and Fisheries Abstracts)(ASFA)是 ASFIS 系统的主要产品,有联机数据库、数据库光盘、印刷本杂志等几种形式,其收录范围包括海洋、半咸水、淡水环境的科学、技术与管理,生物与资源及其社会、经济、法律问题等。文献覆盖范围包括:海洋、淡水和半咸水环境的生物学、生态学、生态系和渔业;物理和化学海洋学、湖沼学,海洋地球物理学和地球化学,海洋工程技术,海洋政策法规和非生物资源;水环境的污染、影响、监测与防治;水产养殖、管理和有关的社会经济问题;分子生物学和遗传学在水生生物领域的应用技术等。

(二)发展阶段(1991—1997 年)

这一阶段,计算机不再是奢侈品,且计算机的功能越来越丰富,计算机的多媒体、网络等方面的功能得到加强,以计算机为核心的信息技术发展迅速,其应用越来越广泛、越来越深入。在渔业领域,主要是利用计算机的复杂数据处理能力,以及网络通信、多媒体方面的功能,人工智能、3S 技术也得到了快速的应用,不仅开发和建立了各种渔业数据库系统、专家系统、管理信息系统,实现渔业生产自动化,还应用 3S 技术进行渔业资源环境的监测、高效远洋捕捞。

1991 年,中国水产科学研究院渔业综合信息研究中心在《中国水产文摘》基础上,开发和建立了《中国水产文献数据库》。该数据库系统收集了 1985 年以来国内主要水产刊物的文献,是我国水产领域最大的专业数据库,规模超过 4 万条目信息,涉及渔业的各个领域,包括资源、捕捞、养殖、加工、机械、渔业经济等;1995 年,中国水产科学院黄海水产研究所利用 PC 机,建立了 1971—1985 年间的渔捞产量数据库,进行相关统计分析,揭示马面鲀渔场与东海黑潮的关系,为生产企业单位掌握渔情动态、把握中心渔场、科学地安排生产提供了依据;20 世纪 90 年代以来,国内相关部门还建立了其他数据库,

 渔业导论

如鱼病防治、工厂化养殖、渔业信息、水产养殖技术等数据库。这些数据库的建立为渔业信息的传播和分享，更好地为渔业科技、教学、生产、经营等部门服务提供了强有力的支撑。

国内把遥感技术应用于海洋渔业的研究始于20世纪80年代初，但直到90年代才得到快速和深入的应用。首先对气象卫星红外云图在海洋渔业上应用进行了探索性的研究，利用外部定标方法提取卫星红外云图中的海面水温信息，在此基础上，结合非遥感源的海况环境信息和渔场生产数据，经过综合分析，手工制作成黄、东海区渔海况速报图，并定期（每周）向渔业生产单位和渔业管理部门提供信息服务。国内进行的气象卫星海况情报业务系统的研究工作，包括对气象卫星海面信息的接收处理，海渔况信息的实时收集与处理，黄、东海环境历史资料的统计与管理，海渔况速报图与渔场预报的实时制作与传输，海渔况速报图的应用等，其研究成果的水平基本接近日本同类水平，但在智能化、可视化、应用的广度和深度方面尚存在一定差距。

另外，在渔业信息系统的开发和应用方面也取得了一些成绩，例如：中山大学进行的"微电脑草鱼饲料配方研究"和"池塘高产电子计算机人工智能咨询系统研究"，厦门水产学院开发的"鱼用饲料原料配比的计算机程序初步研究"，以及"鱼类营养学专家系统"、"鱼病诊断专家系统"、"全国渔业区划信息系统"、"对虾养殖计算机管理系统"等。同时，20世纪90年代中期以来，在经济发达地区和沿海的一些渔场建立了不少工厂化养鱼车间，这些车间以自动化为核心建立，发展了设施渔业。

（三）提高阶段（1998年以后）

这一阶段，计算机价格不断下降，软件开发环境不断完善和提高，计算机逐渐普及，尤其是Internet的出现和普及，使信息技术在渔业领域的应用不仅进一步普及，而且应用水平也得到了很大提高，与发达国家或地区的差距缩小，某些领域、地区已经达到或超过国际先进水平。

1. 形成了全国性的渔业信息组织机构体系　农业部已形成了由市场与经济信息司具体组织协调，以信息中心为技术依托，各专业司局和有关直属事业单位共同参与的信息组织机构体系，例如东海区渔业信息服务网络如图3-5-2所示。全国各省级农业行政主管部门都有负责信息工作的职能部门，有89%的地级市、60%的县、20%的乡镇建立了农村综合经济信息中心和相应的农业信息服务机构及自己的信息服务平台。国家对渔业信息的管理纳入在农业信息的管理之中。

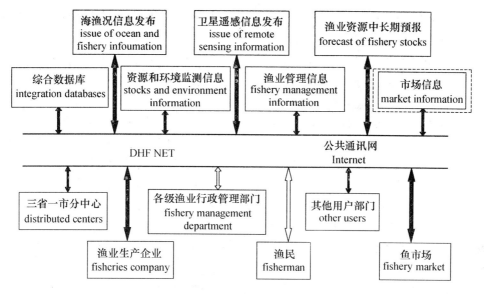

图 3-5-2 东海区渔业信息服务网络

2. 建起了一批较有影响的渔业信息网站 随着 Internet 在国内的普及，渔业网站也得到了迅猛发展，从 1999 年的 20 多家，发展到目前有好几百家，参与渔业网站建设的有各级水产行业管理机构、水产科研和教学机构、水产企业、甚至一些个人，在这些不同类型的渔业信息网站中，比较知名的有：中国渔业政务网（http：//www.cnfm.gov.cn）、中国水产科学研究院网（http：//www.cafs.ac.cn）、中国水产网（http：//www.china-fishery.net）、中国渔业信息网（http：//www.fish.net.cn）、中国渔市（http：//www.cfm.com.cn）、中国水产资讯网（http：//www.china-fisheries.com）等。这些网站以不同方式为渔业部门和全社会提供渔业信息服务。

3. 开发出一批有较高实用价值的数据库和信息系统 在渔业信息资源开发利用和基础数据库建设方面，经过多年的努力，已建成了一批实用数据库或信息系统，如渔业科技文献数据库、科研成果管理数据库、全国渔业区划数据库、水产种质资源数据库、实用养殖技术数据库、渔业统计数据库、海洋渔业生物资源数据库、海洋捕捞许可证与船籍证管理数据库、远洋信息管理系统等，其中有的已经推广应用，并在渔业的生产、管理和科研教学中发挥了重要的作用。

由中国水产科学研究院渔业综合信息研究中心创建的《中国水产文献数据库》收录了由 1985 年以来公开发表的文献资料 4 万多篇，是我国水产行业科研、教学和生产管理的主要检索工具。由中国水产科学研究院创建的我国水产

种质资源数据库收录了 3 000 多条水生生物种类的基本生物学特征数据,目前也已经通过科技部的验收。

上海水产大学鱿钓技术组于 1995 年,在原农业部渔业局捕捞处支持下,建立北太平洋鱿鱼渔获量的数据库系统。该数据库收集了 1995—1999 年间 10 多家主要生产单位的渔获量及其分布数据,内容包括了作业日期、生产渔区、各渔区的投入船数、各渔区的投入渔获量以及平均渔获量,可以按单位、作业日期、渔区等不同的条件进行查询和统计,并编印出 5 册 1995—1999 年度的北太平洋鱿钓作业的渔场分布图,供渔业主管部门和各生产单位使用。

2001 年,为适应当前国际海洋管理制度的变革和我国专属经济区、重点渔业水域管理的需要,切实改变目前我国渔政管理水平不高、执法手段落后、统一综合执法能力不强的局面,提高渔业管理的总体水平,经充分酝酿、论证,农业部渔业局立项开发建设中国渔政管理指挥系统。该系统总投资 7 000 万元左右,建设的总体目标为建设国家(农业部)、海区(黄渤海、东海、南海区渔政渔港监督管理局)、省(自治区、直辖市)渔政管理指挥系统中心站,在省级直属渔业行政执法机构和沿海地(市)、县渔业行政执法机构中建立系统工作站,同时为渔政执法船配备船位监测设备,形成完整的全国渔政管理指挥网络系统。通过 3 年多的开发和人员培训,目前已投入运行。

4. 渔业专家系统被推广应用 我国渔业专家系统的开发始于 20 世纪 90 年代初期,最早的渔业专家系统是由国家农业信息工程中心开发出的"鱼类病害专家诊断系统"。

在国家 863-306 主题项目的支持下,先后开发了用于农业专家系统的平台 5 个,分别是:由北京国家农业工程技术信息中心和国防科技大学合作开发的 Paid4.0,由中国科学院合肥智能机械研究所农业信息技术重点实验室开发的 Visaul XF6.2,吉林大学计算机科学系开发的农业专家系统开发平台,中国科学院合肥智能机械研究所开发的农业专家系统开发工具,哈尔滨工业大学计算机系开发的农业专家系统开发平台。

在上述平台的基础上,一些单位先后研制开发出了不同类型的渔业专家系统,如:天津水产研究所开发出的"中国对虾养殖专家系统",北京市水产研究所开发出的"水产专家信息系统",北京农业信息技术研究中心开发出的"淡水虾养殖专家决策系统"、"青虾专家系统"、"水产养殖专家决策支持系统",中国农业大学开发出的"稻田养蟹专家系统"、"智能化水产养殖信息系统"、"鱼病诊断与防治专家系统"、"淡水鱼饲料投喂专家系统"等。

以上成果已经在渔业的科研、生产和管理上发挥出不同程度的作用,但客观地讲,这些专家系统的准确性、实用性和所采用技术的先进性与国外相比仍有相当的差距。

5. 3S 技术以一种高速发展的态势渗透到渔业的科研和生产之中 我国有关科研单位利用 NOAA 卫星信息,经过图像处理技术处理得到海洋温度场、海洋锋面和冷暖水团的动态变化图,进行了卫星信息与渔场之间相关性的研究,为实现海况、渔况测预报业务系统的建立进行了有益的探索;利用美国 LANDSAT 的 TM 信息,对 10 多个湖泊的形态、水生维管束植物的分布、叶绿素和初级生产力的估算进行了研究,为大型湖泊生态环境的宏观管理提供了依据。

上海渔业机械所等单位研制"带航迹显示的渔用 GPS"和"渔船航海工作电脑系统"已经广泛应用于我国渔船导航系统,国内有关单位实施的"我国专属经济区和大陆架生物资源地理信息系统"、"渤海生物资源地理信息系统"、"南海海洋渔业 GIS 管理系统"等项目,对我国近海渔业资源的养护和管理都起到了重要作用。

"九五"期间,针对我国近海渔业资源可持续利用、外海新渔场开发以及我国海洋专属经济区、中日和中韩共管区管理等需要高新技术支持的迫切需求,国家 863 计划海洋领域海洋监测技术主题设专题研究项目"海洋渔业遥感信息服务系统技术和示范试验",以东海为示范研究区,以带鱼、马面鲀、鲐为示范鱼种,开发了可业务化运行的海洋渔业遥感、地理信息系统技术应用服务系统。

"九五"后期,以西北太平洋为研究区域,以鱿鱼为研究对象,进行了大洋渔业信息服务系统技术研究开发。具体包括:西北太平洋遥感信息接收和处理,西北太平洋鱿鱼渔船动态跟踪和管理,西北太平洋鱿鱼中心渔场速报,西北太平洋渔业综合数据库建设和数据库管理系统等。其中,西北太平洋渔业综合数据库中有些数据项的区域范围覆盖了整个太平洋甚至全球大洋。数据包括:用于提取渔场环境特征的 6 种遥感图像和海表温度(SST)、叶绿素数据,数据量 350 G;国内全部鱿鱼生产 80% 的历史渔捞统计数据,以及部分台湾地区、日本和朝鲜的鱿鱼统计数据;温度、盐度、含氧量、磷酸盐、硅酸盐、亚硝酸盐、硝酸盐、pH、浮游生物、压力、气温、气压、风速、风向、波高、波浪周期和波谱等全球海洋调查观测数据,数据量 10 G 左右;商船船测数据(流速、流向、气压、水表温、风向、风力、云的形状、云的运动方向等)约 1 亿个记录;西北太平洋 SST 等值线图 1 500 多幅,时间分辨率为 3 d;海底地形、海底底质、专属经济区、日本 139 总吨线等背景数据;国内所有的鱿鱼、金枪鱼生物学生产调查数据;国内所有的远洋渔船船舶档案;国内外重要渔业法规。在数据库的基础上,处理分析出了深加工信息产品《大洋渔业海渔况系列信息产品》。

6. 促进了设施渔业的发展 所谓设施渔业，就是采用现代化的养殖设施（机械化、工厂化、信息化、自动化），以建立人工小气候为手段，在人工控制的最佳环境、最佳饵料条件下，进行高密度、集约化养殖。设施渔业又称为"工厂化渔业"或"环境控制渔业"，广义含义还包括工厂化养殖、网箱养殖、休闲渔业及人工鱼礁等。设施渔业的关键在于现代化的养殖设施，以及高度自动化的管理，而这些都离不开信息技术的支撑。

2001年，江苏省在淮安、南京、吕泗等地高起点兴建了5个现代渔业科技示范园区，大力发展设施渔业。其中淮安示范园区的史氏鲟苗种培育与成鱼养殖项目，年产值超过500万元，利税达到200万元，育苗和养成技术达到国内先进水平；南京示范园区利用人工养殖的河豚，育成亲鱼进行全人工繁殖，产卵率达到67%，孵化率44%，育苗16万尾，达到国内先进水平。

2003年9月，一座建筑面积2 300 m^2 的现代化养殖工厂在湖北省宜昌市正式投产，这是上海市政府的援助项目，由上海水产大学协办和技术支持，总投资2 000万元，可实现年产值1亿元，利税1 100万元。

四、我国渔业信息技术发展面临的挑战

我国渔业信息技术虽然发展很快，但与国外发达国家相比、与国内其他行业相比，还存在较大差距，面临许多挑战。

（一）基础设施缺乏，地区之间参错不齐

与国外发达国家相比、与国内其他行业相比，我国在渔业信息技术方面、尤其是基础设施建设方面，资金投入相对不足，虽然也启动了一些大的全国性工程项目，加快了渔业信息网络的建设，但对我们这样一个渔业大国来说，仍远远不足，渔业信息基础设施建设仍是薄弱环节；现代化的设施渔业还很少，即使有一些，但信息技术含量、自动化程度也不高；渔业生产装备中的信息技术含量尽管有了提高，但总体还不够，以海洋捕捞渔船为例，现代信息技术的装备还很少，大多数中小型渔船甚至还没有。

计算机在渔业系统中的普及率仍然很低，许多基层单位连计算机还没有，而且不同地区发展很不平衡，要在全国范围内达到乡镇、农户、渔民联网，还有很长的路要走。

（二）人才严重短缺，总体素质有待提高

在渔业信息技术开发与应用过程中，专业人才与用户的素质是两个十分重

要的因素。由于渔业行业的限制和特点，无法吸引更多的优秀人才加盟，特别是IT技术人才。尽管每年培养了大量的渔业专业人才，但其中相当一部分转移到其他行业。以经济相对发达的上海为例，每万名农业劳动力中科技人员仅为15人，渔业科技人员的比例就更少。另外，既懂渔业，又懂信息技术的复合型人才很少，特别是还要具有一定的经营意识和管理能力的人才是少之又少。

人才的缺乏直接导致信息技术利用落后和创新能力下降，渔业信息产业基本上引用和套用信息产业的技术，制约了渔业信息产业作为一个独立产业而持续快速的发展。

（三）信息资源建设滞后，难以满足实际需要

国内虽然建设了几十个有一定规模的渔业专业数据库，但总体来看，渔业信息资源的建设规模和覆盖面小，地域和领域分布不均衡，缺乏统一规划，缺乏必要的信息技术规范与标准，已开发出来的信息资源数据库得不到有效的共享和服务，难以满足实际需求。

虽有几百个渔业信息网站，但是网上综合信息多，专业信息少；简单堆砌的信息多，精心加工的信息少；交叉重复的信息多，有特色的原创信息少；目录数据库多，全文数据库少；自有数据库多，公用共享数据库少。

渔业信息资源缺乏充分和有效的开发，尤其是能提供给渔民利用的有效资源严重不足，与"路况差"相比，"无货可运"的问题更为严重。

（四）基础研究乏力，技术相对落后

渔业信息技术基础研究乏力，低水平重复较为严重，缺乏具有带动全局性和战略性的重大技术、重大产品和重大系统。渔业信息技术属于高新技术范畴，对专业研究人员要求高，开展研究的投资大，应用费用更大，渔业部门和基层单位难以接受，导致基础研究、应用开发和成果转化之间严重脱节。

目前已有的研究成果相当一部分是把信息技术作为外围辅助的手段，提供表层的信息服务，信息技术没有作为本质要素真正参与到渔业生产、管理、科研和推广各个环节中。渔业信息技术大都借鉴和使用信息产业的技术，还没有形成渔业产业特点的创新技术。多年来，尽管对管理信息系统、数据库、3S技术、专家系统进行了研究，某些研究成果也有达到或接近国外先进水平的，但仅仅停留在局部、零星范围内的应用，规模很小，应用程度不深入、不全面，没有充分发挥先进信息技术的作用。

 渔业导论

（五）产业化程度低，市场机制远未形成

与国内大农业一样，渔业也是小规模分散生产经营，渔业产业化程度低，难以形成信息需求规模，给渔业信息产业化带来困难。

渔业信息技术研究及咨询主要还是对上服务，而根据市场机制，直接面向渔业生产、服务渔民的技术研究尚为数不多。研究内容单一、目标分散、适应面窄、缺乏多学科专业综合应用研究等也使得渔业信息产业化难以形成。

（六）缺乏统一管理和统一规划

目前国内信息产业发展速度很快，但在渔业行业总体重视不够，对渔业信息技术和渔业信息化的重要性认识不足，缺乏总体规划和远景目标，发展方向不明确，各自为政。缺乏把信息技术作为生产力中一个重要要素进行系统组织、设计和研究，研究力量和研究目标分散，信息技术对渔业产业革命性的作用远远没有发挥出来。

五、渔业信息技术的发展趋势

渔业信息技术的发展离不开信息技术的发展，根据近年来信息技术的发展，渔业信息技术的发展趋势如下：

1. 网络化 网络已成为世界渔业信息的主要交流和传送平台。资源共享、传播速度快、范围广、交互性强的特点，使网络的应用从普通的电子邮件发展到渔业电子商务，从渔业信息的查询到专家系统等各类公共信息服务平台的使用，几乎遍及渔业的各个方面。对于某一水产养殖技术问题，渔民可以从网络上寻找解决的办法，获得相关的技术指导。

传统单一的渔业数据库系统、专家系统、管理信息系统、地理信息系统等，也逐渐向网络环境下移植，将产生更大的社会效益和经济效益。网络环境也由局域网向广域网发展，由有线向无线方向发展。

2. 多媒体化 高速、大容量存储技术的发展，进一步促进了多媒体技术的发展与应用，为渔业信息的传播提供了图、文、声、像并茂的媒介形式。

近几年来，多媒体网络传输、多媒体数据库、多媒体数据检索、多媒体监控技术、多媒体仿真与虚拟现实等关键技术的实用化程度不断提高，多媒体技术已经在渔业信息领域得到了大量应用，如多媒体的渔业电子出版物、多媒体的专家系统、多媒体的渔业信息咨询系统等。

另外，应用多媒体传播渔业实用技术，进行远程教育和技术推广已成为流

行方式。

3. 智能化　渔业信息技术的智能化，一方面表现在各类渔业专家系统的不断开发与应用，另一方面智能技术正在广泛融入其他高新技术。例如，由天津水产研究所主持开发的"中国对虾养殖专家决策咨询系统"，依托所建立的基础数据库与知识库，可提供对虾育苗场建设、对虾养殖技术、养殖配种决策、对虾配合饲料使用技术、病害诊断防治等30余项技术的管理决策服务，基本涵盖了对虾养殖中主要的生产管理环节，并将无公害生产技术贯穿其中。

4. 集成化　随着数据库、管理信息系统、专家系统、计算机网络、多媒体技术、微电子技术，以及遥感、全球定位系统和地理信息系统等单项技术在渔业领域应用的日趋成熟，集成多项信息技术，满足现代渔业的高层次应用的需要，已成为一个主要趋势。例如目前应用的"精准渔业"技术，就是RS、GIS、GPS、渔业专家系统（ES）和决策支持系统（DSS）等一系列渔业信息技术集成的结果。

5. 虚拟化　虚拟现实技术是一项综合集成技术，涉及计算机图形学、人机交互技术、传感技术、人工智能等领域，在渔业领域主要表现在渔业数字模拟、仿真和虚拟渔业技术的发展和进步。

虚拟渔业能够综合应用计算机、仿真、虚拟现实和多媒体技术培育虚拟水产品，为水产品的培育和生长提供定向指导；建立虚拟的渔业资源环境，研究水产品的生长环境。

六、加速我国渔业信息技术发展进程

（一）渔业信息技术的作用与影响

人类社会进入21世纪后，从社会进化和文明形态来看，大约有15%的国家正在从工业化社会向信息化社会过渡，35%的国家正在为实现工业化社会而奋斗或者已处于工业化社会，50%的国家基本上仍然处于农业化社会，其中甚至还有少数国家还处于原始社会色彩很浓的未开发社会。尽管国际社会中的各个国家仍有这样或那样的差别，但是，纵观它们的发展情况，不难发现，各个国家，特别是相对不发达的国家都在现代科学技术的影响下，正在不同程度地实施着"跳跃式"发展战略，从生产力较低的社会向相对高层次的社会发展。信息技术作为科学技术的直接体现，正在人类社会进步中发挥着重要的作用。21世纪是社会高度信息化、经济高度知识化的时代。因此，"四个现代化，哪一化也离不开信息现代化"，极其精辟地指出了信息在现代社会发展中的重要

性。国务院关于加速科技进步的决定中也明确指出:"农业的根本出路在于科技进步"。我国目前有13亿人口,解决这么多人口的吃饭是一个很重要的问题。我国目前农业技术在世界上相对落后,如果继续落后下去,未来13亿~16亿人口吃饭问题都保证不了,实现国家工业化、现代化的目标就可能落空。因此,必须采取跨越式战略,使农业科技率先跃居世界先进水平,确保人们吃饭问题,并使其在高新技术领域占有一席之地,加速农业的发展。渔业信息技术作为农业信息技术的一部分,也应当有所作为。

目前,渔业信息技术在发达国家已得到广泛应用,并已成为渔业系统中不可缺少的生产要素。发达国家的经验表明,信息技术的普遍应用,使渔业生产在机械化的基础上实现了集约化、自动化和智能化,经营管理实现了科学化,提高了渔业对市场的反应能力,增强了渔业抵御自然灾害的能力。

在我国,渔业高度分散、生产规模小、时空差异大、量化规模化程度差、稳定性和可控程度低等行业性弱点更为明显。渔业信息技术的应用对于渔业现代化的推动和影响作用将更为突出,主要表现在以下几个方面:

1. 促使渔业生产发生深刻变化 高新技术的应用,使渔业生产步入了现代化的生产阶段。生理工程大大促进了新品种的培育与品种改良,能源与新材料等方面的应用则改进了渔业生产的技术手段和提供了规模化生产的可能性,而电子、通信、计算机以及信息技术,则不同程度地渗透到了渔业生产的各个方面,使渔业生产中许多领域的生产方式发生极大的变化,促进了渔业的现代化生产。

渔业信息技术的应用将会极大地促进渔业生产结构的进步和生产方式的变革,促进渔业生产的集约化。传统的高耗、低效型的生产结构方式将被新兴的低耗、高效的生产结构方式所代替。计算机网络、精细渔业等技术在渔业上的广泛应用,将使传统渔业的粗放方式为集约方式所代替,把千家万户的经营与千变万化的市场连接起来,实现规模化、专业化与市场化经营,降低成本,提高效益。

2. 加速渔业产业化的进程 渔业产业化实质上是贴紧市场、知识密集程度高、系列化生产经营配套、企业化集团优势突出的市场渔业,可谓是现代化渔业的雏形。信息化对它的推动作用更为突出:一是通过信息化把渔业融入到经济全球化的竞争中去发展;二是通过信息技术把强、优渔业企业联合起来,打造"航空母舰",形成跨国竞争的巨大优势;三是通过信息技术开发网上贸易,直接建立水产品交易的快速通道。

3. 增强市场竞争力,减少经营风险 科技进步和社会主义市场经济是推进渔业现代化的两大动力,而离开了信息化,任何企业和个人都不可能在市场经济中获得成功。我国地域辽阔,气候、土壤、水源、环境条件十分复杂,渔业生产情况和渔业经济状况差别很大,即使在一个省的范围内也是如此,只有依靠渔业信息化,各级政府才能做出及时、正确的决策。准确、及时的市场信息能够有效地指导渔业生产经营者的实践活动,帮助他们确定生产什么、生产多少、如何生产等问题,减少盲目性、趋同性,降低市场风险。而且我国已加入WTO,国际市场的供求状况和价格直接影响到国内渔业生产;水产品对外贸易的发展,使国际水产品市场对国内生产也产生了日益加深的影响,可见连通全球的市场信息网络将成为渔业发展不可或缺的条件。

4. 促进渔业经济增长方式产生质的变化　信息经济是以现代科技为核心,建立在知识和信息的生产、存储、使用和消费上,它一改过去那种资源与资本的总量和增量决定经济成败的模式,而将资源和资本的决定意识深化到创新和集约化利用资源上。信息、知识和智力资源成为渔业经济增长的战略性资源,在一般商品生产和劳动中所消耗的信息和智力劳动的比重相对增加。渔业信息技术的利用在很大程度上减少了生产成本,节约了资源消耗,在产出增加或产出不变情况下,可把资源效能最大程度发挥出来,这既是渔业科技进步的功能,是提高资源利用率的有效途径,也是经济增长方式转变的关键所在。

5. 有效利用渔业资源,保障渔业可持续发展　可持续发展问题是21世纪世界面对的最大中心问题之一,它直接关系到人类文明的延续。改革开放30多年以来,在国家的产业政策和渔业科技进步的推动下,我国渔业的发展在世界渔业的范围内处于高速发展期,水产品总量连续20多年占世界首位。但在渔业高速发展的同时,也出现了近海渔业资源衰竭、养殖病害严重、水域生态环境破坏、加工附加值低、产业规模小、国际竞争力不足等问题,不能满足经济全球化竞争、国民食品安全、渔(农)民增收等形势发展的要求。

运用卫星遥感、地理信息、全球定位、空间分析等现代信息技术,可及时取得土壤、气候、植物和水等自然资源以及病虫草害、森林火灾发生变化的现时性资料,实现对渔业生产和资源环境的有效监测和预警,促进资源和生态环境的合理利用与有效保护,达到优质、高产、高效、低耗,最终实现渔业的可持续发展。

另外,由于信息技术可以减少原材料、劳动、时间、空间、资本和其他物质的投入,使劳动力的就业结构发生变化,从事渔业生产劳动的人越来越少,是渔业结构调整过程中的重要措施,从而可根本上避免现代化给资源环境带来的重大压力,促进渔业的可持续发展。

6. 有利于渔业新技术的研究和推广　一个地区的渔业和一种产品是否具有强大的市场竞争力,关键是要有质量优势、特色优势,而质量优势、特色优

势的形成，在很大程度上取决于科技优势。任何一项渔业科技的研究、突破、推广，都是与现代信息技术相结合的结果。要提高渔业的科技含量，首先就要掌握世界科技的最新动态，抢占科技的制高点，把这些最新、最优的科技成果以最简化的手段传授给渔民；同时，还要大力提高渔民接受新技术、新知识的能力。这个过程的完成，需要大力研制开发科技成果，不断引进、消化科技成果，高速转化利用科技成果，真正把渔业的发展转变到依靠科技进步和提高渔民素质的道路上来。实现这种转变，关键要有雄厚的信息技术基础，信息化可以起到发展高新技术产业的重要作用，推动渔业科技进步、促进渔业新技术的研究、提高渔业科技的含量。

另外，信息技术是渔业新技术革命的重要突破口，它将改变渔业科研的方式方法，大大缩短渔业科研的周期。例如，计算机网络、数据库等渔业信息技术的应用拓宽了渔业科研的信息渠道，提高了科研速度和水平，作为渔业新技术的高度浓缩与传播载体，促进现代渔业科学技术及成果的迅速推广和普及。而模拟仿真等技术的应用，则从根本上改变了渔业科研的方式方法，大大缩短了渔业科研的周期。

7. 促进渔业管理的科学化　渔业管理包括渔业行政管理、渔业生产管理、渔业科技管理及渔业企业管理，渔业信息技术的应用，可以提高渔业管理效率和科学决策水平，是政府有效管理渔业的重要手段。

增强渔业生产管理的科学化：渔业生产系统是一个复杂的多因子系统，受气象、土壤、作物及栽培管理技术等多种因素的影响。随着渔业生产技术水平的提高，渔业高新技术的应用，对渔业资源的自然环境和条件的控制需要更加严密和精确，必须依靠监测、模拟模型、人工智能、3S 等信息技术去获取、处理、分析数据，选择管理措施。

调控渔业宏观经济的管理：渔业现代化不仅要求微观渔业经济的优化，更要达到渔业宏观经济的合理性。在市场经济体制下，国家和地区性的宏观指导就显得更加重要。渔业系统的复杂性、动态性、模糊性和随机性决定了渔业经济管理决策的复杂性。卫星遥感等技术可以及时获得生态环境信息，计算机网络等技术可以及时收集市场信息，管理信息系统和决策支持系统可以快速对信息进行处理和分析，做出渔业宏观发展的趋势预测，并提供相应对策。

（二）现阶段我国渔业信息技术发展的主要任务

1. 建立渔业信息标准化及渔业基础资源信息平台　渔业信息资源建设是实现渔业信息化的基础，而渔业信息标准的建立是实现渔业信息资源共享和充分利用的保障。因此，渔业信息标准化建设和渔业基础资源信息平台的建设是实现渔业信息化的基本条件。主要任务：

（1）研究渔业信息化各个环节的信息标准、技术标准和实施规范，实现渔业信息技术研究结果的集成和共享。

（2）研究和开发符合国际标准和我国实际的标准化数字渔业信息采集技术，实现渔业生物、环境、技术和社会经济要素信息的数字化。

（3）建立国家渔业信息资源基础数据库和渔业生产过程中所涉及的水、土、气、生物等自然资源数据库和数据仓库。

（4）建立完善的渔业资源和环境数据共享标准体系和网络平台，实现多源信息交换、共享，快速综合查询及传输，为渔业科研、生产和渔业信息化服务提供基础性数据和平台。

2. 研究渔业资源环境监测预警技术 开展渔业资源环境监测技术研究，建立全国渔业资源环境监控预警系统，以便对渔业资源与环境进行准确、及时和全面的监测，使我国渔业资源和环境动态变化和总体发展状况覆盖在宏观监测的范围之下，为渔业宏观调控与预警提供辅助决策支持。这不仅关系到能否提高渔业防灾减灾能力，同时也是关系到能否合理开发利用我国有限渔业资源的关键。主要任务：

（1）利用资源卫星和环境卫星等卫星遥感信息，通过遥感图像处理、解析、矢量转换和数据融合等手段，建立我国海洋、滩涂、内陆湖泊、江河、湿地分布与形态、增养殖开发利用情况、污染源分布空间数据库。

（2）利用气象卫星、环境卫星和海洋卫星等卫星遥感信息，通过图像处理技术和矢量转换、数据融合等手段，建立我国海洋水系和涌升流区系发生、交汇变化过程，海洋浮游生物分布变化，水温变化特征与规律等环境空间数据库。

（3）利用资源与生态环境监测成果，结合 GIS 技术，建立资源分布及其种群结构、环境因子分布与变动规律空间数据库。

（4）利用 RS 图像处理技术和 GIS 技术，通过对气象卫星和海洋卫星信息处理技术的研究，建立包括不同海域海洋水温、盐度、海流、叶绿素浓度、初级生产力、鱼群聚集程度等因子的海、渔况测预报服务系统。

（5）利用资源卫星、NOOA 气象卫星和海洋卫星信息，通过 RS 技术和 GIS 技术相结合，研究开发渔业环境监测技术，增强我国渔业环境的宏观监测力度，结合全国渔业生态环境监测网络的地面监测结果，建立全国渔业环境监控预警服务系统，实现渔业环境监测预警，为渔业防灾减灾服务。

3. 组装集成渔业生产信息技术 渔业信息技术最终是要服务于渔业生产，因此，面向特定目标把渔业信息技术组装集成，形成能在生产实践和管理决策

中应用的各种实用渔业信息系统是渔业信息化的一个重要环节。通过渔业信息技术的组装集成和应用,可以使信息技术在渔业生产和管理中发挥倍增器的作用,提高整个渔业产业的效率。主要任务:

(1) 利用 GPS 图像处理技术、GIS 技术以及卫星通信技术相结合,建立"渔业通信、导航综合指挥系统"。通过 GPS 技术获取渔政船海上动态,以卫星通信为手段,实现船站和陆站的动态信息传输,利用 GIS 技术和基础海图,实现渔政船和海洋渔船船位的跟踪显示,通过卫星通信和短波通信(BBS)实现调度指挥,提高渔政管理水平和渔船生产作业效率,降低能耗,提高作业的安全性。

(2) 建立各种知识库,研究开发各类计算机专家系统,对养殖水环境的监测处理、饲料配方、投饵技术、多品种混养、病害防治等进行实时监控,实现水产养殖生产过程中的信息化,提高生产效率。

(3) 研究水生生物生长过程和生态系统计算机模型,利用虚拟现实与仿真技术、专家系统技术、多媒体技术、动画技术等开发水生生物生长过程和生态系统计算机模拟系统,对水产养殖生产管理措施进行优化,达到高产、优质、高效的生产目标。

4. 加强渔业信息服务综合配套技术 我国渔业信息体系整体服务水平不高,不仅基础设施薄弱,而且技术人才不足,人员素质参差不齐,渔业信息服务网络不健全,在不少地方,传统媒体与信息网络之间缺乏有效合作,信息服务难以形成整体优势。因此,在渔业现代化建设中应尽快引入信息化的手段。只有提高渔业信息服务水平,才能增强渔业信息流动,提高渔业生产的信息化水平,提高我国渔业的整体和国际竞争力。主要任务:

(1) 建立渔业数字化信息服务网络,使数字化技术在渔业和农村经济发展中得到广泛应用,实现渔业生产、科研、教育、推广、市场经营和农村社区信息服务的数字化,全面提高我国渔业信息化水平,促进农村经济的发展。

(2) 建立面向渔业管理的综合业务信息系统。针对渔业产业内部不同部门的管理特点和流程,建立从中央到地方各级行政部门的网络化综合业务信息系统,实现渔业管理业务的信息化,加快信息流通,大幅度提高农业管理的效率。以管理信息化促进管理理念、流程和方法的转变。

(3) 建立统一的渔业市场和水产品贸易信息平台,沟通国内外渔业市场信息,建立水产品电子商务系统,开展农产品网上交易服务,加快渔资产品和水产品的流通。

(4) 应用多媒体技术,开发和建立各种形式的知识传播系统,以多媒体课件、视频、语音、文本等形式提供新产品、新技术的传播服务。

(5) 研究开发综合信息服务终端,建立适应个人电脑(PC)、手持式电脑(HPC)、个人数字助理(PDA)、电话和电视机机顶盒等不同类型的信息接收终端的信息综合服务体系,提供语音、数据、图形和视频等形式的服务内容。依据不同的信息终端,分别提供推送式信息服务和交互式信息服务。

(6) 开展渔业信息技术应用示范。选择我国渔业经济发达、产业化程度高的地区进行上述方面内容的建设和示范。

(三) 发展我国渔业信息技术的对策

目前,我国渔业信息技术应用与发达国家的总体差距还是比较明显的,要缩小这一差距,迎头赶上,必须在以下几个方面采取相应对策。

1. 加强政府的扶持和政策引导　国家和各级政府必须加强宏观调控和政策引导,营造有利于渔业信息技术研究、开发与应用的良好环境。要实行统一规划、统一管理、统一协调,利用国家重大计划和省、市政府的重大(点)攻关任务,加大政府拨款力度,集中人力、财力、物力等资源,进行协作攻关,提高研究效率和水平。

要在税收、信贷、基金、计划项目拨款、技术设备与人才引进等方面制定和完善相应的鼓励和扶持政策,吸引更多的企业和团体加入渔业信息技术应用领域。除了政府对渔业信息产业增加投入外,广大渔业从业人员应主动出击,一方面申报项目,通过项目获得财政支持,另一方面向市场要效益,发挥渔业信息部门的比较优势。

2. 发展渔业信息技术教育,培养复合型人才　推进渔业信息化,渔民观念意识是基础,人才是关键。现代渔业信息产业是一种利用先进的科学技术手段和方法进行的综合性服务,其深度和广度要求越来越高,对人员的素质也提出更高的要求,因此必须大力发展渔业信息技术的教育,培养既懂渔业又懂信息技术的复合型人才。

人才的培养,必须坚持学历教育和普及培训两手抓的方针。一方面要充分发挥高等农业院校的作用,扩大本科、硕士、博士层次的渔业信息人才的培养,源源不断地输送高层次渔业信息人才,以满足渔业信息化对渔业信息人才的需求。高等农业院校要根据渔业信息人才知识结构的要求,调整专业设置,建立新的课程体系。对于农科学生,要加强计算机应用能力培养,并把现代信息技术融入其专业课程中。对于计算机、信息等专业的学生,要加强渔业技术基础教育,并结合渔业应用领域,开定向应用课程,培养既懂现代信息技术又懂渔业科学技术的复合型高级人才,充实渔业信息技术研发队伍。

另一方面,要搞好现有渔业科技人员、各级干部和渔民的渔业信息技术普及培训。依托农业系统已建立多年、覆盖全国2 700多所农业广播学校的农村广播、电视远程教育培训网络和新建农村远程教育培训系统,开展远程多媒体教学。利用"三下乡"、"志愿者"等活动,宣传普及渔业信息技术知识,改变渔民的观念和意识,奠定渔业信息化的技术基础和思想基础。

3. 注重渔业信息技术基础建设,大力开发渔业信息资源 要充分借鉴美国、法国、日本等发达国家的经验,明确国家的主体投资地位,加强渔业信息技术基础建设。

首先,要做好渔业信息体系结构建设。对我国计划体制下建立的渔业推广体系进行必要的机制改革,大力支持多种形式的社会化信息服务组织,如渔业专业协会、信息咨询机构、科技示范基地等。充实农村信息员队伍,完善信息采集渠道,建立信息技术研究保障基金,形成多层次的渔业信息技术研究、开发、应用推广、咨询服务体系及其相应的管理和保障体系。

其次,要加快渔业信息基础设施的建设。要借鉴和充分利用国家信息网络建设,在发挥国家投资主渠道作用下,各地及有关渔业部门应加大投入,建立区域网、局部网、渔业行业网,并与国内主干网、国际互联网接轨,实现渔业技术人员、管理人员、农(渔)户入网。按照"集中、统一、规范、效能"的原则,建设统一兼容、资源共享、高效适用的各级网络中枢平台环境,形成全国统一、规范、畅通的渔业信息网络体系。

此外,不仅要"修路",还要"造车、备货",改变"重硬轻软"的现象。近年来,随着渔业信息技术的快速发展,各地都不同程度地进行了信息基础设施建设。但信息资源建设远不适应,"有路无车"的现象比较普遍。信息资源匮乏不仅制约了信息服务的开展,也降低了信息基础设施的利用效率。必须调整建设思路,在加强渔业信息化基础设施建设的同时,更要注重信息资源的开发,坚持边建设、边应用、边服务,以基础设施建设推动信息资源开发和信息服务的发展,根据信息服务需要促进基础设施建设的完善。

4. 搞好渔业信息技术法规、标准和规范的研究与制定 要学习美国、法国的做法,加强渔业信息化政策与法规的研究。结合国情,制定并完善渔业信息化方面的具体法律法规,尤其是知识产权、信息共享、信息安全与保密等政策法规,依法保证信息的真实性、有效性,促进和保障渔业信息技术市场的发育。

研究我国渔业信息化的标准、规范及指标体系,制定国家级标准和规范,包括信息采集的标准与规范、信息技术的标准与规范、应用系统开发的标准与规范,实现网络资源共享与信息传播,避免重复建设,降低信息产品的生产和获取成本。

5. 加强基地建设，抓好重点项目的开发和推广应用 目前，我国渔业信息技术的研究体系分散在高校和科研机构的不同领域中，不利于重大问题的联合攻关。联合国内在渔业信息技术研究和应用方面基础比较好的高校和科研机构，成立渔业信息技术国家级实验室，创建相关科研与产业的基地。

根据实际发展的需要，有选择性地确定一批具有应用前景的重点研究项目，在全国范围内组织力量进行开发，并在有条件的地区或专业领域进行应用，形成示范。

要加大政府宣传和服务力度，搞好引导示范，总结推广智能化渔业示范工程的成功经验，结合各地区实际，开辟新的渔业信息技术应用示范工程，诸如面向渔民服务的渔业综合信息网络服务体系的研究与示范，以信息技术为依托的渔业科技咨询推广服务体系研究与示范等。

第六节 渔业经济学

一、渔业经济学的概念与产业特性

渔业经济学以渔业生产活动为研究对象，是研究渔业生产关系及其发展规律的应用经济学。渔业产业活动可以分为生态系统、渔业技术系统、渔业经济系统和渔业社会系统。渔业生态系统和技术系统反映渔业生产的自然属性。渔业经济系统和社会系统反映渔业生产的经济社会属性。渔业经济学正是研究一般经济规律在渔业生产部门中的特殊表现形式。

渔业经济活动的特点主要表现为以下几点：首先，水产养殖业使用的自然资源是水域资源，产业具有农业生产的性质，但是由于养殖对象生活在水中，养殖方式与种植业和畜牧业又有一定的差异。其次，渔业经济活动的产业跨度大。第三，海洋捕捞生产兼有农业和工业的性质，小规模捕捞渔业的劳动者大多是沿海沿岸的农（渔）民，而大规模外海和远洋渔业的生产者一般是产业工人，远洋渔业的投资是非常巨大的。第四，海洋渔业生产者的劳动地点是流动的，装备和劳动者随渔业资源的流动而不断转移。第五，渔业生产的产品具有鲜活和易腐性，因此，要求生产、运输、加工、贮藏和销售各个环节要专业化协作。

二、渔业经济学科形成过程

渔业经济学作为一门学科是随着资本主义商品经济在渔业中的发展形成

的。1776年,英国古典经济学家斯密在其巨著《国民财富的性质和原因的研究》中,详尽地分析了海洋、江河和湖泊的地理条件,渔业投资问题,渔业成本等对水产品价格的影响。斯密列举了1724年英国某渔业公司开始经营捕鲸业的生产,用八次航海捕捞活动中只有一次获利来说明发展渔业的风险,认为发展渔业要有承担风险的精神,同时也要考虑经济效益。19世纪中叶,马克思主义经济学对渔业经济活动也有论述。马克思等高度评价了水产品对人脑的作用,把捕鱼业归类于采掘工业、把渔业劳动看作能创造剩余价值的劳动等都是对渔业经济学科发展的贡献。20世纪初期,人类展开了对渔业经济学科的系统研究,早期的渔业经济学专著是1933年日本学者蜷川虎三撰写的《水产经济学》;1961年,日本学者冈村清造重新编著《水产经济学》,读书到1972年先后再版7次。另外,比较有影响的渔业经济学著作还有日本学者近藤康男1979年编写的《水产经济论》;清光照夫等1982年合著的《水产经济论》,在详述渔业生产、水产品流通、消费等过程的基础上,运用经济学理论对生产资料的均衡、市场机制、收入分配、渔业经济结构等进行了经济学分析;前苏联渔业经济学家瑟索耶夫著的《苏联渔业经济学》;以及1978年出版、由挪威渔业经济学家合著的《渔业经济学》。

三、中国渔业经济学科的发展

中国渔业历史悠久,渔业经济问题受到学者的广泛关注。在《殷墟卜示》、《逸周书》、《史记·货殖列传》、《吕氏春秋》和《养鱼经》等文献中都有关于渔业发展的经济思想和管理制度,对我国现代渔业发展有重要的参考价值。

20世纪上半叶,随着机轮渔业和渔业企业的出现,对渔业经济学科的研究也逐步展开。1932年,上海创办了第一本渔业经济方面的学术刊物《上海市水产经济月刊》。1934—1937年间,李士豪等编写的《中国海洋渔业现状及其建设》和《中国渔业史》,也讨论了渔业经济问题。1947年筹建的中央水产试验所,把渔业经济研究作为十大研究目标。上海发行的《水产月刊》和《水产经济》都发表过有关渔业经济研究的论文和报告。

从20世纪中叶开始,渔业经济作为专门学科受到重视。从1950年到20世纪60年代中期,中国的渔业经济学研究按照前苏联模式,依照计划经济理论展开渔业生产、交换、分配和消费等问题的研究。1966—1978年,中国的渔业经济研究受到极大的干扰和影响。1978年以后,随着经济体制的改革,渔业经济学研究重新受到学界的重视。中国社会科学院和中国水产科学研究院建立了渔业经济专门研究机构,1980年成立了全国渔业经济研究会,一些省、市和自治区也先后建立了地方性渔业经济研究会，出版渔业经济研究刊物。全国渔业经济研究会和中国水产科学研究院在1984年创办了《中国渔业经济》学术刊物。此后，大量学术专著不断出版。1990年，毕定邦主编了比较系统研究渔业经济基础理论的学术专著《渔业经济学》。同年，危炳炎编著了《台湾渔业经济》，完整地记录了台湾省的渔业经济发展史。荣景春1991年编著了《现代中国渔业经济管理学》。1995年，上海水产大学的胡笑波教授主编出版了全国高等农业院校统编教材《渔业经济学》，系统论述了渔业经济学科涉及的研究领域。

1984年，上海水产大学在国内设立了第一个渔业经济管理专科专业，成立渔业经济管理系。1985年设渔业经济与管理本科专业，2004年和2005年分别设立渔业经济管理硕士点和博士点，2006年在上海水产大学设立中国渔业发展战略研究中心。

渔业经济管理学科作为年轻的交叉学科，在过去的学科发展中，人们常提起的分支学科主要有渔业资源经济学、渔业生态经济学和渔业技术经济学。但是随着社会经济的进步，渔业经济学科也将不断地发展和丰富，理论和实践活动将更充实。

渔业经济学科可以分为渔业理论经济学、渔业应用经济学、渔业区域经济学、渔业交叉经济学和渔业经济方法学等5大类。渔业理论经济学重点研究整个渔业经济活动中的生产率与生产关系的发展变化。渔业理论经济学应由渔业经济体制学、渔业发展战略学、渔业宏观经济学、渔业生产力经济学、水产品流通与市场经济学、渔业消费经济学和渔业经济法规学。渔业应用经济学是将渔业经济理论运用在渔业生产活动过程中的学问。该分支学科含海洋捕捞经济学、远洋渔业经济学、淡水捕捞经济学、水产养殖经济学、水产增殖经济学、水产加工经济学、渔业工程经济学等。渔业区域经济学是研究一个国家或地区等渔业经济结构、渔业经济发展的应用经济学。该分支学科可进一步分为世界渔业经济学、国别渔业经济学、沿海渔业经济学和内陆渔业经济学等分支学科。渔业交叉经济学则包含渔业资源经济学、渔业生态经济学、渔业技术经济学、渔业计量经济学和渔业信息经济学等学科。

第七节　现代科技、渔业管理与渔业可持续发展

科技进步意味着生产力的发展，为人类社会的可持续发展创造了条件，也为渔业的可持续发展提供了基础。但是，科技进步并不等于可持续发展，关键在于科学的管理。渔业发展的经验表明，过分强大的捕捞能力、无节制的发

展,往往是以渔业资源被破坏为结果。提高生产效率和捕捞能力,又需要对总的捕捞能力进行控制和限制,才能实现渔业资源可持续利用和渔业可持续发展。

渔业是与资源、环境、食品安全密切相关的产业。渔业资源又是可再生的、流动的自然资源,在多数情况下,渔业资源还是一种公共资源。但是,它的经济规律和特性一直没有为人们所充分认识,不合理的开发生产,造成全球性的渔业资源衰退。20世纪80年代开始,提出渔业可持续发展的目标,渔业发展进入了新时期。以下两方面是实现渔业可持续发展过程中,所引起的思考和关注点:

1. 渔业产业中的经济效益、社会效益和生态效益的平衡问题 在过去,人们较多地将经济作为首要考虑的因素,按"经济—社会—生态"的次序来考虑问题。而现在,为了实现渔业可持续发展,对这三者的关系需要重新认识,并研究如何从制度和体制上得到保证和支持。

联合国粮农组织的一位资深的渔业管理官员说,渔业部门在政府结构中的地位往往反映了该国家的发展战略重点。例如,渔业管理部门设立在农业部里,如像包括我国在内的大多数国家,意味着该国家政府是以保证民众食品的供应为主要国策;如果渔业部门是设在商业部里,则表明该国家是以经济效益为第一考虑,如美国;如果设在自然资源部,则以资源合理利用和环境保护为第一考虑,如澳大利亚、新西兰等。尽管这样的分析过于简单化,但是也确实反映了渔业发展的历史和地位。

当前,全球渔业正处于结构性调整的过渡期,渔业产业正在从捕捞业为主向水产养殖为主发展。这犹如第一次产业革命,由狩猎业向种植业农业转移。渔业要实现可持续发展必须对渔业环境、渔业资源与市场需求之间的关系作出合理安排,协调发展,见图3-7-1。此外,渔业要实现可持续发展必须在全球范围,不仅在专属经济区内,而且包括在公海的生产作业,都需共同协作努力,执行负责任渔业,才能实现渔业可持续发展。

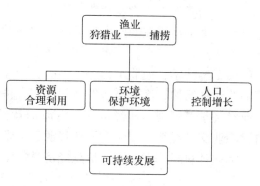

图3-7-1 渔业可持续发展关系图

2. 生产能力、投入与经济效率问题。 渔业作为一种产业,必定以经济效益为重要目标。但是,在实践中,国家经济政策、渔业发展目标和企业的自身目标不同，而且，短期、中长期的效益会有很大差异。现代社会中，不仅仅追求经济效益和效率，而且越来越注重生态效益和社会效益。在渔业管理中，已明确提出要以生态观念为主导进行各项工作。因此，有必要对各种各类渔船和渔业作业方式的经济效益、社会效益以及对资源环境的影响进行分析和评价，开展生态核算。开展对国际和国家的渔业发展战略和政策现状、制定和影响等研究，推进和保证渔业可持续发展。

以捕捞业为例，科学技术的发展、仪器装备的改善都有助于渔业生产效率的提高。但是，由于渔业资源的有限性，过分强大的捕捞能力会使渔业资源因过度捕捞而衰竭，单位捕捞能力的渔获量下降，这意味经济效益下降。然而，对捕捞能力的限制和控制使用也意味效率降低和经济效益的下降及投资的浪费。

为了实现可持续发展，产生了许多新概念和提法，例如：负责任渔业、选择性渔具、与生态友好的渔法、绿色养殖、健康养殖、有机渔业、生态渔业、生态修复技术，以及生态标签、可追溯渔业、综合管理、以生态系统的概念指导渔业生产和管理等。这些口号和概念基本上都是以生态系统的观点，加强资源和环境保护和管理。为了实现这些目标，需要科学技术的支持，这也是科学技术发展的方向。

思考题

1. 简述助渔导航仪器的种类、工作原理、功能和在渔业生产中的作用。
2. 通过因特网查询有关渔业信息的网站，了解各种网站的特点。
3. 参观捕捞航海模拟训练实验室，了解各种仪器的用途。
4. 比较各种水下观测技术的适应性和优缺点。
5. 了解渔船及其使用的渔具，捕捞对象和经济效益。
6. 简述渔具力学的研究对象和主要研究内容，涉及的学科。
7. 简述鱼类行为学的研究内容。
8. 什么是选择性渔具和选择性渔法？
9. 什么是声、光、电渔法？共同的特点是什么？
10. 论述对现代渔业发展产生重大影响的科技成果。
11. 讨论渔业科技与渔业可持续发展的关系。
12. 讨论渔业系统的结构和相互间的关系。
13. 渔业科技涉及的学科有哪些？

参考文献

包建强，缪松等.1999.包冰衣对速冻贻贝肉影响的研究.制冷，69(4).

陈炳卿.1997.营养与食品卫生学.第3版.北京:人民卫生出版社.

陈昌福.2007.我国水产养殖动物病害防治研究的主要成就与当前存在的问题.饲料工业,28(10):1-3.

冯志哲.2001.水产品冷藏学.北京:中国轻工业出版社.

高福成.1999.新型海洋食品.北京:中国轻工业出版社.

郭晓风等.1994.水产利用化学.北京:中国农业出版社.

过世东.2004.水产饲料生产学.北京:中国农业出版社.

纪家笙等.1999.水产品工业手册.北京:中国轻工业出版社.

金万浩.1991.水产品物性学.北京:中国科技出版社.

李爱杰.1996.水产动物营养与饲料学.北京:中国农业出版社.

李来好.2001.水产品质量保证体系(HACCP)建立与审核.广州:广东经济出版社.

李雅飞.1996.水产食品罐藏工艺学.北京:中国农业出版社.

廖一久,陈瑶湖,赵乃贤.2007.对虾养殖发展在科学与艺术方面的表现——东西方世界之异同//甲壳动物的健康养殖与种质改良——第五届世界华人虾蟹养殖研讨会论文集.北京:海洋出版社:1-14.

林洪等.2001.水产品保鲜技术.北京:中国轻工业出版社.

刘学浩.1982.水产品冷加工工艺.北京:中国展望出版社.

楼允东.1999.鱼类育种学.北京:中国农业出版社.

山内寿一,村井裕一,福田裕等.1980.サバすり身の加熱温度と時間によるゲル形成能特性について.青森県水産物加工研究所試験研究報告,13-30.

上海水产大学.1999.中日合作淡水渔业资源加工利用技术报告文集.日本国际农林水产研究中心.

上海水产大学.1999.第二届中日合作淡水渔业资源加工利用技术研讨会报告文集,日本国际农林水产研究中心.

孙朝栋.1999.鱼浆加工技术.台湾:华香园出版社.

孙满昌等.2004.渔具选择性.北京:中国农业出版社.

汪之和等.2001.冷冻鱼糜生产工艺的改进.食品工业科技(1):42-43.

汪之和等.2001.漂洗工艺和抗冻剂对几种西非鱼鱼糜凝胶特性的影响.中国水产科学,8(2):80-84.

汪之和等.2003.水产品工业与利用.北京:化学工业出版社.

王励,陈银瑞,邓奇.1990.鳗鲡养殖技术.北京:海洋出版社.

王武,李应森.2010.河蟹生态养殖.北京:中国农业出版社.

王武.2000.鱼类增养殖学.北京:中国农业出版社.

王广军,谢骏,余德光.2005.鳗鲡繁殖生物学研究进展.南方水产,1(1):71-75.

王锡昌等.1997.鱼糜制品加工技术.北京:中国轻工业出版社.

魏利平等.2001.海产品养殖加工新技术.济南:山东科学技术出版社.

吴光红等.2001.水产品加工工艺与配方.北京：科学技术文献出版社.

吴光红等译.1992.水产食品学.上海：上海科学技术出版社.

新井健一，山本常治.冷冻鱼糜.万建荣等译.1991.上海：上海科学技术出版社.

叶成利等.2000.真空软包装油炸榕江侗家腌鱼软罐头.食品科技（3）.

叶桐封.1991.淡水鱼加工技术.北京：农业出版社.

曾庆孝，许喜林.2000.食品生产的危害分析与关键控制点（HACCP）原理与应用.广州：华南理工大学出版社.

张健等.1999.藻类光生物反应器研究进展.水产科学，18(2)：35-39.

赵维信.1992.鱼类生理学.北京：高等教育出版社.

周应祺等.2000.渔具力学.北京：中国农业出版社.

H. D. 格莱翰著.食品安全性.黄伟坤译.1987.北京：轻工业出版社.

Ahmed, F. E. 1991. Seafood Safety. Washington D. C: National Academy Press.

CAC. 1991. Principles and Application of HACCP System.

Codex Alimentarius. 1969, Vol. A(Recommended Code of Practice, Gene-ral Principles of Food Hygiene); Vol. B(Recommended Code of Practices for Fish and Fish Products). FAO Documents Office. Joint FAO/WHO Food Standards Programme, Rome, Italy.

FAO. 1959. Modern fishing gear of the world Ⅰ. Fishing News.

FAO. 1965. Modern fishing gear of the world Ⅱ. Fishing News.

FAO. 1973. Modern fishing gear of the world Ⅲ. Fishing News.

FAO. 1988. Proceeding of Fishing Gear and Fishing Vessels Design of the World.

FDA. 1989. National Shellfish Sanitation Program. Manual of Operations. Center for Food Safety and Applied Nutrition, Division of Cooperative Programs. Shellfish Sanitation Branch, Washington D. C. USA.

Fereidoon Shahidi(ED). 1997. Seafood Safety Processing and Biotechnology. Technonic Publishing Co. Inc.

Kishi, Itoh, Aki et al. 1997. Effect of Tap Water on the Polymerization through SS Bonding during the Heating of Carp Myosin. Nippon Suisan Gskkaishi, 63(2)：242-243.

Lee C. M. 1984. Surimi Process Technology. Food Technology, 38(11)：69-84.

Malcolm Bourne. 1982. Food Texture and Viscosity: Concept and Measurement. Academic Press Inc.

Mc. Bourne. 1996. Measure of Shear and Compression Component of Puncture Test. J. Food Sci(31)：282-291.

NACMAF, 1989. HACCP, Principles for Food Production, Food Safety & Inspection Service. U. S. Department of Agriculture, Washington D. C. USA.

Ogawa, Kanamaru, Miyashita. 1995. Alpha-Helical Structure of Fish Actomyosin：Changes during Setting. January of Food Science(60)：297-298.

Roy E. Martin. 1996. Fish Inspection Quality Control and HACCP. Technonic Publishing Co. Inc.

Saeki, Ozaki, Nonaka et al. 1988. Effect of $CaCl_2$ in Frozen Surimi of Alaska Pollack on Cross-linkage of Myosin Heavy Chain in Salted Paste From the Same Material. Nippon Suican Gakkaishi(54): 259-264.

第四章

世 界 渔 业

长期以来，世界渔业产量主要来自海洋捕捞，即使进入 21 世纪，海洋捕捞产量仍占世界渔业总产量的 61%。因此，在研究和讨论世界渔业问题时，大多侧重在海洋渔业，包括海洋渔业资源和管理、海洋捕捞生产管理等。由于中国渔业生产于 1985 年实施了"以水产养殖为主，养殖、捕捞、加工并举，因地制宜，各有侧重"的方针，尤其是大力发展内陆水域养殖，大幅度地提高了渔业生产量，解决了长期以来全国吃鱼难的问题，引起了国际上对水产养殖的重视，推动了世界渔业结构调整。联合国粮农组织原下设的渔业部于 2007 年更名为渔业与水产养殖部。

世界渔业应包括渔业资源、世界渔业发展简况、世界渔业生产结构、世界渔产品加工与利用、休闲渔业、世界渔产品贸易、国际渔业管理、世界渔业存在的主要问题和发展趋势等。

第一节 世界主要渔业资源和渔区

全世界海洋生物无论是在种类上，或是数量上都相当丰富。海洋生物种类约为 20 万种，其中海洋动物 18 万种，海洋植物 6 000 多种，海洋真菌 500 多种，海洋原生动物 1.2 万多种。海洋动物中包括鱼类 2 万种、甲壳类 3 万种、软体动物 10 万种。海洋生物总的蕴藏量约达 342 亿 t，其中浮游动物 215 亿 t，游泳动物 10 亿 t，底栖动物 100 亿 t，海洋植物 17 亿 t。

世界渔业资源应是栖息、繁衍于水域中，并具经济和开发利用价值的动植物，是人类取得食物的重要来源。根据联合国粮农组织 2003 年出版的《渔业统计年鉴》，海、淡水的水生动物共有 1 223 种，分为七大类，其中鱼类（Pisces）为 900 种、甲壳类（Crustacea）为 122 种、软体动物（Mollusca）为 97 种、哺乳动物（Mammalia）为 67 种、两栖类（Amphibia）与爬行类（Reptilia）为 19 种、水生无脊椎动物（Invertebrata Aquatica）为 18 种；水生植物为 21 种，分为蓝藻类（Cyanophyceae）、绿藻类（Chlorophyceae）、褐藻类

(Phaeophyceae)、红藻类（Rhodophyceae）、被子植物（Angiospermae）等五大类。

一、渔业资源的分类

由于鱼类等水生经济动物的习性或生理需要，其在水域中的栖息水层有很大区别，也有因繁殖、摄食、越冬等需要，对环境的适应而季节性地改变其栖息水层或水域，表现为在水层深度上各有所好，也有的采取长距离的洄游和迁移，完成生命史的行程。由此对渔业资源可以归类如下：

1. 底层渔业资源 底层渔业资源指主要栖息在水域的底层或近底层的鱼类等渔业资源。主要有底栖鱼类、蟹类、贝类等。以底层鱼类为例，一般生命周期相对较长，有的可达30多年。由于成长较缓慢，一旦被过度捕捞，造成资源衰退后较难恢复。底层鱼类有：

（1）太平洋狭鳕（*Theragra chalcogramma*） 其形态特征主要是体略细长、头大、背鳍3个、臀鳍2个、眼大、下颚突出，颌须很短。体呈橄榄绿色，腹部色淡。体上有许多小斑。肉白色。如图4-1-1所示。

图4-1-1 太平洋狭鳕

该鱼分布在北太平洋海域的白令海、鄂霍次克海和日本海，以及美国加利福尼亚外海至北阿拉斯加海域。狭鳕是近底层鱼类，一般栖息在水下几百米的深海底层，由于气鳔十分发达，可急速上浮或下沉。群体较大，相当集中。主要捕捞国家有俄罗斯、日本、韩国、中国、波兰等。主要采用大型中层拖网进行瞄准捕捞，网次渔获量可达数十吨之多。渔获物主要经过去头、去脏、去骨、去皮后加工成鱼片或鱼糜，并加以速冻贮藏。其废弃物可制成鱼粉和鱼油。

（2）大西洋鳕（*Gadus morhua*） 其形态特征主要是鱼体横断面呈椭圆形，有3个明显背鳍、2个臀鳍、1个几乎成方形的尾鳍。体色与栖息环境有关，有橄榄绿到淡红褐色。体上部有许多小斑点。体长约为0.9 m，体重4.5～11.3 kg。如图4-1-2所示。

图4-1-2 大西洋鳕

该鱼分布在大西洋两侧，从美国沿岸北至格陵兰、戴维斯海峡、哈德逊海峡，南至哈特勒斯角；在欧洲分布在新地岛、斯匹次卑尔根、挪威的扬马延岛至比斯开湾，还常见于冰岛附近和法罗群岛。一般栖息在近岸浅海区至水深

450 m 处，属近底层鱼类。喜成群游动。主要捕捞国家有俄罗斯、挪威、丹麦、冰岛、英国和法国等。主要用底层拖网、旋曳网、钓具进行捕捞。渔获物多为鲜销或冷冻，有的腌制或干制。废弃物制成鱼粉和鱼油。

（3）阿根廷无须鳕（*Merluccius hubbsi*） 其形态特征主要是下颌无须。如图 4-1-3 所示。是西南大西洋的重要经济鱼类。

图 4-1-3 阿根廷无须鳕

该鱼分布在南美南部东海岸州的 28°S～54°S 之间大陆架海域，栖息水深 50～500 m。主要捕捞国家有阿根廷等。主要用拖网进行捕捞。

2. 中上层渔业资源 中上层渔业资源是指主要栖息在水域的中层或上层的鱼类等。以鱼类为主。一般生长快、生产力高、集群性强、相对地生命周期较短，对环境变动的承受能力比较强。世界性的中上层鱼类如：

秘鲁鳀（*Engraulis ringens*）：其形态特征主要是体形狭长，鱼体横断面偏圆形，体色呈有光泽的蓝色或绿色。如图 4-1-4 所示。

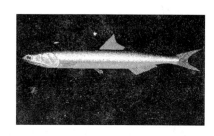

图 4-1-4 秘鲁鳀

该鱼分布在东南太平洋的秘鲁和智利外海，5°S～43°S，82°W～69°W，与秘鲁海流强弱和分布范围有关。一般距岸约 80 km。适温为 13～23 ℃。一般体长为 20 cm。据报告最大年龄为 3 龄。集群密度非常高，主要用围网、拖网进行捕捞。

此外，还有鲱、鲐、竹筴鱼、鱿鱼等。

3. 高度洄游鱼类 高度洄游鱼类是指分别在太平洋、大西洋或印度洋洄游的鱼类，是大洋性公海渔业主要捕捞对象。按《联合国海洋法公约》的规定有金枪鱼类、鲣、乌鲂、枪鱼类、旗鱼类、箭鱼、竹刀鱼、大洋性鲨鱼类和鲸类等。

金枪鱼类的主要形态特征是：体形呈纺锤形，适于快速游泳。鱼体肥满，断面呈圆形。尾柄极细，柄的两侧有隆起峭 1 对，上下成为侧平，适于激烈向左右摇动。皮肤较厚。除头部外，全部被鳞。体背的中部两侧一般为深蓝色，因不同鱼类而异，有的略浅淡，腹侧一般呈白色。

金枪鱼类主要有：马苏金枪鱼、长鳍金枪鱼、大眼金枪鱼、黄鳍金枪鱼、鲣、箭鱼，分别如图 4-1-5、图 4-1-6、图 4-1-7、图 4-1-8、图 4-1-9、图 4-1-10 所示。广泛分布在 45°S～45°N 之间海域。主要用延绳钓、大型围网进行捕捞。

图 4-1-5　马苏金枪鱼

图 4-1-6　长鳍金枪鱼

图 4-1-7　大眼金枪鱼

图 4-1-8　黄鳍金枪鱼

图 4-1-9　鲣

图 4-1-10　箭鱼

4. 溯河产卵渔业资源　溯河产卵鱼类是指在内陆河流中产卵，育成后游入海洋中生长，几年后再回到亲鱼产卵的河流中产卵的鱼类。这种鱼类多半产卵后死亡，如鲑鳟类。

大西洋鲑（*Salmo salar*）：大西洋鲑与生长在太平洋的大麻哈鱼略有不同，并不像太平洋的大麻哈鱼产卵后都死亡，而是可再次产卵，有的达三次。据报道，其最大体长和体重分别为 150 cm（雄性）、120 cm（雌性），46.8 kg，最大年龄达 13 龄。为冷水性鱼类，适温 2～9 ℃。主要分布在 72°N～37°N，77°W～61°E 之间的海域。栖息水深为 0～210 m。一般幼鱼在淡水中生活 1～6 年，然后游入海洋中生活 1～4 年，再洄游到原来出生的河流中。在

图 4-1-11　大西洋鲑

海洋中生长速度比河流中生长速度快。大西洋鲑外形如图 4-1-11 所示。

5. 降河鱼类种群　在海洋中产卵，育成后的幼鱼游入内陆淡水河流生长，达到成熟产卵前顺流而下，回到大海进行产卵，如河鳗等，如图 4-1-12 所示。

图 4-1-12　河鳗

二、世界渔区的划分

为了便于渔业统计和研究渔业资源的分布与盛衰，有关国家根据其需要，将有关水域划分成若干区。中国对周边海域都以经度、纬度各30为1个渔区。在一个渔区中再按经度、纬度各10划成9个小区。分别加以编号。

联合国粮农组织将各大洲和各大洋划分成若干区域，也分别加以编号，如图4-1-13所示。

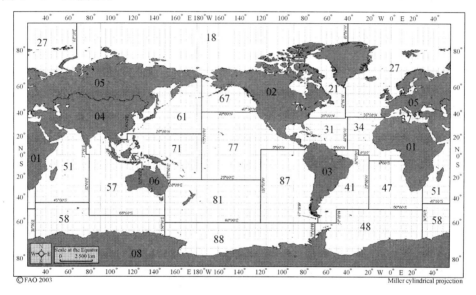

图4-1-13 世界渔区的划分

1. 各大洲渔区编号 各大洲渔区编号分别是：非洲——"01"；北美洲——"02"；南美洲——"03"；亚洲——"04"；欧洲——"05"；大洋洲——"06"；南极洲——"08"。

2. 各大洋渔区编号 各大洋渔区编号分别是：

北冰洋——"18"

大西洋

西北大西洋——"21"；东北大西洋——"27"；中西大西洋——"31"；中东大西洋——"34"；西南大西洋——"41"；东南大西洋——"47"。

印度洋

西印度洋——"51"；东印度洋——"57"。

太平洋

西北太平洋——"61";东北太平洋——"67";中西太平洋——"71";中东太平洋——"77";西南太平洋——"81";东南太平洋——"87"。

南大洋

南大西洋——"48";南印度洋——"58";南太平洋——"88"。

第二节 世界渔业生产的演变

由于全世界海洋面积占地球表面积70%以上,因此长期以来,世界渔业生产的主体是海洋捕捞业。从20世纪90年代以来,虽然国际上已十分重视水产养殖业的发展,但近年来的世界渔业总产量中,海洋捕捞年产量仍约占70%。国际社会也已认识具有发展前途和潜在力量的不是海洋捕捞,而是水产增养殖。

渔业生产是随着社会经济的发展和科学技术的进步而发展的。1950年以来世界渔业总产量的变化趋势如图4-2-1所示。第二次世界大战结束后的世界渔业生产的演变,大体可分为20世纪50年代的恢复和发展阶段,60年代的大发展阶段,70年代的徘徊阶段,80年代的公海渔业与水产养殖业的发展阶段,90年代以来的渔业进入管理和结构调整阶段。

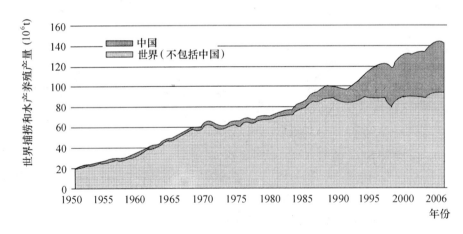

图4-2-1 FAO于2008年统计的全球捕捞和水产养殖产量

一、第二次世界大战后至20世纪 50年代的恢复和发展阶段

第二次世界大战到1945结束。在大战期间,沿海国的大量渔船遭到破坏,无法从事海洋捕捞,相对海洋渔业资源比较丰富。战后绝大部分国家,无论是

战胜国或是战败国都急需要解决粮食和食品的短缺问题。沿海国只要条件允许，就积极恢复和发展沿岸和近海捕捞业。相对地海洋捕捞投入比农业、畜牧业要少，见效较快。至1950年世界渔业总产量已达到2110万t，超过了战前1938年的1800万t的水平。至1959年增加到3690万t。在这10年期间，世界渔业平均年增长量158万t，年增长率为7.48%。见图4-2-1。

二、20世纪60年代的大发展阶段

科学技术的发展促进了渔业生产力的提高。在这期间，首先是船舶工业的发展，可建造大型渔船，不仅提高了渔船的适航性和适渔性，大大地扩大了作业渔场范围，而且船上还装有鱼品加工设备，渔获物可在船上直接处理。其次是利用二战期间探测声呐技术，发明了超声波的水平和垂直的探鱼仪器，在大海中可直接测得鱼群所栖息水层，并可估计其数量。第三是普遍采用合成纤维材料代替棉麻等天然纤维材料，大大提高了网渔具、钓渔具和绳索的牢度，延长了使用时间。为此，当时渔业发达国家积极地向远洋拓展，大力开发新渔场和新资源。到1969年世界渔业总产量已达到6270万t。在这10年期间，世界渔业平均年增长量为225万t，年增长率为4.24%。

三、20世纪70年代的徘徊阶段

事实上，渔业发达国家在20世纪60年代发展的远洋渔业实际上是在他国的近海。当时一般沿海国的领海仅为3 n mile，3 n mile外便是公海。按传统的海洋法规定，公海捕鱼自由，不受沿海国的约束。从20世纪60年代后期起，广大发展中国家为了防止发达国家依靠其科学技术的能力，大肆开发利用公海海底的矿产资源和沿海国的近海渔业资源，要求联合国召开第三次联合国海洋法会议，制订新的海洋法公约。联合国大会于1971年决定于1973年起召开第三次联合国海洋法会议，直至1982年签订了《联合国海洋法公约》。在这期间，不少亚、非、拉美沿海国纷纷单独宣布其海洋的管辖范围，有30 n mile、50 n mile、70 n mile、110 n mile，最大为200 n mile。沿海国对擅自进入其管辖水域的外国渔船可采取扣押、罚款或判刑等处罚。这对远洋渔业国家来说是一个重大的打击，直接制约了其远洋渔业生产。同时，20世纪70年代初秘鲁鳀资源状况受由南向北的秘鲁海流（即温堡寒流）和太平洋的厄尔尼诺现象影响很大，1970年曾达1200万t，次年下降至200万t，直接影响了世界渔业总产量的波动。20世纪70年代的世界渔业总产量徘徊在7000万t左右。

四、20世纪80年代的公海渔业与水产养殖业的发展阶段

1982年第三次联合国海洋法会议通过了《联合国海洋法公约》,规定了沿海国有权建立宽度从领海基线量起不超过200 n mile的专属经济区后,其他国家只要经沿海国同意,遵守有关法规,交纳入渔费等可以进入该区内从事捕鱼活动。由此缓解了沿海国和远洋渔业国的矛盾。

有关远洋渔业国家考虑到进入沿海国专属经济区捕鱼受到限制,而转向大力发展大洋性公海渔业。同时,从20世纪80年代中后期起,中国实施了"以养殖为主,养殖、捕捞、加工并举,因地制宜,各有侧重"的渔业生产方针,重视内陆水域的养殖,不仅在中国的渔业产量出现了空前的增长,也促进了世界渔业结构的调整,国际社会开始重视水产养殖生产。

在该阶段,世界渔业总产量走出了20世纪70年代的徘徊阶段,出现明显增长。1984年突破了8 000万 t,1986年又突破了9 000万 t,1989年超越了1亿 t。

五、20世纪90年代以来的渔业进入管理和结构调整阶段

由于世界海洋捕捞产量于1990—1992年连续3年低于1989年,公海渔业的过度发展,多种底层鱼类资源出现衰退现象等,引起国际社会的极大关注。1992年在巴西里约热内卢召开世界首脑参加的全球环境与发展会议,通过《21世纪议程》(Agenda 21),提出了可持续发展的新概念,并对保护、合理利用和开发海洋生物资源等问题提出了建议。相应地联合国粮农组织在墨西哥坎昆召开了各国部长会议,讨论负责任捕捞问题。包括:联合国大会就各大洋中从1993年1月1日起禁止使用大型流刺网作业做出的决议;1995年8月经联合国渔业会议通过的《执行1982年〈联合国海洋法公约〉有关养护和管理跨界鱼类种群和高度洄游鱼类种群的规定的协定》(Agreement for the Implementation of 《United Nations Convention on the Law of the Sea》 Relating to the Conservation and Management of Straddling Fish Stocks and Highly Migratory Fish Stocks),为具体执行和完善《联合国海洋法》中的跨界鱼类种群和高度洄游鱼类种群的养护和管理做出了具体规定;联合国粮农组织于1995年通过了《负责任渔业行为守则》等。总的来说,海洋捕捞生产从渔业资源开发型转向渔业资源管理型。其次,世界渔业结构进行了调整,越来越重视水产养殖业的发展。第三,中国渔业生产自20世纪90年代以来不断取得新的突破,推动

第四章 世界渔业

了世界渔业产量的稳步上升。在该阶段，1990—1992 年世界渔业平均年产量为 9 832 万 t，1995 年增长到 11 230 万 t，1999 年为 12 620 万 t。2000 年为 13 110 万 t，2004 年为 14 050 万 t。其中增长量主要来自水产养殖业。

第三节 世界渔业生产结构

一、内陆水域渔业与海洋渔业

内陆水域渔业与海洋渔业都分别由捕捞和养殖两部分组成。在产量上，虽然内陆水域渔业比海洋渔业低，但其增长速度高于海洋渔业。从表 4-3-1 的 1990—2006 年世界内陆水域渔业与海洋渔业产量的统计中可以看出，在内陆水域渔业中，1995 年和 2000 年的产量分别比 1990 年增长了 43.9% 和 102.7%；2006 年的产量比 2000 年又增长了 39.0%。1990 年到 2006 年之间，平均年递增率为 6.7%。在海洋渔业中，1995 年和 2000 年的产量分别比 1990 年增长了 13.8% 和 19.8%；2006 年的产量比 2000 年仅增长了 1.0%。平均年递增率 1.2%。

表 4-3-1 FAO 于 2008 年公布的世界内陆水域渔业与海洋渔业产量（10^6 t）

	1990 年	1995 年	1998 年	1999 年	2000 年	2001 年	2002 年	2003 年	2004 年	2005 年	2006 年
内陆											
捕捞	6.6	7.4	8.1	8.5	8.7	8.7	8.7	9.0	8.9	9.7	10.1
养殖	8.2	13.9	18.5	20.2	21.3	22.5	24.0	25.5	27.8	29.6	31.6
合计	14.8	21.3	26.6	28.7	30.0	31.2	32.7	34.5	36.7	39.3	41.7
海洋											
捕捞	79.3	85.6	79.6	85.2	86.8	84.2	84.5	81.5	85.7	84.5	81.9
养殖	5.0	10.3	12.0	13.3	14.2	15.2	16.4	17.2	18.1	18.9	20.1
合计	84.3	95.9	91.6	98.5	101.0	99.4	100.9	98.7	103.8	103.4	102.0
总捕捞量	85.9	93.0	87.7	93.7	95.5	92.9	93.2	90.5	94.6	94.2	92.0
总养殖量	13.2	24.2	30.5	33.5	35.5	37.7	40.4	42.7	45.9	48.5	51.7
全球渔业产量	99.1	117.2	118.2	127.2	131.0	130.6	133.6	133.2	140.5	142.7	143.7

在 1990—2006 年内陆水域渔业与海洋渔业产量的比例上，内陆水域渔业产量比例从 14.9% 增长到 29.0%；相应地海洋渔业产量比例逐年下降，由

85.1%下降至71.0%（表4-3-2）。

表4-3-2 1990—2006年内陆水域渔业与海洋渔业产量的比例

年 份	内陆水域渔业产量（%）	海洋渔业产量（%）
1990	14.9	85.1
1995	18.2	81.8
2000	22.9	77.1
2005	27.5	72.6
2006	29.0	71.0

二、水产养殖与水产捕捞

水产养殖与水产捕捞都分别包括内陆水域和海洋两部分。在产量上，至今水产养殖仍低于水产捕捞，但在产量增长速度上，1990—2006年期间水产养殖高于水产捕捞。

从产量上分析，虽然水产捕捞产量高于水产养殖，但其稳定性较差，1990—2000年期间逐年增加，但2000—2006年期间出现明显波动，其中内陆水域捕捞产量除2002年略有下降外，基本上年年有所增长，但海洋捕捞产量直至2006年尚未达到2000年的水平，下降幅度最大的是2003年，比2000年减产了530万t。据联合国粮农组织的报告，这与秘鲁生产的秘鲁鳀受厄尔尼诺现象影响带来的波动有关。1998年秘鲁鳀产量歉产仅为170万t，2000年又高达1 130万t，以后又出现不同程度的波动，2004年又达1 070万t。

从产量增长速度进行分析，水产养殖产量增长速度1995年和2000年的分别比1990年增长了83.3%和168.9%，2006年比2000年又增长了45.6%。其中，内陆水域养殖1995年和2000年分别比1990年增长了69.5%和159.8%，而2006年比2000年又增长了48.4%；海水养殖1995年和2000年分别比1990年增长了106.0%和184.0%，而2006年比2000年又增长了41.5%。水产捕捞产量增长速度1995年和2000年的分别比1990年增长了8.3%和11.2%，相应地2006年比2000年下降了3.7%。

从1990—2006年水产养殖与水产捕捞产量的比例进行分析（表4-3-3），水产养殖产量的比例由13.3%增加到36.0%，而水产捕捞产量的比例由86.7%下降至64.0%。也就是水产养殖产量已占世界渔业总产量的1/3。从发展趋势来看，水产养殖的产量会继续增加。

表 4-3-3　1990—2006 年水产养殖与水产捕捞产量的比例

年　份	水产养殖产量（%）	水产捕捞产量（%）
1990	13.3	86.7
1995	20.7	79.3
2000	27.1	72.9
2005	33.7	66.3
2006	36.0	64.0

第四节　世界海洋捕捞业

一、主要海洋捕捞国家

在 20 世纪 80 年代中期以前的相当长时期内，世界上前三位的海洋捕捞国家是日本、前苏联和中国。秘鲁因其秘鲁鳀资源波动很大，个别年份可达到首位，如 1970 年，但较多年份在第四位或以后，有时还在前十位之外。但是，从 20 世纪 90 年代起，日本和俄罗斯的地位明显下降。

日本：因沿海国建立专属经济区制度和国际上对公海渔业管理日益严格等方面的制约，加之国内劳动力的缺乏和石油价格的上涨，生产成本提高，整个海洋捕捞业趋向萎缩，生产连续下降。但日本具有食用水产品的传统，在 20 世纪 80 年代初即制订了由捕捞生产国向水产品贸易国转型的发展战略，有计划地减少捕捞船只，采取进口渔产品以满足其国内的需求。在历史上，日本最高产量是 1988 年的 1 200 万 t，2002 年降为 440 万 t，2004 年为 445.9 万 t，2005 年下降到 441.2 万 t。

俄罗斯：20 世纪 50 年代起前苏联大力发展远洋渔业，其远洋渔业船队规模相当巨大，以大型拖网加工渔船为主，主要分布在东北大西洋、中东大西洋和东南大西洋、西印度洋，以及西北太平洋。年产量最高可达 700 万～800 万 t。苏联解体后，相应的国营企业纷纷瓦解，年产量连续下降，到 1994 年仅为 370 万 t，2002 年为 320 万 t，2004 年为 290 万 t。

中国：在 20 世纪 70 年代后期至 80 年代初，全国海洋捕捞年产量保持在 300 万 t 左右（全国渔业产量为 450 万 t）。改革开放以后，包括海洋捕捞产量在内的全国渔业产量持续地获得增长。1990 年海洋捕捞产量突破了 600 万 t（611 万 t），1995 年突破了 1 000 万 t（1 140 万 t），2004 年为 1 690 万 t，2006 年为 1 700 万 t。

2002年、2004年和2006年世界前10位的海洋捕捞国家如表4-4-1所示。其中2006年是：中国（1 700万 t）、秘鲁（700万 t）、美国（490万 t）、印尼（480万 t）、日本（420万 t）、智利（420万 t）、印度（390万 t）、俄罗斯（330万 t）、泰国（280万 t）、菲律宾（230万 t）。

表4-4-1　2002年、2004年和2006年世界前10位的海洋捕捞国家（10^6 t）

2002年		2004年		2006年	
国别	产量	国别	产量	国别	产量
1. 中国	16.6	1. 中国	16.9	1. 中国	17.0
2. 秘鲁	8.8	2. 秘鲁	9.6	2. 秘鲁	7.0
3. 美国	4.9	3. 美国	5.0	3. 美国	4.9
4. 印尼	4.5	4. 智利	4.9	4. 印尼	4.8
5. 日本	4.4	5. 印尼	4.8	5. 日本	4.2
6. 智利	4.3	6. 日本	4.5	6. 智利	4.2
7. 印度	3.8	7. 印度	3.6	7. 印度	3.9
8. 俄罗斯	3.2	8. 俄罗斯	2.9	8. 俄罗斯	3.3
9. 泰国	2.9	9. 泰国	2.8	9. 泰国	2.8
10. 挪威	2.7	10. 挪威	2.5	10. 菲律宾	2.3

从表4-4-1中可以看出，2002年、2004年和2006年的世界前10位的海洋捕捞国家的顺序上除印尼、日本、智利等三个国家出现相互交替外，其他国家在顺序上都比较稳定。同时，也可看出世界前10位的海洋捕捞国家中发展中国家占6个。

二、世界海洋捕捞主要对象

根据联合国粮农组织的统计，世界海洋捕捞的主要对象可分为鲆鲽类、鳕类、鲱鲔鲲类、金枪鱼类、虾类、头足类和贝类等。其中，虾类包括对虾和其他小型虾等；头足类包括鱿鱼、乌贼和章鱼等；贝类包括牡蛎、贻贝、扇贝和蛤蜊等。按1996—2006年的捕捞统计分析，鲆鲽类、鳕类的渔获量有一定的波动，总的趋势是下降。该两大鱼类2006年比1996年分别减产了7.45%和16.79%。鲱鲔鲲类等中小型上层鱼类因受秘鲁鲲影响在1998年大幅度减产，引起很大的波动，但在2000年已明显回升，在2002—2005年期间起伏不大。金枪鱼类和虾类1996年以来渔获量基本上呈上升趋势，2006年渔获量比1996年分别增加了33.40%和35.69%。贝类1996年以来渔获量基本上呈先升后降趋势，2004年渔获量比1996年增加了5.38%，但其中牡蛎、贻贝和蛤蜊三类不同程度上有所减产，扇贝这一类的渔获量有一定的增长。如表4-4-2所示。

表4-4-2　1996—2006年世界海洋捕捞主要对象渔获量动态（10^6 t）

种类	1996年	1998年	2000年	2001年	2002年	2003年	2004年	2005年	2006年
鲆鲽类	0.94	0.94	1.01	0.95	0.92	0.92	0.86	0.90	0.87
鳕类	10.78	10.33	8.70	9.31	8.48	9.39	9.40	8.97	8.97
鲱鲳鳀类	22.38	16.66	24.94	20.65	22.29	18.85	23.06	22.44	19.11
金枪鱼类	4.85	5.80	5.85	5.78	6.16	6.31	6.26	6.40	6.47
蟹类	—	—	1.10	1.09	1.12	1.33	1.33	1.32	1.38
虾类	2.55	2.75	3.09	2.95	2.97	3.54	3.53	3.42	3.46
头足类	3.15	2.86	3.68	3.35	3.26	3.61	3.81	3.89	4.25
贝类	1.86	1.80	1.97	1.97	1.96	2.08	1.96	1.70	1.74
其中：									
牡蛎	0.19	0.16	0.25	0.20	0.18	0.20	0.15	0.17	0.15
贻贝	0.20	0.24	0.26	0.24	0.22	0.19	0.19	0.13	0.11
扇贝	0.54	0.56	0.67	0.70	0.75	0.80	0.79	0.71	0.75
蛤蜊	0.93	0.84	0.80	0.82	0.80	0.90	0.84	0.69	0.74

根据联合国粮农组织的统计，2006年世界海洋捕捞渔获量占前10位的鱼种有秘鲁鳀、狭鳕、鲣、大西洋鲱、蓝鳕、鲐、智利竹筴鱼、日本鳀、带鱼和黄鳍金枪鱼等（表4-4-3）。与2002年相比，蓝鳕和鲐的名次分别由第7、8位提升到第5、6位。

表4-4-3　2002—2006年世界海洋捕捞前10位的鱼种（10^6 t）

排序	2002年		2003年		2004年		2005年		2006年	
	鱼种	产量	鱼种	产量	鱼种	产量	鱼种	产量	鱼种	产量
1	秘鲁鳀	9.7	秘鲁鳀	6.2	秘鲁鳀	10.7	秘鲁鳀	10.2	秘鲁鳀	7.0
2	狭鳕	2.7	狭鳕	2.9	狭鳕	2.7	狭鳕	2.8	狭鳕	2.9
3	鲣	2.0	蓝鳕	2.4	蓝鳕	2.4	鲣	2.4	鲣	2.5
4	大西洋鲱	1.9	鲣	2.2	鲣	2.1	大西洋鲱	2.3	大西洋鲱	2.2
5	日本鳀	1.9	日本鳀	2.1	大西洋鲱	2.0	蓝鳕	2.1	蓝鳕	2.0
6	智利竹筴鱼	1.8	大西洋鲱	2.0	鲐	2.0	鲐	2.0	鲐	2.0
7	蓝鳕	1.6	鲐	1.9	日本鳀	1.8	智利竹筴鱼	1.7	智利竹筴鱼	1.8
8	鲐	1.5	智利竹筴鱼	1.7	智利竹筴鱼	1.8	日本鳀	1.6	日本鳀	1.7
9	带鱼	1.5	黄鳍金枪鱼	1.4	带鱼	1.6	带鱼	1.4	带鱼	1.6
10	黄鳍金枪鱼	1.4	带鱼	1.4	黄鳍金枪鱼	1.3	黄鳍金枪鱼	1.3	黄鳍金枪鱼	1.1

三、世界各大洋捕捞状况和趋势

世界海洋捕捞对大洋分为大西洋、印度洋、太平洋和南大洋。为了有利于分析各大洋的捕捞状况,将大西洋和太平洋分别再分为北部、中部和南部,同时又将全球分为北、中和南三个部分。联合国粮农组织对上述各大洋 1990—2008 年的海洋捕捞渔获量统计如表 4-4-4 所示。

表 4-4-4　1996—2008 年各大洋海洋捕捞渔获量(10^6 t)

年份	1990	1992	1994	1996	1998	2000	2002	2004	2006	2008
大西洋(10^6 t)	22.71	23.69	22.90	23.76	23.88	24.22	24.07	22.76	21.46	20.67
%	26.9	28.0	25.0	25.5	28.0	26.1	26.6	24.7	24.1	23.1
中部	7.21	6.38	6.75	6.85	7.03	7.06	6.88	6.77	6.31	6.15
北部	11.72	13.07	12.26	13.11	12.93	13.07	13.30	12.34	11.28	10.59
南部	3.78	4.25	3.89	3.80	3.92	4.10	3.89	3.65	3.87	3.93
印度洋(10^6 t)	6.48	7.24	7.78	8.07	8.71	9.04	9.46	9.97	10.18	10.73
%	7.7	8.6	8.5	8.7	10.2	9.7	10.5	10.8	11.4	12.0
太平洋(10^6 t)	48.78	47.45	54.29	54.03	44.70	51.07	48.60	50.72	47.87	47.72
%	57.8	56.1	59.2	57.9	52.5	55.0	53.7	55.1	53.7	53.4
中部	8.84	9.25	9.92	10.32	10.42	11.31	12.45	12.52	12.79	12.95
北部	25.30	22.89	23.35	26.05	25.45	23.29	21.74	22.12	22.46	22.38
南部	14.64	15.31	21.02	17.67	8.83	16.46	14.41	16.08	12.62	12.38
其他(10^6 t)	6.43	6.19	6.71	7.45	7.83	8.55	8.35	8.56	9.71	10.18
%	7.6	7.3	7.3	8.0	9.2	9.2	9.2	9.3	10.9	11.4
总计	84.40	84.57	91.68	93.31	85.12	92.88	90.48	92.01	89.22	89.30

注:不包括藻类等水生植物、海胆和海洋哺乳类。

各大洋除南大洋外,太平洋渔获量占的比例最高,处于 52%~58% 之间,其北部海域的渔获量有下降趋势,自 2000 年起稳定;中部海域略有上升的走向;南部海域因受秘鲁鳀产量的影响不稳定,有较大的波动。大西洋渔获量占的比例为 23%~28%,其北部海域的渔获量稳中有降,保持在约 1 300 万 t 的水平,但近 5 年中下降了约 200 万 t;中部和南部海域保持稳定,稍有波动,这与中东大西洋的鱼类资源波动和西南大西洋阿根廷鱿鱼的资源下降有关。印度洋渔获量占的比例为 8%~12%,但在 1990—2008 年期间的年渔获量都保持一定的增长,这反映了印度洋的渔业资源的开发程度加大。

表 4-4-5 是 1996—2007 年全球分为北、中、南部海域的渔获量状况。依

此也可看出，全部北部和南部的渔获量有下降趋势，而中部海域有上升的走向。

表 4-4-5　1996—2007 年北、中、南部海域捕捞渔获量（10^6 t）

	1996 年	1998 年	2000 年	2001 年	2002 年	2003 年	2004 年	2005 年	2006 年	2007 年
北部海域	39.5	40.49	38.77	38.19	36.89	36.84	36.19	36.31	35.69	35.49
中部海域	25.17	26.14	27.44	26.61	27.30	27.71	27.66	27.69	27.90	29.96
南部海域	21.65	12.91	20.59	17.29	18.22	14.92	19.67	18.65	16.35	16.33

第五节　世界水产养殖业

一、主要水产养殖国家

水产养殖在 20 世纪 80 年代起日益引起各国重视后取得了迅速的发展。1984 年世界水产养殖总产量突破了 1 000 万 t，1990 年已达 1 307 万 t，1994 年为 2 533 万 t，1999 年为 3 331 万 t，2002 年为 5 140 万 t（包括藻类 1 013 万 t），2004 年为 5 940 万 t（包括藻类 1 390 万 t）。这不仅弥补了因海洋捕捞过度引起的主要经济渔业资源衰退，和由此带来的渔获量波动或下降问题，而且为人们改善食物结构起到了重要作用。世界水产养殖业获得持续的发展，在很大程度上与中国大力发展内陆水域和海水养殖有着密切关系。中国水产养殖业的发展有力地推动了其他发展中国家利用有关水域发展水产养殖。包括长期从事海洋捕捞的发达国家也逐步重视养殖业，如挪威大力发展大西洋鲑的人工养殖，并取得了明显的经济效益、社会效益和生态效益，从而又推动了其他国家海水养殖的发展。

2000—2006 年世界前 10 位的水产养殖国家如表 4-5-1 所示。其中 2006 年是：中国（3 442.9 万 t）、印度（312.3 万 t）、越南（165.7 万 t）、泰国（138.5 万 t）、印尼（129.2 万 t）、孟加拉（89.2 万 t）、智利（80.2 万 t）、日本（73.3 万 t）、挪威（70.8 万 t）、菲律宾（62.3 万 t）。

表 4-5-1　2000—2006 年世界前 10 位的水产养殖国家（万 t）

国别	2000 年	2002 年	2004 年	2006 年
中国	2 458.0(1)	2 776.7(1)	3 061.5(1)	3 442.9(1)
印度	194.2(2)	219.1(2)	247.1(2)	312.3(2)
印尼	78.9(3)	91.1(3)	104.5(5)	129.2(5)
日本	76.3(4)	82.4(4)	77.6(7)	73.3(8)
孟加拉	65.7(6)	78.7(5)	91.4(6)	89.2(6)

(续)

国别	2000年	2002年	2004年	2006年
泰国	73.8(5)	64.5(6)	117.3(4)	138.5(4)
挪威	49.1(8)	55.4(7)	63.8(9)	70.8(9)
智利	39.2(10)	54.6(8)	67.5(8)	80.2(7)
越南	51.1(7)	51.9(9)	119.9(3)	165.7(3)
美国	45.1(9)	49.7(10)	60.0(10)	
菲律宾				62.3(10)
前10位国家总产量	3 131.4(88.23%)	3 524.1(88.57%)	4 010.6(88.22%)	4 564.4(88.38%)
其余国家总产量	417.7(11.77%)	455.0(11.43%)	535.4(11.78%)	600.4(11.62%)
世界总产量	3 549.1	3 979.1	4 546	5 164.8

注：括号内数字为排名。

从表4-5-1中可以看出：一是中国的水产养殖产量不是一般高产，而是对世界水产养殖业举足轻重，具有决定性的意义；二是世界前10位的水产养殖国家在2000—2006年期间基本没有变动（除美国外），但在位次上和产量上有明显的变化，最主要的是越南和智利在2000年产量分别仅51.1万t和39.2万t，名列第7位和第10位，2006年分别提高到165.7万t和80.2万t，上升为第3位和第7位；三是世界前10位的水产养殖国家的产量之和占世界水产养殖总产量的88%左右，对世界水产养殖具有重大的作用，其他国家产量之和还不到12%；四是世界前10位的水产养殖国家中多半是发展中国家，事实上全世界水产养殖业主要在发展中国家。

二、世界水产养殖主要对象

随着人工育苗培育和养殖技术的不断进步和发展，水产养殖对象的种类逐步扩大和增多，并由一般常见种类向名、特、优的种类发展。联合国粮农组织2006年的年度报告表明，1950年各国上报的水产养殖生产数据中，仅有34个科，72个种；2004年增加到115个科，336个种。据FishStat的统计，实际养殖过的品种达442种。2004年各地区的水产养殖种类的分布状况如表4-5-2所示。同一科的养殖种类会出现在不同地区。该表反映了亚洲和太平洋区域的水产养殖的种类最多。

第四章 世界渔业

表4-5-2　2004年各地区的水产养殖种类的分布状况

地　区	科（No. families）	种（No. species）
北美	22	38
中欧和东欧	21	51
拉美和加勒比海	36	71
西欧	36	83
撒哈拉沙漠以南的非洲	26	46
亚洲和太平洋区域	86	204
中东和北非	21	36

联合国粮农组织2007年对水产养殖对象种类组产量和产值的统计如表4-5-3所示。按产量高低顺序先后是淡水鱼、水生植物、软体动物、甲壳类、海淡水洄游鱼类、海水鱼类、其他水生动物；按产值高低顺序先后是淡水鱼、甲壳类、海淡水洄游鱼类、软体动物、水生植物、海水鱼类、其他水生动物；按每吨产值高低顺序先后是甲壳类、海淡水洄游鱼类、其他水生动物、海水鱼类、淡水鱼、软体动物，最低的是水生植物。从表4-5-3中可看出，甲壳类和海水鱼类的每吨产值分别相当于淡水鱼类的3.41倍和2.89倍。

表4-5-3　2007年水产养殖种类组产量和产值

主要种类组	产量（万t）	产值（百万美元）	每吨产值（美元）
淡水鱼	2 676.8	32 474	1 213.2(4)
水生植物	1 485.9	7 539	507.4(6)
软体动物	1 307.2	12 787	978.2(5)
甲壳类	488.9	20 231	4 138.1(1)
海淡水洄游鱼类	330.8	13 438	4 062.3(2)
海水鱼类	185.1	6 491	3 506.8(3)
其他水生动物	44.1	1 589	3 603.2

根据联合国粮农组织的统计，1970—2004年的30多年里，世界不同养殖种类组产量的平均增长率最高的是甲壳类（18.9%），其次是海水鱼类、淡水鱼类。在2000—2004年平均增长率最高的是甲壳类（19.2%），其次是海水鱼类（9.6%），其他在5.2%～5.8%之间。如表4-5-4所示。

渔业导论

表 4-5-4 1970—2004 年世界不同养殖种类组产量的平均增长率（%）

时间	甲壳类	软体动物	淡水鱼类	海淡水洄游鱼类	海水鱼类	总产量（万 t）
1970—2004 年	18.9(1)	7.7	9.3(3)	7.3	10.5(2)	8.8
1970—1980 年	23.9	5.6	6.0	6.5	14.1	6.2
1980—1990 年	24.1	7.0	13.1	9.4	5.3	10.8
1990—2000 年	9.1	11.6	10.5	6.5	12.5	10.5
2000—2004 年	19.2(1)	5.3	5.2	5.8(3)	9.6(2)	6.3
2004 年产量（万 t）	367.9	1 324.2	2 386.6	285.1	144.7	4 508.5

注：括号内数字为增长率排序。

根据 FAO 统计，2004 年全球水产养殖总产量达 4 590 万 t，2006 年上升到 5 170 万 t。2006 年年产量超过 100 万 t 的水产养殖对象的种类有太平洋牡蛎、鲢、草鱼、鲤、菲律宾蛤仔、鳙、鲫、尼罗罗非鱼、凡纳滨对虾、大西洋鲑、卡特拉鱼和虾夷扇贝等 11 种。其中从 1996 年至 2006 年期间年产量最快的是凡纳滨对虾、尼罗罗非鱼、鲫、大西洋鲑，分别增长了 13.9 倍、2.05 倍、1.61 倍、1.41 倍，如表 4-5-5 所示。

表 4-5-5 1996—2006 年年产量超过 100 万吨的水产养殖对象的种类（万 t）

种类	1996 年	1998 年	2000 年	2002 年	2004 年	2006 年
太平洋牡蛎（Crassostrea gigas）	292.5	343.3	352.3	378.6	396.5	410.1
鲢（Hypophthalmichthys molitrix）	292.5	332.9	303.5	339.0	354.4	382.9
草鱼（Ctenopharyngodon idellus）	246.2	298.7	297.6	313.3	323.0	346.7
鲤（Cyprinus carpio）	204.1	238.5	241.0	283.8	260.1	282.2
菲律宾蛤仔（Ruditapes philippinarum）	115.6	147.4	150.3	207.3	251.0	271.8
鳙（Hypophthalmichthys nobilis）	141.8	158.5	142.8	181.7	206.9	206.9
鲫（Carassius carassius）	69.3	103.5	120.2	147.2	168.4	181.0
尼罗罗非鱼（Oreochromis niloticus）	62.0	77.0	96.7	111.2	145.5	188.9
凡纳滨对虾（Penaeus vannamei）	14.0	19.3	14.5	47.3	129.8	209.1
卡特拉鱼（Catla catla）	—	—	60.2	55.4	115.8	135.1
大西洋鲑（Salmo salar）	55.2	68.8	89.6	108.6	126.7	132.9
虾夷扇贝（Patinopecten yessoensis）	126.5	85.6	102.5	109.1	101.2	121.7
全球养殖总产量（水生植物除外）	2 659.2	3 048.6	3 241.5	3 678.1	4 189.0	4 732.2

第六节 世界水产加工利用业

一、世界水产加工利用概况

联合国粮农组织将世界水产加工利用分为食用和非食用两大部分。

1986—2006 年期间水产品食用与非食用两部分的比例及人均占有率见表 4-6-1,1962—2006 年世界水产品加工利用情况如图 4-6-1 所示。由表 4-6-1 可见,1986—2006 年期间,世界渔业总产量中的供食用部分的比例基本上是增长的趋势,1986 年为 68.9%,至 2006 年增加为 76.8%。

表 4-6-1 1986—2006 年水产品食用与非食用的比例及人均占有率

	1986 年	1990 年	1996 年	1998 年	1999 年	2000 年	2001 年	2002 年	2003 年	2004 年	2005 年	2006 年
人类消费(10^6 t)	64.1	87.1	88.5	93.6	95.4	96.8	99.5	100.7	103.4	104.5	107.1	110.4
非食物消费(10^6 t)	29.0	27.9	31.9	24.6	31.8	34.2	31.1	32.9	29.8	36.0	35.6	33.3
食用比率(%)	68.9	75.7	73.5	79.3	75.0	73.9	76.2	75.4	77.6	74.3	75.1	76.8
人口(亿)	49.4	52.8	57.7	59.0	60	61	61	63	64	64	65	66
人均占有水产品(kg)	13.0	16.4	15.3	15.8	15.9	15.9	16.2	16.0	16.3	16.2	16.4	16.7

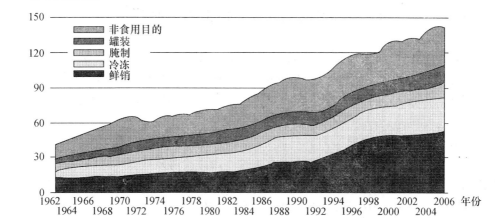

图 4-6-1 1962—2006 年世界水产品加工利用趋势

其中 1998 年因秘鲁鳀的大歉产，相应地减少了加工鱼粉的原料，增大了食用部分。在该期间世界渔业总产量中的非食用部分的比例虽由 31.1% 下降到 23.2%，但其非食用部分占世界渔业总产量绝对值是上升的。

二、世界水产品食用部分加工利用情况

食用部分分为鲜销（marketing fresh）、冷冻（freezing）、腌制（curing）、罐制（canning）等四种；非食用部分主要是加工成鱼粉和鱼油，但有一部分是作为饲料直接投喂养殖鱼类等。根据 1996—2004 年的资料（表 4-6-2）分析，鲜销部分无论是占有比例或其利用的产量都逐年增长。冷冻部分占有比例逐年有所下降，但其利用的产量逐年略有增长。腌制部分相对地占有比例有所下降，其利用的产量尚保持稳定。罐制部分占有比例虽略有下降，但其利用的产量尚有所增加。

表 4-6-2　1996—2004 年水产品食用部分加工利用情况（万 t）

	1996 年	1998 年	2000 年	2002 年	2004 年
食用部分	8 845(100%)	9 351(100%)	9 670(100%)	10 016(100%)	10 563(100%)
鲜销	4 269(48.3)	4 755(50.9)	4 966(51.3)	5 220(52.1)	5 497(52.0)
冷冻	2 476(28.0)	2 504(26.8)	2 535(26.2)	2 597(25.9)	2 672(25.3)
腌制	1 017(11.5)	1 014(10.8)	1 079(11.1)	1 069(10.7)	1 155(10.9)
罐制	1 083(12.2)	1 077(11.5)	1 109(11.4)	1 129(11.3)	1 239(11.7)

三、世界水产品加工利用的发展趋势

1. 鲜活水产品销售额还会进一步增长　由于新鲜水产品容易变质腐败，在国际市场上的比重较低。但随着包装的改进、空运价格的下降、食品连锁店的兴起，以及人们生活水平的提高，鲜活水产品的销售量有所增长。目前在国际市场上活的水产品价格大大高于鲜品，鲜品又高于冻品。

2. 海洋药物的发展　海洋药物是以海洋动物、植物和微生物为原料，通过分离、纯化、结构鉴定和优化以及药理作用评价等现代技术，将具有明确药理活性的物质开发成的药物。其中海洋生物活性肽是源自海洋生物，能调节生物体代谢或具有某些特殊生理活性的肽类。按生理功能可分为抗肿瘤肽、抗菌肽、抗病毒肽、降血压肽、免疫调节肽等。海洋生物活性多糖是海洋生物体内

存在的、具有调节生物体的代谢或某些特殊生理活性的多糖。包括海洋植物多糖、海洋动物多糖和海洋微生物多糖三大类。按生理功能可分为抗肿瘤多糖、抗凝血多糖、抗病毒多糖、抗氧化多糖和免疫调节多糖等。现有的海洋药物如：藻酸双酯钠具有抗凝血、降血脂、降血黏度、扩张血管、改善微循环等多种功能，可用于缺血性脑、心血管疾病的防治；鱼肝油酸钠是以鱼肝油为原料制备的混合脂肪酸钠盐制剂，可作为血管硬化剂，用于静脉曲张、血管瘤及内痔等疾病的治疗，也可作为止血药，用于治疗妇科、外科等创面渗血和出血；多烯酸乙酯，商品名为"多烯康"，是以鱼油为原料制备的多烯脂肪酸的乙酸酯混合制剂，有效成分为二十碳五烯酸乙酯和二十二碳六烯酸乙酯，具有降低血清甘油三酯和总胆固醇的作用，适用于高脂血症；鲨素是从鲨的血细胞中提取的一种由17个氨基酸组成的阳离子抗菌肽，特点为在低pH和高温下相当稳定，通过和细菌脂多糖形成复合物，在低浓度下即能抑制革兰氏阴性菌和革兰氏阳性菌的生长；角鲨烯，亦称"鲨烯"，大量存在于深海鲨鱼肝油中，也存在于沙丁鱼、银鲛、鲢、狭鳕等海洋鱼类中，具有抑制癌细胞生长、增强机体免疫力的作用。传统中医药中的石决明是以鲍科动物的贝壳为原料干燥制得的一种传统中药，性平、味咸，具有平肝潜阳、明目止痛的疗效，主治头痛眩晕、青盲内障、角膜炎和视神经炎等症；海螵蛸，亦称"乌贼骨"、"墨鱼骨"，是乌贼外套膜内的舟状骨板，由石灰质和几丁质组成，是传统海洋中药，性微温、味咸，功能止血、燥湿、收敛，主治吐血、下血、崩漏带下、胃痛泛酸等症；研粉外用，治疮疡多脓、外伤出血等症。

第七节　现代休闲渔业

休闲渔业作为新兴的渔业产业，20世纪末期得以快速发展，2003—2005年间，每年的总产值都以年均23%的速率增长。2005年，中国大陆休闲渔业总产值达到81.9亿元，占当年渔业经济总产值的1.075%。休闲渔业正在成为渔业产业结构调整和渔业经济可持续发展的新增长点。

一、休闲渔业的概念

20世纪60年代，休闲渔业活动在美国和日本等经济发达的沿海国家和地区兴起，并随着社会进步和经济发展而日益成熟。休闲渔业经济活动从最初单纯的休闲、娱乐、健身活动逐渐发展到旅游、观光、餐饮行业与渔业第一产业、第二产业与第三产业的有机结合，丰富与充实了渔业生产内容，提升了渔

业产业结构。休闲渔业作为渔业活动的产业部门之一,在提高与优化渔业产业结构的过程中,对渔村和沿海岸带的社会经济发展起到了积极的作用。关于休闲渔业的概念或定义,不同学者有不同的观点。在美国,休闲渔业被认为是以渔业资源为活动对象的以娱乐或健身为目的活动,包括陆上或水上运动垂钓、休闲采集和家庭娱乐等活动。这些活动通常被称为娱乐渔业或运动渔业,以别于商业捕鱼活动,其内容也不包含渔村风情旅游、渔村文化休闲、观赏渔业等活动。美国和西方国家对休闲渔业的定义范围是非常狭窄的。

根据渔业活动的目的不同,中国渔业经济学家对休闲渔业有以下诸多解释。一是认为休闲渔业是利用自然环境、渔业资源、现代的或传统的渔具渔法、渔业设施和场地、渔民劳动生活生产场景以及渔村人文资源等要素,将旅游观光、渔事娱乐体验、科普教育、渔业博览等休闲渔业活动有机结合起来,按照市场规律运行的一种产业。其次是认为休闲渔业是一种以休闲、身心健康为目的、群众参与性强的渔业产业活动。第三是认为休闲渔业是通过对渔业资源、环境资源和人力资源的优化配置和合理利用,把现代渔业和休闲、旅游、观光以及海洋知识的传授有机地结合起来,实现第一、二、三产业的相互结合和转移,创造更大经济与社会效益的产业活动。中国台湾省经济学家江荣吉教授在总结中国休闲渔业活动特征与内涵的基础上,对休闲渔业作如下定义:"休闲渔业就是利用渔村设备、渔村空间、渔业生产的场地、渔法渔具、渔业产品、渔业经营活动、自然生物、渔业自然环境及渔村人文资源,经过规划设计,以发挥渔业与渔村休闲旅游功能,增进国人对渔村与渔业之体验,提升旅游品质,并提高渔民收益,促进渔村发展。"在中国大陆,休闲渔业活动被视为利用人们的闲暇时间,利用渔业生物资源、生态环境、渔村社会环境、渔业文化资源等,发展渔业产业的经济活动。

二、休闲渔业的发展概况

休闲渔业活动最早起源于美国。19世纪初,美国大西洋沿岸地区就出现了有别于商业渔业行为的垂钓组织——垂钓俱乐部。渔业垂钓俱乐部的活动是以会员或家庭为组织形式,在湖泊、河流或近海海域进行的放松身心、休闲度假的娱乐垂钓活动。直到20世纪初,休闲渔业实质上仅仅是垂钓爱好者参与的娱乐活动。20世纪50年代,随着经济腾飞,人们生活富裕,劳动周时缩短,休闲时间延长,旅游或休闲活动日益受到青睐和宠爱,美国的渔业休闲活动快速发展。20世纪60年代,加勒比海兴起了休闲渔业活动并逐步扩展到欧洲和亚太地区。

日本在20世纪70年代提出了"面向海洋,多面利用"的发展战略。在沿海投放人工鱼礁,建造人工渔场,大力发展栽培渔业,改善渔村渔港环境,发展休闲渔业。1975年以后,随着日本国民收入和业余时间的增加,利用渔港周围的沿海作为游乐场所的人数逐年增加,游钓作为健康的游乐活动之一,发展更快。1993年日本游钓人数已达3 729万人,占全国总人口的30%,从事游钓导游业的人数达到2.4万人。游钓渔业的发展大大推动了日本渔村经济的发展,优化了日本的渔业产业结构,推动了渔业的可持续发展。1990年,我国台湾省实行减船政策,积极调整渔业结构,在沿海渔业和港口兴办休闲渔业,推动了休闲渔业的发展。

由于近海资源衰退、远洋渔业发展受限、船员劳力不足,中国台湾地区近年来的渔业发展面临各种困难。我国台湾渔业局从1998年起在基隆等6个渔港,强化休闲设施投资,发展海陆休闲中心,促进渔民走向多元化经营。休闲渔业中心的设施,包括从事海上观光钓鱼的游艇码头、渔人码头、海鲜美食广场、海钓俱乐部、海景公园、儿童娱乐场及相应的旅馆和旅游服务设施。同年下半年,全岛有99处海港陆续开放休闲渔业,批准开放从事游乐的渔船达700多艘。为推进休闲渔业的发展,吸引更多游客和城市居民到渔港渔区观光休闲,活跃渔区经济,还在重点渔港开设鱼货直销中心,游人在欣赏渔港风光、观赏渔村风情的同时可品尝和采购鲜美水产品。我国台湾地区集生产、销售、休闲和观光于一体的渔港渔区,使"已近黄昏"的台湾沿岸和近海渔业"起死回生"。

我国内陆水域面积约17.6万km^2,占国土面积(不含海洋)的1.8%。其中主要江、河总面积占内陆水域总面积39%、湖泊总面积占内陆水域总面积42.2%,全国建成的水库8.5万多座,总面积超过2万km^2。自然分布的淡水鱼类有700多种,具有重要渔业价值的经济鱼类有50多种,辽阔的水面及丰富的适于垂钓的肉食性名贵鱼类(鲈、鳜、鳢和鲇等),尤其是许多江河、湖泊、水库地处风景秀丽的旅游区,为发展内陆休闲渔业提供了条件。我国拥有300万km^2的管辖海域,大陆岸线1.8万km,岛屿6 500多个,岛屿岸线长达1.4万km;大陆和岛屿岸线蜿蜒曲折,形成了许多优良港湾,为鱼类繁殖、生长场所,10 m等深线以内浅海面积为7.34万km^2,最适于发展休闲渔业。海洋鱼类1 690多种,经济价值较高的有150多种,鲷科和石斑鱼类等适钓肉食性鱼类种类多。沿海潮间带滩涂栖息多种藻类和底栖生物,适宜游客滩涂采捕。

我国地处北温带和亚热带,适于休闲旅游的季节较长,尤其是东南沿海适合海上休闲娱乐渔钓时间长达8~9个月。这些优越的环境与生物资源为发展休闲渔业奠定了良好的基础。自20世纪90年代中期,休闲渔业在我国大型城市和沿海城市开始快速发展。北京市郊的怀柔、房山等地,在发展流水养殖虹鳟鱼的同时,建立了集观光、垂钓、品尝等于一体的休闲渔业景区,取得了可

观的经济效益。河北廊坊市三河县年生产商品鱼超过 1 100 t，其中 1/3 以上为游钓用鱼，游钓收入占全县渔业总收入的 50% 左右。辽宁大连市长海县利用其地理优势，举办钓鱼节，吸引了众多国内外宾客参加钓鱼比赛，带动了经济发展。在西部地区，四川省渠县利用渠江两岸的山水风光发展新型旅游业。东南沿海的福建漳州，依山傍水，风景秀丽，海岸线长达 680 km，岛屿星罗棋布。

三、休闲渔业的形式

休闲渔业的产业特点是有机地将钓渔业、养殖业、采贝采藻业、水产品交易、鱼类观赏、鱼类知识普及和水产品品尝等渔业活动与交通业、旅游业、餐饮业、娱乐业和科普教育事业相结合，因而休闲渔业活动的形式丰富多彩，多种多样。

现代休闲渔业划分成以下几种形态：一是以钓鱼为主的体育运动形态；二是让游客直接参与渔业活动，采集贝壳类等的休闲体验与观光形态，以及利用渔业资源特征明显而资源丰富发展的特色游览型休闲渔业；三是食鱼文化形态；四是以水族馆、渔业博览会及各种展览会等为主，带有一定教育性和科技普及性的教育文化形态。

1. 休闲垂钓渔业 休闲垂钓渔业是指一些专业垂钓园和设施完备的垂钓场利用有一定规模的专业海水养殖网箱和海、淡水养殖池塘，放养各种海、淡水鱼类，配备一定的设施，以开展垂钓为主，集娱乐、健身、餐饮为一体的休闲渔业活动。休闲垂钓可以分为海上垂钓、池塘垂钓和网箱垂钓。

（1）海上垂钓 海上垂钓适合于成年人，尤其是 30 岁以上的男性游客。主要有游船钓、岩礁钓和海岸扩展台垂钓三种。

① 游船钓：用于游船钓的渔船吨位要适当大些，稳性要好，适合游客在海上下饵、船上体验海钓，也可在低速行驶的环境下让游客体验海钓的乐趣。海钓渔船上附以酒吧、KTV 等简单娱乐项目，配置烧烤工具，使游客在船上能直接品尝自己钓到的海鲜，更能增加游钓的趣味性。

② 岩礁钓：富饶美丽的大海边，既有舒展蔓延的金色沙滩，也有形态奇异的岩礁。美丽的岩礁高高耸立在蔚蓝的大海边，海风拂面、轻抛渔竿、凝思垂钓能给游人带来无限的遐想。我国的许多群岛都有适合垂钓的岩礁，稍加改造就能造就成美丽、舒适和安全的垂钓场所，为消费者提供休闲的渔业活动。

③ 海岸扩展台垂钓：很多海岸线也是发展海边垂钓的理想地。利用海岸线蜿蜒曲折的地理优势，给海上休闲度假的游客提供便捷的海钓服务。在海岸边的别墅或者旅馆附近的海岸线上建造拓展平台，发展休闲游钓渔业也能引发游客消费欲望，推动渔业经济的发展。

(2) 池塘垂钓　池塘垂钓是比较普遍的大众化休闲娱乐方式。它主要利用围塘养殖场地和设施，增加一些垂钓平台，配置餐饮、烧烤、娱乐、休憩等服务设施，为不同游客提供休闲娱乐。池塘垂钓休闲渔业主要利用大都市周边的风景秀丽的大型养殖基地。发展池塘养殖垂钓休闲渔业应处理好养殖渔业生产与垂钓活动的关系，处理好垂钓活动可能对环境带来的影响。池塘垂钓有助于为垂钓爱好者提供更为丰富多彩的品种，降低垂钓对野生渔业资源的压力。

(3) 网箱垂钓　海水和淡水网箱养殖是发展养殖渔业的重要组成部分。网箱养殖的水域一般都是水面辽阔、风景秀丽的海、淡水区域。利用海、淡水网箱养殖设施并实施必要的改造，放养适合垂钓的水生动物，增设能提供安全保障的网箱边的平台，可以发展网箱垂钓休闲渔业。在网箱养殖垂钓区，配套建设餐饮娱乐等设施能进一步提高网箱垂钓渔业的经济效率。

2. 体验与观光型休闲渔业　利用渔港、浅海、岛礁的海洋自然生态资源建立海上旅游基地，组织游客参加海上捕鱼、潮间带采集、海景观光、海上运动。渔家乐就是典型的体验性休闲渔业活动。渔家乐利用渔船、渔具等渔业设施，村舍条件以及渔民技能等，让游客直接参与张网、流网、拖虾、笼捕、海钓等形式的传统捕捞方式，和渔民一起坐渔船、撒渔网、尝海鲜、住渔家，亲身体验渔民生活，享受渔捞乐趣，领略渔村风俗民情。此外，还可以开展海滩拾贝、池塘摸鱼、篝火晚会、编织渔网和鱼塘晒饵等参与性较强的趣味活动。

某些水库和湖泊盛产特色水产品，如太湖银鱼、阳澄湖大闸蟹，往往成为游览型休闲渔业的亮点。某些水域不仅渔业资源有特色，而且颇具特色的渔业生产作业方式成为吸引游客的项目，如浙江千岛湖，湖面开阔，山清水秀，浮游生物丰富，适宜人工自然放养花鲢、白鲢等鱼类，孕育出了特色明显的鲢鱼头食鱼文化。千岛湖湖水深邃，湖水下层万物丛生，给捕捞生产带来困难。为发展捕捞生产开发的"拦、赶、刺、张"湖泊捕捞技术，最终孕育出国内外闻名的"巨网捕鱼"特色游览休闲渔业活动。

3. 休闲观赏渔业　休闲观赏渔业是借助各种渔乐馆、渔民馆、海洋馆、渔业馆、渔船馆、水族馆和渔村博物馆展示鱼类的千姿百态，集科普教育和观赏娱乐为一体的产业活动。休闲观赏渔业产业与水族产业、观赏鱼产业的发展紧密相连，可以提高与优化产业结构，在为公共场所提供观赏水族、满足市场需求的同时，提高渔业产业经济效率。另外，发展休闲观赏渔业还有助于培养人们热爱自然、珍爱生命的道德观念。

4. 食鱼文化形态　在交通相对发达的地区，适宜发展水产品交易市场。而规模庞大的市场和优良的服务管理能吸引众多的水产品批发商与供应商。品种繁多的水产品往往像博物馆一样吸引众多游客。而水产品离不开饮食文化，海鲜"鲜、活、优"的特点成为食鱼文化的特色，形成以品尝海鲜、娱乐、采购为一体的滨港食鱼文化产业。为游客提供在滨港纳海风、听渔歌、尝海鲜、饱览渔港夜色、参观水产品展览会、展销会、渔业产业发展论坛、海鲜美食节和海洋文化论坛等多种多样的活动。

5. 文化教育性休闲渔业 在历史悠久的渔港渔村，世世代代的渔民们在海边织网、出海、猎渔，沉淀了淳厚的渔文化底蕴。如我国舟山地区建有舟山博物馆、中国渔村博物馆、台风博物馆、中国灯塔博物馆、马岙博物馆、舟山瀛洲民间博物馆、岱山海曙综艺珍藏馆和海盐博物馆中的馆藏，都可以用于发展文化教育型休闲渔业。

渔文化展示可与博物馆和海洋文化有机融合，按时间、鱼种、相关历史等主题来划分展示区。以时间为主题的展示馆可摆设各个时代的渔具和具有渔村风格的家具。以鱼种为主题的展示馆可陈列各种鱼类标本，并对该鱼种的生物、生态特性，食用价值以及文化传说等作渲染，提高游乐者对渔业产业的认识。以相关历史事件为主题时，可按电影院风格来建造，摆放历史性图片和资料，播放资料片和历史电影。渔文化展示观光区应以渔村特色建筑和传统风貌为背景，充分挖掘渔村的文化内涵，适当融合现代渔业技术与民俗风情。

休闲渔业是典型的混合型产业，形式可以多种多样。垂钓、娱乐休闲、渔家乐、海上渔业生活体验、海上产业活动体验、餐饮购物、品尝海鲜、渔货贸易、渔业文化休闲、海岛生态观光、游钓和游艇水上运动等活动都可以纳入休闲渔业产业活动之中。因此，21世纪之初，休闲渔业产业的概念和发展形式都处在不断的变化之中。除上述对休闲渔业形式的分类外，有研究者提出休闲渔业类型可分为垂钓娱乐型、涉渔生产生活体验型、湿地渔业生态观光型、综合配套休闲型、渔业文化观光型、水族产业观赏型和渔文化博览休闲型等。

四、发展休闲渔业的意义

1. 有利于优化与提高渔业产业结构 渔业生产活动与其他产业一样可以分为第一、第二和第三产业。渔业生产的显著特征是第一产业和第二产业的比重过高，渔业产业的低级化的矛盾比较突出。从捕捞产业来看，自20世纪70年代以来，由于海洋捕捞业过快，酷渔滥捕现象严重，随着《联合国海洋法公约》的生效，渔业资源对捕捞渔业的影响日益凸现，世界各海洋国家都面临控制海洋捕捞强度，调整产业结构的问题。在中国，20世纪90年代，中日、中韩渔业协定相继实施，中国大量的外海作业渔船被迫退出对马、济州岛等渔场。为了切实保护和合理利用海洋渔业资源，确保海洋渔业的可持续发展，中国1992年就开始积极控制近海捕捞渔船数量。20世纪90年代以后提出以产业结构调整为主线,以资源和环境保护为基础,以科技创新为动力,以渔(农)民增收为目标,组织实施渔业发展行动计划,努力开拓国内国际两个市场,完善渔业管理制度,促进渔业经济从"数量渔业"向"质量渔业"转变的渔业政策。休闲渔业在20世纪末期对全球主要渔业国家,尤其是发展中渔业国家转移海洋捕捞努力量,优化与提高海洋渔业产业结构具有极其重要的意义,对推动渔业可持续发展有积极的作用。

2. 有利于扩大就业和推动经济增长 随着社会进步和经济发展,人们的生活志向日益提高,休闲旅游成为人们追求的生活形式之一。自20世纪90年代起,中国的休闲旅游业得到高速发展。1996年,全国的旅游人数达到5 113万人,2006年增长到1.24亿人,旅游产业的产值在1996年是102亿美元,到2006年达到335亿美元,增长2倍多(表4-7-1)。

表4-7-1 中国的旅游产业

年份	旅游人数(万)	产值(亿美元)
1996	5 113	102.0
2000	8 344	162.3
2006	12 400	335

注:资料引自中国旅游统计年鉴。

休闲渔业是经济效率高、资源环境消耗低,而渔业产出高的产业。休闲渔业单位投入的产值可以达到常规渔业单位投入产值的3倍。例如,美国1996年休闲渔业的总消费达到377亿美元,用于支付旅游相关消费的支出金额达到154亿美元,用于购买小型钓具、饵料和车船等钓鱼必需品的支出为190亿美元,用于租赁或购买钓鱼用地的支出约23亿美元,办理钓鱼执照、许可证和其他相关的手续费也达到5.7亿美元。但是,在整个休闲渔业的活动中,渔业投入非常低。2001年,美国休闲渔业的总消费增至415亿美元,远高于渔获物价值。

休闲渔业是与多产业相关联的产业。在20世纪末期,美国休闲渔业协会成员有游钓代理机构、传媒集团、钓客组和渔具等相关产业组织600多个,支撑着美国近2 400个渔具批发商、6 000多个渔具店和3 800个运动器材店,并且提供了106.8万个就业岗位。因此,发展休闲渔业可以拉动其他产业的发展和提供更多的就业机会。

3. 有利于推动社会进步,改变乡村面貌 休闲渔业对乡村经济的贡献在于促进乡村经济发展和社会面貌改变。如美国纽约州的卡茨基尔山脉和密西西

比州北部，春暖花开时节，鳟的钓客成群结队地涌进山间，伴随潺潺的小溪流水，抛钓垂钓，享受大自然的宁静。休闲渔业可以利用现有的捕捞工具和渔业设施，展现渔民的专业技能，普及渔业、环境和生态等知识，组合形成新型产业，有利于推进渔村环境整治、繁荣渔区经济。

五、美国休闲渔业的发展

美国渔业分为商业渔业和休闲渔业两类，淡水渔业主要为休闲渔业服务。商业渔业比较注重经济效益；休闲渔业既注重经济效益，又注重社会效益。

美国水域资源得天独厚，东临大西洋，西临太平洋，海岸线长 22 680 km。内陆水系密布、湖泊水库众多。但是，美国商业渔业生产成本高，经济效益并不高，而休闲渔业不仅经济效率高，而且十分发达，已成为现代渔业的支柱产业。21 世纪初期，美国每年约有 3 520 万钓客，休闲渔业上的支出达 378 亿美元，把休闲渔业当成一个企业来看待，其收入可在美国《财富》杂志 500 强企业排行榜中排名第 13 位。

美国的海洋休闲渔业也十分发达。美国海洋渔业局的调查表明，1997 年全国有 1 500 万海洋休闲垂钓者在大西洋、墨西哥湾和太平洋沿岸进行共 6 800 万航次的海钓，估计渔获约为 3.66 亿尾。但是，其中半数以上的渔获物按照资源保护规定被放归大海。2001 年海洋休闲垂钓者增至 1 700 万，海钓航次超过 8 600 万次。在美国，海洋休闲游钓鱼类主要有蓝鱼（*Pomatomus saltatrix*）、红拟石首鱼（*Sciaenops ocellata*）、康氏马鲛（*Scomberomorus commerson*）、条纹狼鲈（*Morone saxatilis*）、黄尾平口石首鱼（*Leiostomus xanthurus*）、云纹犬牙石首鱼（*Cynoscion nebulosus*）、大西洋牙鲆（*Paralichthys dentatas*）和美洲黄盖鲽（*Limanda americanus*）等。

为保护海洋渔业资源，美国联邦政府和州政府规定，在公共水域垂钓的人，每年都要向政府渔业管理部门申请与购买钓鱼许可证，其收费标准各州不同。垂钓者购买钓鱼许可证所缴纳的费用主要用于渔区建设和资源保护。联邦政府和各州政府都规定，即使是购买了钓鱼许可证的垂钓者也不允许随心所欲地垂钓。法律规定，游钓者除被限制为人手一竿，一竿一钩外，对许可垂钓的鱼种、渔获量和鱼的大小均有规定。得克萨斯州规定可垂钓鱼类包括海鲈和大海鲢等 24 种。在威斯康星州，每次只允许垂钓者带走两条鱼，而在纽约州最多不得超过 25 kg，并不得超过 5 尾。

美国海洋渔业局（NMFS）赋有管理全美海洋生物资源及其栖息地的任务。从 1979 年起，美国海洋渔业局每年开展全国海洋休闲渔业统计调查

(MRFSS),调查目的是评估休闲渔业对海洋渔业资源的冲击。

前美国总统克林顿于 1995 年 6 月 7 日签署了第 12962 号行政命令,声明休闲渔业对国家社会、文化与经济方面具有重要作用,要求联邦政府改善美国水产资源的数量、机能、可持续产量,以增加休闲渔业的就业机会。

美国为保护和支持休闲渔业的可持续发展所采取的基本政策主要有以下几条:一是保护、提升和恢复重要休闲鱼种资源量及其栖息地;二是鼓励消费者使用包括人工鱼礁在内的工程设施;三是提供大众教育,支持、发展与执行对提升消费者海洋资源保护意识及健全休闲垂钓相关内容的教育;四是建立与鼓励政府与民间组织形成伙伴关系,通过双边合作加强对休闲渔业的管理和资源保护,增加发展休闲渔业的机会。

美国政府曾投入大量资金发展游钓渔业。政府对鱼类资源及其栖息环境的保护工作也极为重视,联邦政府在全国设有庞大的管理和科研机构,对鱼类资源生物学、生态学和游钓渔业活动进行广泛深入的研究。

第八节 世界渔产品贸易

一、世界渔产品贸易在国际贸易中的地位和现状

世界渔产品贸易占世界总商品贸易比重并不高,1976 年以来相对稳定在约 1%,从 20 世纪 90 年代后期至 21 世纪初虽略有下降趋势(2004 年为 0.8%),但渔产品出口量占农产品(包括水产品)出口总量的比重有明显增长,1976 年为 4.5%,至 2001 年达 9.4%,以后也有所下降,2004 年为 8.4%。在发达国家,1976—2004 年渔产品出口量占世界总商品贸易的比例为 0.6%~0.8%,占农产品出口总量的比例从 20 世纪 70 年代后期的 4.1%,到 1998—2004 年增长为 6.5%。在发展中国家,渔产品出口量占世界总商品贸易的比例自 20 世纪 70 年代后期扩大,至 1988 年为 2.3%,以后有所下降,2004 年为 1.2%,占农产品出口总量的比例从 20 世纪 70 年代后期的 5%,到 2002 年增长为 16%,2004 年下降为 14%。

表 4-8-1 1984—2006 年世界渔产品进、出口贸易额

年 份	进口额(亿美元)	出口额(亿美元)
1984	172	162
1987	300	250

(续)

年 份	进口额（亿美元）	出口额（亿美元）
1994	500	450
1999	575	529
2000	600	552
2003	674	638
2004	756	716
2005	815	896
2006	896	859
1994/1984	2.91	2.78
1999/1984	3.34	3.26
2000/1984	3.48	3.40
2003/1984	3.92	3.94
2004/1984	4.40	4.42
2005/1984	4.74	5.53
2006/1984	5.21	5.30

根据联合国粮农组织的统计，20多年来世界渔产品的贸易额，无论是进口额还是出口额的增长速度都大大超过了渔业产量的增长速度。1984年的进口额为172亿美元，出口额为162亿美元。1994年分别为500亿美元和450亿美元，2006年分别为896亿美元和859亿美元。1994年比1984年分别增长了1.91倍、1.78倍。2004年与1984年相比，分别增长了3.40倍、3.42倍（表4-8-1）。

二、世界主要渔产品贸易国家

1996年和2006年世界主要渔产品贸易国家进、出口额的变化见表4-8-2。由表可见，全球出口贸易的总量有一定的增长，排序上有较大的变动。1996年出口首位的是泰国，其次是挪威、中国为第4位。2006年中国为首位，出口产品中包括来料加工和进料加工；其次是挪威，主要出口人工饲养大西洋鲑；泰国和美国分别为第3、4位。比较突出的是越南，1996年出口额仅为5.04亿美元，2006年增加到33.58亿美元，主要是出口罗非鱼等。渔产品出发展中国家的渔业净出口值,即其出口总值减去其进口总值,出现持续增长的趋势,从1984年的46亿美元到1994年的160亿美元,到2004年达204亿美元,远远高于如大米、咖啡、茶叶等其他农产品。低收入缺粮国家在渔品和渔产品贸易中也发挥其积极作用。1976年其出口仅占渔业出口总值的11%,1984年扩大到13%,1994年为18%,2004年达20%。

发达国家之间的渔业贸易强度也有增强的趋势。2002—2004年期间,约85%的发达国家之间渔业出口值是通过出口其他发达国家来实现的,发达国家渔业出口量的50%多来自其他发达国家。特别是欧盟国家之间的贸易,在2004年和2005年欧盟之间出口超过84%,进口约为50%。加拿大和美国之间的贸易虽比欧盟内部要小得多,但自1980年以来,有明显增大,说明《北美自由贸易协定》(NAFTA),以及《美国—加拿大自由贸易协定》的重要性日益显示。

表4-8-2 1996年和2006年世界主要渔产品贸易国家进、出口额的变化

主要出口国	1996年(百万美元)	2006年(百万美元)	APR	主要进口国	1996(百万美元)	2006(百万美元)	APR
中 国	2 857	8 968	12.1	日本	17 024	13 971	-2.0
挪威	3 416	5 503	4.9	美国	7 080	13 271	6.5
泰国	4 118	5 236	2.4	西班牙	3 135	5 222	7.3
美国	3 148	4 143	2.8	法国	3 194	4 176	4.7
丹麦	2 699	3 987	4.0	意大利	2 591	3 904	6.2
加拿大	2 291	3 660	4.8	中国	1 184	3 126	13.3
智利	1 698	3 557	7.7	德国	2 543	2 812	3.9
荷兰	1 470	2 812	6.7	英国	2 065	2 805	6.0
西班牙	1 447	2 849	7.0	丹麦	1 619	2 286	5.8
越南	504	3 358	20.9	韩国	1 054	2 233	10.0
小计	23 648	44 073	6.4	小计	41 489	53 806	3.8
总出口额	52 787	85 891	5.0	总进口额	52 787	75 293	5.0

在发展中国家之间的渔业贸易虽有增大,尤其是20世纪90年代,但数量上仅占发展中国家渔业出口值的15%。尽管今后仍有一定的潜力,但很大程度上要依赖发达国家。发展中国家渔业出口逐渐从为发达国家的加工业出口原料,改变为出口高价值的活鱼或附加值的产品。

渔业导论

三、世界贸易中的主要渔产品

1. 世界渔产品贸易的组成 2002—2004年期间发展中国家的渔产品出口值约77%输向发达国家和地区，主要是欧盟、日本和美国。产品主要有金枪鱼、小型中上层鱼类、对虾和小虾、龙虾和头足类等。发达国家约有其出口总值的15%出口到发展中国家，主要包括占发展中国家进口20%~30%的低值小型中上层种类和用于加工的原料。

由于渔产品高度易腐，90%多的渔产品国际贸易为加工类型。按活体重量计算，2004年的鲜活或冰鲜渔产品占10%，鲜活渔产品的价格较高，但运输要求也较高，同时还面临严格的质量标准和健康规则。目前，随着活体保活技术的发展，如专用活体集装箱、配有增氧设施的运输工具等，及运输、分销、展示和贮存等设施网络的建立，有力地推动了鲜活渔产品贸易。冷冻渔产品出口有所增长，1994年约占渔产品出口总量的28%，2004年达36%。2004年，预处理和保鲜渔产品出口量（按活体重量计算）为830万t，占总出口量的15%（1994年为10%），盐渍品占5%，非食用渔产品占34%。

2. 世界贸易中的主要渔产品 世界水产品贸易中，主要是价值高的品种，如对虾排在首位，其次为鳕、鲈、鲷科等底层鱼类，以及金枪鱼、鲑科等。价值较低，但贸易量大的有鱼粉和鱼油，以及竹筴鱼等。

（1）对虾 对虾占渔产品出口总量的比例从1994年的高峰值21%后有所下降，但按产值于1994—2004年增长了18%，按活体重量增长了69%。这与1997—2004年期间对虾养殖的迅速发展，产量增长了165%有关（年增长15%）。但其出口单价由1995年的6.5美元/kg，跌至2004年的4.1美元/kg。对虾主要进口国是美国、日本和欧盟等，因美国于2005年对中国、巴西、厄瓜多尔、印度、泰国和越南实施反倾销程序，相对地市场由美国转向欧盟。

（2）底层鱼类 底层鱼类2004年占渔产品出口总量的10.2%。主要包括大西洋鳕、无须鳕和狭鳕。从1986年1月至2006年1月的美国单价变动看，其价格总体上是上涨的。如1986年1月上述三种鱼单价分别为1.2美元/kg、0.7美元/kg、0.7美元/kg，至2006年1月分别为2.2美元/kg、1.3美元/kg、1.0美元/kg。由于亚州对鱼糜需求的增长、阿根廷无须鳕上市量的减少，相应地出口欧洲的鱼片下降。但中国的冷冻底层鱼市场的作用不断扩大，提高了德国和法国的狭鳕片的进口额。

（3）金枪鱼 金枪鱼2004年占渔产品出口总量的8.7%。日本是世界金枪鱼生鱼片最大的市场，而且需要高级的蓝鳍金枪鱼。一般金枪鱼和鲣主要由泰国、印尼、菲律宾等国加工成罐装品,出口至欧盟。西班牙在萨尔瓦多、危地马拉等地建造了罐头厂。据报道,因罐制金枪鱼产品中汞含量多超标,直接影响进出口。

(4) 鲑 鲑 2004 年占渔产品出口总量的 8.5%,高于 20 世纪 90 年代 7% 的水平。挪威和智利大力发展鲑养殖,产量从 1988 年的 37.5 万 t 增长到 2004 年的 170 万 t。但是单价明显下降,1988 年为 6.1 美元/kg,2004 年降到 3.2 美元/kg。总体上,因规模生产,提高了效率,降低了成本,现有单价还是有利可图,并更加合理。

(5) 头足类 头足类 2004 年占渔产品出口总值的 6.35%。多年来头足类持续减产,至 2005 年鱿鱼和章鱼有所恢复,尤其是西南大西洋。西班牙是欧洲主要鱿鱼市场,2005 年进口冷冻品达 16 万 t,比 2004 年增加了 7%。意大利鱿鱼市场与西班牙相似。中东大西洋的章鱼资源通过摩洛哥政府采取严控捕捞强度的措施正在恢复中。

(6) 观赏鱼 观赏鱼在国际渔产品贸易中日显重要,其出口值 2004 年占渔产品出口总值的 0.357%。2002 年和 2004 年世界观赏鱼进出口前 10 位的国家(地区)和进出口总值如表 4-8-3 所示。由表可见,观赏鱼主要出口国是新加坡,但近年来,法国、西班牙、以色列、美国和泰国等都发展很快。进口国主要是美国。

表 4-8-3 2002 年和 2004 年观赏鱼进出口前 10 位国家(地区)(万美元)

主要出口国家	2002 年	2004 年	主要进口国家	2002 年	2004 年
新加坡	4 146.0	4 952.8	美国	3 968.6	6 814.6
捷克	1 335.3	1 954.0	英国	2 364.6	2 978.5
法国	833.2	1 849.5	德国	2 726.3	2 726.3
马来西亚	1 755.9	1 838.1	日本	2 561.8	2 645.0
西班牙	357.9	1 813.2	法国	2 085.9	2 122.5
印尼	1 264.8	1 338.9	新加坡	1 124.7	1 395.5
以色列	560.3	1 079.0	荷兰	995.4	1 262.9
美国	838.1	1 052.0	比利时	1 016.3	1 166.7
泰国	524.5	986.4	意大利	1 030.0	1 134.1
斯里兰卡	552.7	738.5	中国香港	943.0	1 016.4
总出口额	18 779.0	25 560.2	总进口额	23 590.9	30 383.7

3. 世界渔产品贸易的趋势

(1) 世界渔产品贸易的总趋势是进、出口量和进、出口值都有增长的可

能 由于发达国家受劳动力的限制和生产成本不断上涨等影响,直接从事渔业生产的规模可能还会逐步压缩,而渔产品需求量还会递增。发展中国家在渔业生产技术上不断提高,同时为了解决就业和创汇的需要,渔产量都有可能持续地增长,推动世界渔产品贸易的发展。

(2) 严格的技术壁垒 随着人们生活水平的提高,对渔产品的安全质量要求越来越严格。有关国家各自规定了渔产品质量标准,由此造成世界渔产品贸易中的技术壁垒。尤其对水产养殖产品的渔药残留和饲料添加剂等大大提高了有关检验标准,凡不合标准的直接退货或就地销毁,有的实施标签管理措施,如法国的"红标签"、爱尔兰和加拿大的"有机养殖鱼标签"等。

(3) 实施可追溯制度 即从零售商出售的渔产品,可逐级追溯其批发、分包装、加工和养殖场或捕捞渔船的全过程。一旦发现渔产品质量问题,通过追溯查出其生产环节和原因。依此,也可采用可追溯标签。

(4) 实施生态标签制度 为了实现渔业资源的可持续利用,保护生态系统的稳定,联合国粮农组织制订了《海洋捕捞业生态标签指南》,采用生态标签来标明某渔获物不是属于被过度捕捞的品种,所采用的捕捞方法也不损害海洋哺乳动物、海龟、海鸟,以及生态脆弱的品种等。生态标签的制度使渔业管理从单纯的对捕捞对象的保护和管理,发展到以生态系统为指导思想的系统性保护。在管理上,逐步发展了有关生态标签的认证和委派等技术措施。

第九节 国际渔业管理现状与趋势

一、国际渔业组织性质、类别和职能

国际渔业组织是两个或两个以上的国家或其民间团体基于渔业发展、管理与合作目的,以一定协议形式而建立的机构的总称。一般是调整国家之间或有关国家的民间团体之间的渔业活动关系,并不是调整某些渔业企业之间或渔业者之间渔业活动的关系。

国际渔业组织原则上可分为政府间渔业组织和非政府间的组织。前者必须由有关国家政府参与,后者可由有关国家的民间渔业团体参与,但不代表其政府。

国际渔业组织按地区可分为全球性、区域性和分区域性三类。如联合国粮农组织的渔业和水产养殖委员会、国际捕鲸委员会都属于全球性国际渔业组织,印度洋渔业理事会属于区域性国际渔业组织,中东大西洋渔业委员会属于分区域国际渔业组织。但区域和分区域国际渔业组织是相对的,有时难以区分。

国际渔业组织也可分为隶属联合国粮农组织的和非隶属联合国粮农组织的两大类。现隶属联合国粮农组织的国际渔业组织有亚太渔业委员会（APFIC）、中东大西洋渔业委员会（CECAF）、中西大西洋渔业委员会（QECAFC）、地中海渔业总理事会（GFCM）、印度洋渔业委员会（IOFC）、印度金枪鱼委员会（IOTC）、欧洲内陆水域渔业委员会（EIFAC）、拉丁美洲内陆水域渔业委员会（COPESCAL）。其他的都是非隶属联合国粮农组织的，如南太平洋常设委员会（SPPC）、南太平洋论坛渔业局（SPFFA）、国际捕鲸委员会（IWC）、西北大西洋渔业委员会（NAFO）、东北大西洋渔业委员会（NEAFC）、大西洋金枪鱼养护国际委员会（ICCAT）、美洲间热带金枪鱼委员会（IATTC）、南方蓝鳍金枪鱼养护委员会（CCSBT）、太平洋鲆鲽国际委员会（IPHC）等。主要国际（海洋）渔业组织分布如图4-9-1所示。

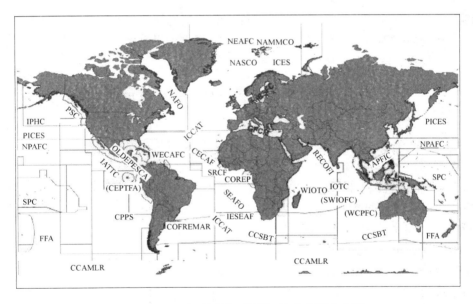

图4-9-1 主要国际（海洋）渔业组织分布图

根据参加国的多少，又可分为多边国家渔业组织和双边国家渔业组织。前者如中、美、俄、日、韩、波兰等六国组成的"中白令海狭鳕资源养护委员会"等，后者如"中日渔业联合委员会"等。

二、国际渔业组织职能

各国际渔业组织的任务根据其签订的协议或章程而定。一般可分为：一是调查研究，即从事有关渔业资源的调查研究，向成员方提供调查报告；二是咨询，根据需要向成员方提供咨询意见；三是管理，通过成员方共同商定的养护渔业资源和渔业管理措施进行管理，包括共同执法等。

在 20 世纪 80 年代之前，国际渔业组织的任务偏重于咨询方面。总体上是在其管辖水域范围内，进行以下工作：①讨论或研究渔业资源状况；②拟订有关调查方案；③审定有关渔业资源的保护措施；④交流渔获量统计资料；⑤出版刊物。

20 世纪 90 年代以来，侧重于加强渔业管理，日益发挥其在实施管理中的监督作用和开展执法上的国际合作。由研究、咨询性质向管理监督方向转移，以管理为主。将"区域性渔业机构"（Regional Fisheries Bodies，RFB）改为"区域性渔业管理（Regional Fisheries Management Organization，RFMO）"。其主要职能有：①制订养护和管理措施；②制定总可捕量和成员国的捕捞配额；③促进和规范国家渔业管理；④处理有关捕捞问题；⑤采取措施实施有关国际法的规定等；⑥制订监控措施等；⑦按照执法程序，通过联合执法，实施登临、检查、取证等措施。

第十节 当前世界渔业存在的主要问题和发展趋势

一、当前世界渔业存在的主要问题

1. 捕捞过度和捕捞能力过剩问题 随着科学与技术的发展，捕捞能力已不仅是渔船数量的增加，也包括船上的航行、探鱼和捕捞技术等有关装备的不断完善和技术的更新等。因此，捕捞能力过剩可理解为捕捞能力超过了渔业资源的再生能力。其结果是造成渔业资源衰退，尤其是生活在底层的主要经济鱼类资源更为明显。有的认为捕捞能力过剩的主要原因之一是投资过大或政府补贴。根据 S. M. Garcia（2005）的估计，海洋鱼类资源处于初步开发的为 3%、中度开发的为 20%、已完全开发的为 52%、已过度开发的为 17%、严重衰退的为 7%（图 4-10-1），另有 1% 处于恢复中。

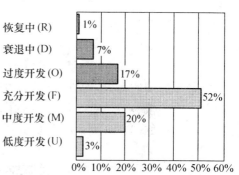

图 4-10-1 2004 年世界海洋渔业资源状况

2. 兼捕和废弃物问题 兼捕是指捕捞某一鱼类或水产经济动物时，误捕或混入其他种类（有的称为非目标种）。兼捕与捕捞工具即渔具的选择性有关。也就是所捕获的非目标种的种类和数量越少，该渔具的选择性越高。按有关渔具分析其兼捕为，虾拖网约占62%、金枪鱼延绳钓29%、定置网23%、底拖网10%。废弃物是指已经捕获又重新抛弃入海的渔获物。主要是因船上渔舱容量不足，放弃捕获的低值种类或因当地习惯上不愿食用的种类。前者主要是远洋捕捞为确保经济种类的配额，放弃低值的种类。后者如有的民族不吃无鳞的鱼类等。根据联合国粮农组织的调查，1988—1990年废弃物为1 790万～3 950万t，经过几年的努力，1992—2001年已减少为690万～800万t。无论是兼捕还是废弃物，都会导致渔业资源的衰退和资源的浪费。

3. 公海渔业IUU捕捞问题 由于公海渔业通过区域性渔业管理组织实施有关养护渔业资源措施，有的限制捕捞渔船数量和渔获物的配额制度等，对允许捕捞作业的渔船应按规定报告其作业渔场的船位和渔获量等。公海渔业IUU捕捞是指在公海中未经国家许可的本国和外国渔船从事捕捞活动的，或经许可但从事违法捕捞活动的；违反区域性渔业组织的养护和管理措施或国际法有关规定的，或不按规定程序报告渔获量和船位等的，甚至不报或有意错报的；不向国家报告渔获量和船位等或有意错报的；非区域性渔业管理组织成员的渔船进入该组织管辖水域内从事捕鱼活动等。公海渔业IUU捕捞问题导致公海捕捞能力失控，公海渔业资源的衰退。联合国粮农组织于2001年通过了《防止、阻止和消除非法、不报告、不受管制捕捞的国际行动计划》，要求各国和国际渔业组织采取措施加以实施，保护渔业资源。

4. 濒危动物和生态系的保护问题 生态系的保护是指在水生生物系统中防止某一物种盛衰，影响其他物种的生存。在20世纪90年代以前，在渔业科学领域内已重视了渔业资源的养护，但侧重在为防止某一种类衰退而针对这一物种采取有关措施，如划定禁渔区，规定禁渔期，限制网目大小和鱼体最小长度等。事实上，在生态系中物种之间的相互影响十分明显。其中包括兼捕，误捕海鸟、海龟和鲨鱼等，导致目前较多海洋和内陆水域的生态系统严重恶化或破坏。因此从20世纪90年代起提出了以生态系为基础的渔业资源养护问题。联合国粮农组织于2002年10月1日至4日在冰岛雷克雅未克召开的海洋生态系统负责任渔业会议上通过了《海洋生态系统负责任渔业的雷克雅未克宣言》（简称《雷克雅未克宣言》）(Reykjavik Declaration on Responsible Fisheries in the Marine Ecosystem)，确认将生态系统纳入渔业管理目标，确保生态系统及其生物资源的有效保护和可持续利用。在21世纪初，提出"以生态系统理念为指导的综合管理"，即ecosystem approach。

5. 水环境保护问题 水环境问题既有大量的陆地排污、船舶排污等引发赤潮造成的水环境污染,也有大气污染和地球空气升温带来的酸雨、厄尔尼诺和拉尼娜现象等,这些都直接影响水生生物的生存和渔业生产,而且情况越来越严重。同时随着水产养殖的大量发展,直接投放鱼虾类为饲料、为防治病害而使用的渔药在水体中残留、养殖场的废水等造成的自身污染也十分严重。

6. 水产品质量和安全问题 因渔业水域的污染,水产养殖过程中使用含添加剂的饲料或渔药等,以及渔获物处理和加工过程中使用不允许的防腐措施等,造成水产品质量和安全问题时有发生,有的直接影响人们健康,引起国际社会重视。

二、世界渔业的发展趋势

(一) 国际社会日益重视可持续开发利用渔业资源和渔业的可持续发展

20世纪90年代以来,国际社会日益重视可持续开发利用渔业资源和渔业的可持续发展。1992年联合国在巴西里约热内卢召开的全球环境与发展峰会上通过的文件《21世纪议程》,提出了当今世界在环境与发展中迫切需要解决的问题,以及全球在21世纪中对此合作的意愿和高层次的政治承诺。其中第2部分第17章专门叙述保护大洋、闭海、半闭海和沿海区域,以及保护、合理利用和开发海洋生物资源等问题,并要求各国政府、政府间或非政府间的国际组织共同实施。

联合国粮农组织于1992年5月6~8日在墨西哥坎昆召开的国际负责任捕捞会议上通过《坎昆国际负责任捕捞宣言》(简称《坎昆宣言》)(Cancun Declaration)。明确了"负责任捕捞"概念为:渔业资源的可持续利用和环境相协调的观念;使用不伤害生态系统、资源或其品质的捕捞及水产养殖方法;符合卫生标准的加工,以提高水产品的附加值;为消费者提供价廉物美的产品等。要求联合国粮农组织依此拟订《负责任捕捞行为守则》。后经联合国粮农组织渔业委员会讨论,于1995年通过了《负责任渔业行为守则》(The Code of Conduct on Responsible Fisheries),此准则成为渔业管理的国际指导性文件。要求各国从事捕捞、养殖、加工、运销、国际贸易和渔业科学研究等活动,应承担其责任的准则要求。主要包括:①与环境协调下持续地利用渔业资源;②采用不损害生态环境和渔业资源状况的负责任捕捞和负责任养殖,并确保其渔获质量;③水产品加工方法应符合卫生标准,提高渔品附加值;④让消费者获得价廉物美的水产品;⑤各国应支持开展渔业科学研究工作等。

联合国大会为保护海洋生态,防止误捕海洋哺乳动物、海龟和海鸟等,分别于 1989、1990 和 1991 年的第 44、45 和 46 届大会，先后通过第 44/225、45/197、46/215 号《关于大型大洋性流网捕鱼作业及其对世界大洋和海的海洋生物资源的影响》的决议，规定从 1993 年 1 月 1 日起在各大洋和海的公海区域，包括闭海和半闭海，全面禁止大型流刺网作业。

联合国继 1992 年在巴西召开联合国环境与发展峰会后，于 2002 年 8 月在南非约翰内斯堡召开的世界可持续发展首脑会议上通过的文件《全球可持续发展峰会执行计划》（World Summit on Sustainable Development Plan of Implementation，WSSDPOI），根据《21 世纪议程》的实施措施，规定了为实现可持续渔业采取的主要行动有：2015 年前使渔业资源恢复到最大持续产量水平；执行《负责任渔业行为守则》和其有关执行计划；加强国际渔业组织的管理；消除"IUU 捕捞"等。

（二）世界渔业产量的预测

联合国粮农组织于 2002 年组织有关方面对 2010、2015、2020、2030 年的世界渔业产量进行了预测（图 4-10-1）。主要依据是近年来联合国粮农组织的渔业统计、不同渔业生产的潜力的推测、人口增长趋势等。在 2006 年版的《世界渔业与水产养殖状况》（《SOFIA 2006》）中做了部分修正。

由表 4-10-1 可以看出，《SOFIA 2002》、FAO 研究、IFPRI 研究等三方面的结果有明显区别。其中，《SOFIA 2002》明确认为，今后 2010、2020、2030 年期间，无论是海洋捕捞，还是内陆水域捕捞的产量原则上不可能有明

表 4-10-1 2010、2015、2020、2030 年的世界渔业产量的预测（10^6 t）

	2000 年	2004 年	2010 年	2015 年	2020 年	2020 年	2030 年
	FAO 统计数	FAO 统计数	SOFIA 2002	FAO 研究	SOFIA 2002	IFPRI 研究	SOFIA 2002
海洋捕捞	86.8	85.8	87		87		87
内陆捕捞	8.8	9.2	6		6		6
捕捞小计	95.6	95.0	93	105	93	116	93
水产养殖	35.5	45.5	53	74	70	54	83
总产量	131.1	140.5	146	179	163	170	176
食用	96.9	105.6	120		138	130	150
食用占的比例（%）	74	75	82		85	77	85
非食用	34.2	34.8	26		26	40	26

注：IRPRI 代表国际粮食政策研究所。

显增长，稳定在 9 300 万 t；但 FAO 研究和 IFPRI 的研究未分海洋和内陆水域捕捞，认为捕捞产量仍有所增长，在 1.05 亿～1.16 亿 t。对水产养殖产量的发展趋势，《SOFIA 2002》、FAO 研究的结论基本上相似，都认为有较大的增长，FAO 研究认为 2015 年可达 7 400 万 t，《SOFIA 2002》认为 2010、2020、2030 年分别可增长到 5 300 万 t、7 000 万 t 和 8 300 万 t；但 IFPRI 研究认为 2020 年仅略有增长，可达 5 400 万 t。这些预测都可为我们研究有关问题作为参考。

（三）世界渔业发展趋势

根据世界渔业现状和今后渔业生产的预测，世界渔业发展趋势主要是：

1. 海洋渔业资源由开发转向管理，海洋捕捞的区域性管理日益加强　20 世纪 90 年代起，国际社会日益明确海洋渔业资源已由开发利用时代进入管理时代。海洋捕捞的区域性管理也日益强化。区域渔业组织（Regional Fisheries Organization，RFO）的名称大多改为区域渔业管理组织（Regional Fisheries Management Organization，RFMO），在促进养护和管理渔业资源及国际合作方面发挥了独特的作用。组织机构普及到各大洋，1995 年联合国渔业大会通过了《执行协定》后，新建了南东大西洋渔业组织（SEAFO）和中西太平洋渔业委员会（WCPFC），2004 年联合国粮农组织理事会决定建立西南印度洋渔业委员会（SWIOFC）。联合国粮农组织也明确，今后只能通过发展渔业的内涵、加强管理才有可能进一步发展渔业生产，提高效益。

2. 积极发展水产养殖是今后发展渔业的主要途径　通过中国渔业生产以"水产养殖为主，养殖、捕捞、加工并举，因地制宜，各有侧重"的方针，现在中国海水和淡水养殖产量不仅在国内超过水产捕捞，而且占世界水产养殖总产量的 70%，大大推动了世界渔业生产结构的调整，引起国际社会普遍重视发展水产养殖业。典型的是挪威，长期以来是海洋捕捞国家，现已成为养殖大西洋鲑的大国，而且还带动了其他国家。联合国粮农组织曾在 2006 年的有关报告中认为，目前供世界食用的水产品中有 50% 来自水产养殖。上述对 2015、2020、2030 年的世界渔业产量的预测，也说明积极发展水产养殖是今后发展渔业的主要途径。随着抗风暴海洋网箱养殖的发展和完善，重点有可能是海水养鱼。

3. 越来越重视生态渔业的发展　无论是水产捕捞，还是水产养殖都必须根据生态渔业的要求从事和发展生产。在《海洋生态系统负责任渔业的雷克雅未克宣言》中明确指出，应制订有关生态系纳入渔业管理的行为技术守则，依此推进生态渔业的发展，确保生态系统及其生物资源的有效保护和可持续利用。

4. 观赏鱼养殖的发展　观赏鱼养殖属于非食用鱼类的水产养殖，国际上已一致认为其是有良好前景的产业。除海水、淡水观赏鱼外，还包括水族馆的水生活体动物的养殖。有关国家已采取积极措施，加大力度推进观赏鱼养殖和贸易的力度，以此增加农村就业和收入，以及创汇能力。但在发展过程中应注意病害防治问题，否则会引起全球性蔓延传播的严重后果。

5. 生态旅游的发展 生态旅游是当前正在兴起的新型产业，并有可能在各国获得发展和普及。许多国家主要推进与水产养殖相关的生态旅游。中东欧的俄罗斯、乌克兰、白俄罗斯、摩尔多瓦、波罗的海周边国家普遍利用湖泊和水库的网箱及池塘，进行垂钓与旅游等相结合的生态旅游。有的海洋国家已利用外海大型抗风暴网箱或平台型网箱为基地，开展生态旅游，以及与潜水运动相结合的珊瑚礁探险等。

6. 发展深加工水产品，提高附加值 一是以海洋动物、植物和微生物为原料，通过分离、纯化、结构鉴定和优化以及药理作用评价等现代技术，将具有明确药理活性的物质开发成药物。二是利用水产品加工过程中的有关废弃物。现在国际上发展较快的有：利用养殖的大西洋鲑的内脏加工成有关药物；利用罗非鱼鱼皮制成皮革；利用蟹、虾壳加工成甲壳素；利用绿贻贝加工成抗关节炎的合成物等等。

思考题

1. 简述世界主要渔业资源和联合国粮农组织对世界各大洋渔区的划分。
2. 简述世界渔业生产发展各阶段的特征。
3. 简述国际渔业组织的性质、作用和主要职能。
4. 简述世界渔业发展的趋势及主要面对的挑战和主要问题。
5. 简述发展休闲渔业的意义与作用。
6. 我国发展休闲渔业的优势何在？
7. 简述美国发展休闲渔业的制度特点。
8. 简述现代休闲渔业的概念和特点。
9. 简述我国休闲渔业的主要类型。

参考文献

刘康. 2003. 美国休闲渔业现状及发展趋势分析. 中国渔业经济（4）.

FAO. 1999，2000，2001，2002，2004. 渔业统计年鉴（捕捞、养殖、贸易）.

FAO. 2005. The State of World Fisheries and Aquaculture—2004.

FAO. 2007. Part 1：World Review of Fisheries and Aquaculture. The State of World Fisheries and Aquaculture—2006.

第五章

中 国 渔 业

　　渔业从总体上是属于第一产业，或称为"初级生产产业"。但是，渔业中的水产捕捞业，尤其是商业性捕捞具有工业属性；大规模的工厂化水产养殖业不仅具有工业属性，有的已列入高新技术产业。水产加工业属第二产业。因此，有关国家的渔业在其国民经济部门的归属差别甚大，有的独立成立部，如挪威的渔业部；有的农业、林业和渔业设立部，如日本的农林水产省；也有的与海洋一起成立一个部，如韩国的海洋事务与水产部等。按中国国民经济部门划分，渔业归属于农业。

　　中国渔业具有悠久的历史，海域辽阔，内陆水域分布面广，拥有丰富的渔业资源，为发展渔业提供了有利的条件。经过改革开放，中国渔业获得了迅速发展，年产量多年来连续居世界首位。1998年中国渔业产量已占世界渔业总产量的1/3，我国已是世界最大的渔业生产国。但是，我国还不是渔业强国，在渔业科学、生产技术和渔业管理上尚有大量工作有待研究和开发。

第一节　中国渔业在国民经济中的地位和作用

　　1. 中国渔业在国民经济中的地位　　中国渔业虽具有悠久历史，海洋和内陆水域广阔，但在旧中国时代，渔业一直得不到应有的重视，在国民经济中层次很低。新中国成立后，渔业才获得发展，在国民经济中的地位不断提高。1978年中国渔业总产值约占大农业的1.6%，到1997年提高到10.6%，从根本上解决了城市"吃鱼难"的难题。渔业已成为促进中国农村经济繁荣的重要产业，发展渔业，尤其是发展水产养殖业是农民脱贫致富、奔小康的有效途径之一。渔民人均收入，1978年仅为93元，到1997年已提高到3 974元，比农民人均收入高出90%。随着人口的增长和人们生活的改善，以及维护国家海洋权益，发展渔业具有重大的现实意义和战略意义。

　　2. 中国渔业在国民经济中的作用　　渔业在国民经济中，对满足人们生活需求、促进经济发展都具有十分重要的作用。

(1) 有利于改善人们的食物结构，提高全民族的健康水平　水产品是人类食物中蛋白质的主要来源之一。鱼、虾、蟹、贝、藻等水产品含有丰富的蛋白质和人们必需的氨基酸。海水的带鱼和淡水的鲢与瘦猪肉、牛羊肉及鸡蛋中每百克蛋白质含量对比如表 5-1-1 所示，每 100 g 带鱼和鲢肉分别含有蛋白质 18.1 g 和 18.6 g，都高于瘦猪肉、牛肉、羊肉和鸡蛋。一般情况下，水产品蛋白质相对容易被人们吸收。

表 5-1-1　鱼类和其他动物蛋白质含量的比较

种类	带鱼	鲢	瘦猪肉	牛肉	羊肉	鸡蛋
蛋白质含量（g/100 g）	18.1	18.6	16.7	17.7	13.3	14.8

鱼类等水产品还含有一种高度不饱和脂肪酸，对预防脑血栓、心肌梗死具有特殊作用，这种高度不饱和脂肪酸一般称为 DHA。目前国际上都公认"吃鱼健康"、"吃鱼健脑"，提倡多吃鱼。在国际上，"鱼"是广义性的，包括其他水产品。

(2) 有利于调整农村经济结构，合理开发利用国土资源　中国人口众多，耕地面积少，人口占世界人口的 22%，耕地只占世界耕地面积的 7%。但是中国内陆水域和浅海滩涂总计约 2 684 万 hm^2，其中内陆水域面积为 1 754.4 万 hm^2（可供养殖的面积为 564.2 万 hm^2），滩涂面积为 191.7 万 hm^2，浅海（水深 10 m 以内）面积为 733.3 万 hm^2，超过了耕地面积，如能合理利用，发展水产增养殖业，既不与种植业争耕地，也不与畜牧业争草原，对调整农村生产结构和经济结构具有重大的现实意义。如采取渔农结合、渔牧结合、渔盐结合等措施，还有利于陆地和水域生态系统实现良性循环，且能获得更大的经济效益、生态效益和社会效益。

(3) 有利于增加国家的财政收入和外汇储存，扩大国际影响　据有关统计，1949—1987 年全国水产品产值从 1.2 亿元增长到 98.35 亿元。根据国际渔业贸易统计，20 世纪 80 年代以来国际渔业贸易获得迅速发展。1987 年中国出口水产品为 22.7 万 t，创汇 7.2 亿美元，进出口顺差约为 3.6 亿美元；1999 年出口列世界第 3 位，29.6 亿美元，进口列世界第 7 位，11.3 亿美元，顺差 18.3 亿美元；2000 年出口占农产品出口 24.5%；2001 年出口 41.9 亿美元，进口 18.8 亿美元，顺差 23.1 亿美元，占农产品出口 26%，创汇额占农产品中第一位；2004 年出口 69.7 亿美元，进口 32.3 亿美元，顺差 37.4 亿美元，占农产品出口 30%。2008 年我国水产品出口额达 97.4 亿美元，连续 6 年居世界首位。

(4) 有利于安排农村剩余劳动力就业　　随着中国农村经济体制改革的不断深入，农业劳动力将不断地从土地上解放出来。有计划地因地制宜发展渔业，无疑是安排农村剩余劳动力的有效途径之一。据统计，1987 年从事渔业的专业和兼业的劳动力已达 798 万人，比 1979 年增长了两倍；1997 年全国专业渔业劳动力已达 573 万，兼业劳动力约 648 万，总计为 1 210 万人，比 1987 年又增加了 51.63%；2000 年渔业专业劳动力 628 万人，兼业劳动力 665 万人，总计 1 293 万人，比 1987 年增加 62.03%；2005 年渔业专业劳动力 710 万人，兼业劳动力 580 万人。但是，农村剩余劳动力不能过多地转移至渔业，否则对渔业的可持续发展是不利的。

(5) 有利于促进和加速其他产业的发展　　渔业的产前、产中、产后和有关服务行业的同步发展，包括修造船业、动力机械业、渔网绳索制造业、导航与助渔仪器制造业、化纤业、制冷设备业、食品机械设备业等，推动了新材料、新技术、新工艺、新设备等高新技术的发展。水产品除食用外，还为医药、化工等提供重要原料，相对地也推动了有关产业的发展。

(6) 发展渔业对维护国家海洋权益具有重大的现实意义和战略意义　　由于海洋渔船船数众多，作业分布面广，在海上持续时间长，对捍卫国家管辖范围内的海洋权益具有重大的现实意义。在国际上，赋予各国在遵守有关国际法原则下，在公海上拥有公海捕鱼自由权利。为此，在可持续开发利用公海渔业资源前提下，发展我国远洋渔业，也为维护国家海洋权益具有重大的战略意义。

第二节　中国渔业在世界渔业中的地位

中国渔业在历史上对国际渔业发展起到过重要作用。在水产养殖方面，尤其是淡水养鱼，早在公元前 460 年左右范蠡的《养鱼经》，是世界上最早的一部分养鱼著作，对国外影响很大。中国的海洋捕捞技术，如拖网、围网、光诱集鱼等早就流传到国外，推动了国际渔业技术的发展。

近年来，中国渔业的迅速发展，在世界粮食安全方面发挥了日益重要的作用，在国际渔业中的地位和作用也日益提高。

1. 中国渔业产量直接关系到世界渔业总产量高低　　中国渔业年产量于 2000 年已超过 4 200 万 t，占世界总产量 1/3，20 世纪 90 年代以来，世界渔业产量年年有所增长的主要原因是中国渔业产量年年增加，尤其是淡水渔业（内陆水域）的产量更为显著，全球水产养殖产量中中国几乎占 2/3。为此，联合国粮农组织每年出版的《渔业统计年鉴》，每隔两年出版的《世界渔业和水产养殖的现状》等书刊中,对有关世界渔产量统计分成中国除外和包括中国在内的两种渔产量,以揭示中国渔产量的重要地位。

2. 中国渔业发展以水产养殖为主,推动了世界渔业生产结构的调整 由于中国自1979年起逐步调整渔业生产发展方针,重点由海洋转向淡水,由水产捕捞转向水产养殖,尤其是利用内陆水域发展淡水养殖,从根本上改变了中国传统渔业的生产面貌。产量先后突破了1 000万t、2 000万t,至2005年突破了5 000万t,引起了国际社会极大的关注,客观上打破了长期以来世界渔业以海洋捕捞为主的发展方针,为世界渔业发展开创了新的途径,尤其是对广大发展中国家更有重大的现实意义。联合国粮农组织为此于1980年在中国无锡建立淡水养殖培训中心,培养亚非地区的淡水养殖技术干部,推广中国淡水养殖模式。

中国的实践,也推动了发达国家中长期从事海洋捕捞的国家大力发展水产养殖业,如挪威养殖大西洋鲑,其产量已占世界首位。更有意义的是,联合国粮农组织渔业部已更名为渔业与水产养殖部,在原渔业委员会再下设一个水产养殖分委员会。

3. 在有关国际组织中,中国的地位和作用日益重要 中国是联合国粮农组织的理事国。中国在发展国内渔业的同时,积极发展远洋渔业,与有关国家进行合作,共同开发利用有关海域的渔业资源,并参加相应的国际渔业组织和有关工作,承担了国际上规定的有关责任和义务,获得了国际信誉。

4. 建立了国际渔业信息网络 联合国粮农组织下设的有关信息网络组织有全球性的"GLOBFISH",还有区域性网络,包括亚太地区的"INFOFISH",拉美地区的"INFOPESCA",非洲地区的"INFOPECHE",阿拉伯国家的"INFOSAMAK",东欧国家的"EASTFISH"。由于中国是渔业大国,为了互通信息,联合国粮农组织在中国单独建立了"INFOYU",与全球联网,发挥我国的作用。

第三节 中国渔业的自然环境

1. 海洋渔业的自然环境 中国大陆东、南面临的渤海、黄海、东海和南海,都是属于太平洋的边缘海。大陆岸线从鸭绿江口到北仑河口,全长18 000 km,岛屿5 000多个,岛屿岸线14 000 km。全年沿海河流入海的径流量约1.5万亿m^3。4个海域总面积为482.7万km^2,大陆架面积约140万km^2。

(1) 渤海 是中国的内海。以老铁山西角,经庙岛列岛和蓬莱角的连线为界,该界线以西为渤海,该界线以东为黄海。渤海面积为7.7万km^2,水深

20 m 以内的面积占一半，仅在老铁山水道的水深为 85 m。底质是沿岸周围沉积物，颗粒较细，细沙分布很广，向中央盆地颗粒逐步变粗。

（2）黄海　与渤海相通，南界为长江口北角与韩国济州岛西南角的连线，与东海相通。面积 38 万 km²。黄海分北、中、南三部分，即山东成山头与朝鲜长山串联成线以北为黄海北部，以南至 34°N 线之间为黄海中部，34°N 以南为黄海南部。整个黄海海域处于大陆架上，仅在北黄海东南部有一黄海槽。苏北沿海沙沟纵横，深浅呈辐射状分布。底质以细沙为主。

（3）东海　北与黄海相连，东北通过对马海峡与日本海相通，南端以福建诏安和台湾鹅銮鼻的连线为界与南海相连。总面积 77 万 km²，其中大陆架面积约占 74%，为 57 万 km²，为四大海域中最大、最宽的，呈扇状。大部分水深处于 60～140 m，大陆架外缘转折水深为 140～180 m，冲绳海槽最深处为 2 719 m。台湾海峡平均水深为 60 m，澎湖列岛西南的台湾浅滩水深为 30～40 m，最浅处为 12 m，构成一海槛，对东海和南海的水体交换带来一定影响。东海大陆架的底质一般以水深 60～70 m 为界，西侧为陆源沉积，以软泥、泥质砂、粉砂为主，东侧为古海滨浅海沉积，以细砂为主。台湾海峡南端开阔区域为细砂、中粗砂和细中砂，近岸伴有砾石，澎湖列岛西南为火山喷出物、砾石、基岩等，见图 5-3-1。

（4）南海　南海面积最大，达 350 万 km²，北部大陆架面积为 37.4 万 km²。地形是周围较浅，中间深陷呈深海盆，南部除南沙群岛等岛礁外，尚有著名的巽他大陆架。北部湾最深处为 80 m，大多处于 20～50 m，海底平坦。底质分布上，北部大陆架大致与东海相似，北部湾东侧以黏土软泥为主，周围为粗沙砾沙。

渤海、黄海、东海、南海的自然条件概况如表 5-3-1 所示，地形如图 5-3-1、图 5-3-2 所示。

表 5-3-1　渤海、黄海、东海、南海的自然条件概况

海域	面积	水深	底质	水文条件
渤海	7.7 万 km²，大陆架面积 7.7 万 km²	20 m 水深以内面积占一半，最大水深 85 m（老铁山水道）	周围细沙质，中央盆地颗粒变粗	水文条件受气候影响较大，同时受沿岸河流径流量影响
黄海	38 万 km²，大陆架面积 38 km²	最大水深 103 m	苏北沿海为沙沟，底质以细砂为主	黄海水团和沿岸水相互影响

(续)

海域	面积	水深	底质	水文条件
东海	77万 km², 大陆架面积57万 km²	大部分水深60~140 m, 大陆架外缘转折水深为140~180 m, 冲绳海槽为2 719 m	60~70 m等深线以西以软泥、泥质沙、粉沙为主, 东侧以细沙为主, 台湾海峡南为砾石	黑潮分支和沿岸水相互影响
南海	350万 km², 大陆架面积为37.4万 km²	周围较浅, 南北为大陆架, 中央为深海, 北部湾最大水深80 m	除岛礁以珊瑚礁为主外, 其他以泥、砂为主	黑潮为主, 北部大陆架有沿岸水影响

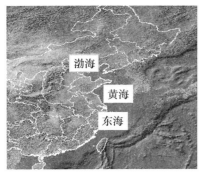

图 5-3-1 渤海、黄海和东海的地形示意图

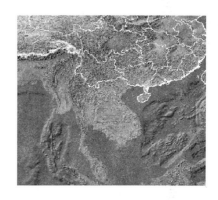

图 5-3-2 南海地形示意图

上述四个海域都属半封闭海性质,其海洋水文与大洋性海洋有明显区别,主要取决于大陆的天气、水系,以及其外海海流,包括潮流等的影响。其各水层的等温线和等盐线的分布,一般外高内低,南高北低;季节变化明显。中国海洋环流主要是中国大陆沿岸流和黑潮流两个系统。前者一般都是沿岸由北向南流动,黑潮流系除南海分支外,终年向偏东北方向流动。海洋环流的相互消长和地形等的影响,直接关系到渔业资源的移动和洄游。《联合国海洋法公约》生效后,上述四个海域除渤海是中国内海外,黄海、东海和南海都存在与周边国家关于专属经济区或大陆架划界问题。

2. 内陆水域渔业的自然环境 中国内陆水域辽阔,总面积约1 760万 hm², 占国土面积的1.84%, 其中河流650万 hm², 湖泊650万 hm², 水库200万 hm², 池塘200万 hm²。河流流程超过300 km以上的有104条, 其中1 000 km以上的有22条。湖泊在1 km²以上的2 800多个, 主要有鄱阳湖、洞庭湖、太湖、洪泽湖、巢湖、呼伦湖、纳木错湖、兴凯湖、南西湖、博斯腾湖等。大小水库8.7万座,大型的328座,中型的2 333座,小型的8.4万座。

由于中国国土辽阔,纵贯49个纬度,横跨62个经度,5个气候带,因此,在地理、气候、水文等自然条件上差异巨大,使内陆水域渔业资源纷繁复杂,丰富多彩。全国内陆水域大致可分为以下几个流域:

(1) 黑龙江、辽河流域　地处寒温带,降水量分布不均匀,11月至4月为封冻期,5~11月为明水期,其月平均水温为7~24 ℃,水面大多分布在北部,结冰期不一。流域内水面积约占全国9%。

(2) 黄河、海河流域　地处南温带,降水不丰富,日照较长,周年月平均水温为3~28 ℃,水面主要分布在河流下游的平原地区。全流域的水面积约占全国11%。

(3) 长江流域　地处南温带和亚热带之间,降水丰富,气候温和,周年月平均水温为6~29 ℃。该流域的中下游各省的平原地区,河川纵横,湖泊密度大,水网交织,水面积约占全国主要河流流域的46%。

(4) 珠江流域　地处亚热带,降水特别丰富,周年月平均水温为13~30 ℃。全流域水面积约占全国7%。

(5) 新疆、青海、西藏地区　属高原地区。是我国,也是世界上最大的高原湖泊群分布区,水面积占全国25%。有的是陆封微碱性的水面,如青海湖等。

上述各流域的自然条件如表5-3-2所示。

表5-3-2　全国主要河流流域的自然条件概况

流域	位置	周年月平均温度等	流域面积
黑龙江、辽河流域	寒温带	5~11月为明水期,其月平均水温7~24 ℃	水面多在北部,流域面积占全国水面积9%
黄河、海河流域	南温带	月平均水温3~28 ℃,日照长	水面主要在河流下游平原地区,流域面积占全国面积11%
长江流域	南温带与亚热带之间	月平均水温6~29 ℃,降水丰富,气候温和	流域中下游水网交织,水面积占全国46%
珠江流域	亚热带	月平均水温13~30 ℃,降水特别丰富	水面积占全国7%

（续）

流域	位置	周年月平均温度等	流域面积
新疆、青藏高原	高原地区	水温差别很大	高原湖泊群为世界之最，水面积占全国25%

根据上述全国主要河流流域的自然条件，黄河流域、长江流域和珠江流域比较适宜从事水产养殖业，尤其是长江流域中下游水网交织，水面积几乎占全国总水面积的一半。但值得注意的是，新疆和青藏高原拥有大量高原湖泊，发展冷水性鱼类养殖具有独特的有利条件。

第四节　中国的渔业资源

一、海洋渔业资源

根据多年调查，已知中国海洋渔业资源种类繁多。海洋鱼类有2 000多种，海兽类约40种，头足类约80种，虾类300多种，蟹类800多种，贝类3 000种左右，海藻类约1 000种。这些种类中有的缺乏经济利用价值，有的数量过少，因此在渔业统计上和市场销售名列上的种类只有200种左右。

（1）按有关渔业资源栖息水层、海域范围和习性可分为以下几类：

中上层渔业资源：主要栖息在中上层水域的渔业资源，如鲐、鲹、马鲛等。

底层或近底层渔业资源：主要栖息在底层或近底层水域的渔业资源，如小黄鱼、大黄鱼、带鱼、鮟鱇、鳕等。

河口渔业资源：主要栖息在江河入海口水域的渔业资源，如鲻、梭鱼、花鲈，以及过河性的刀鲚、凤鲚等。

高度洄游种群资源：一般生长在大洋中，并做有规律的长距离洄游的鱼类资源，如金枪鱼类、鲣、枪鱼、箭鱼等。

溯河产卵洄游鱼类资源：在海洋中生长，回到原产卵孵化的江河中繁殖产卵的鱼类资源，如大麻哈鱼、鲥等。

降河产卵洄游鱼类资源：与溯河产卵洄游鱼类资源相反，在江河中生长，回到海洋中繁殖产卵的鱼类资源，如鳗鲡。

（2）根据联合国粮农组织的统计，全球海洋捕捞对象约为800种。按实际年渔获量划分产量级单一种类为：超过1 000万t的为特级捕捞对象；100万~1 000万t的为Ⅰ级捕捞对象；10万~100万t的为Ⅱ级捕捞对象；1万~10万t的为Ⅲ级捕捞对象；0.1万~1万t的为Ⅳ级捕捞对象；小于0.1万t为Ⅴ级捕捞对象。如表5-4-1所示。

 渔业导论

表 5-4-1 全球海洋捕捞对象产量级

产量级	实际年渔获量（万 t）	捕 捞 对 象	渔业规模
特级	>1 000	秘鲁鳀（1970 年年产 1 306 万 t）	特大规模渔业
Ⅰ级	100~1 000	狭鳕、远东拟沙丁鱼、日本鲐等 10 多种	大规模渔业
Ⅱ级	10~100	黄鳍金枪鱼、带鱼、鳀、中国毛虾等 60 多种	中等规模渔业
Ⅲ级	1~10	银鲳、三疣梭子蟹、曼氏无针乌贼等 280 多种	小规模渔业
Ⅳ级	0.1~1	黄姑鱼、口虾蛄等 300 多种	地方性渔业
Ⅴ级	>1.1	黑鲷、大菱鲆、龙虾等 150 多种	兼捕性渔业

资料来源：国家科委，《海洋技术政策》。

根据我国开发利用海洋渔业资源统计，我国尚无特级的捕捞对象，实际年渔获量曾经超过 100 万 t 的只有鳀一种。超过 1 万 t 的 40 多种，主要是带鱼、绿鳍马面鲀、蓝圆鲹、大黄鱼、日本鲐、太平洋鲱、银鲳、蓝点马鲛、多齿蛇鲻、长尾大眼鲷、棘头梅童鱼、皮氏叫姑鱼、白姑鱼、马六甲绯鲤、绒纹单角鲀、金色小沙丁鱼、远东拟沙丁鱼、青鳞鱼、斑鰶、黄鲫、乌鲳、海鳗、绵鳚、鳓、竹䇲鱼、鳕、真鲷、日本枪乌贼、中国枪乌贼、中国对虾、鹰爪虾、中国毛虾、三疣梭子蟹、海蜇、毛蚶、菲律宾蛤仔、文蛤等。由于资源波动，目前超过 1 万 t 的只有 30 多种。

(3) 按捕捞对象的适温性可分为冷温性种、暖温性种和暖水性种。暖水性种约占 2/3。鱼类是我国海洋渔获物的主体，占总渔获量的 60%~80%。各海域不同适温种类的比例如表 5-4-2 所示。

表 5-4-2 各海域不同适温鱼类种类和比例

海域	暖水性		暖温性		冷温性		合计	
	种类	比例（%）	种类	比例（%）	种类	比例（%）	种类	比例（%）
南海诸岛海域	517	98.9	6	1.1	0	0	523	100.0
南海北部大陆架	899	87.5	128	12.5	0	0	1 027	100.0
东海大陆架	509	69.6	207	28.5	14	1.9	730	100.0
渤海、黄海海域	130	45.0	138	47.8	21	7.2	289	100.0

资料来源：中国渔业资源调查和区划编委会，《中国海洋渔业资源》，1990。

(4) 按不同水深的海域，渔业资源分布也有区别。

水深 40 m 以内的沿岸海域：因受大陆河流入海的影响，盐度低，饵料生物丰厚，为多种鱼虾类的产卵场和育肥场，既有地方性种群资源，也有洄游性

种群资源。渤海有小黄鱼、带鱼、真鲷、马鲛、鲈、梭鱼、对虾、中国毛虾、梭子蟹等的产卵场。黄海沿岸海域有带鱼、小黄鱼、鳕、高眼鲽、牙鲆、鲂鮄、太平洋鲱、马鲛、对虾、鹰爪虾、毛虾等。

南黄海还有大黄鱼、银鲳等，东海沿岸海域有大黄鱼、小黄鱼、带鱼、乌贼、鲳、鳓、虾蟹类的产卵场和育肥场，南海沿岸海域有斑鰶、蛇鲻、石斑鱼、鲷类、鲾类、乌贼等。

水深40～100 m的近海海域：是沿岸水系和外海水系交汇处，是有关鱼虾类的索饵场和越冬场。近海海域渔业资源南北差异显著。北纬34°南到台湾海峡，温水性种类占优势，如大黄鱼、小黄鱼、带鱼、海鳗、鲳、鳓等。台湾海峡以南的南海近海海域以暖温性和暖水性的种类为优势，如蛇鲻、金线鱼、绯鲤、鲷类、马面鲀等。

水深100～200 m的大陆架边缘的海域：东海外海有鲐、马鲛、马面鲀；南海外海有鲐、深水金线鱼、高体若鲹和金枪鱼类等；台湾以东的太平洋有金枪鱼、鲣、鲨鱼等。

（5）我国海洋渔业资源的主要种类

白斑星鲨（*Mustelus manazo*）：见图5-4-1。属软骨鱼类。一般体长1 m以内。主要分布在渤海、黄海和东海北部，但资源量有限。

孔鳐（*Raja porosa*）：见图5-4-2。俗称老板鱼。属软骨鱼类。体盘宽度一般为15～26 cm。尾部无毒刺。主要分布在渤海、黄海和东海近海，随季节变化在浅水和深水之间游动。

图5-4-1 白斑星鲨

图5-4-2 孔鳐

光魟（*Dasyatis laevigatus*）：见图5-4-3。俗称黄鳐、黄虎、虎鱼。体盘宽度可达35 cm。分布在东海、黄海和渤海。数量不多。其肝脏中维生素A和维生素D含量较高。尾部有毒刺。具有治癌等功能，经济价值很高。

海鳗（*Muraenesox cinereus*）：见图5-4-4。南方俗称牙鳝、门鳝。一般体长为40～75 cm，大的可超过90 cm。为我国渤海、黄海、东海和南海沿海常见鱼类。

 渔业导论

图 5-4-3 光 虹

图 5-4-4 海 鳗

大黄鱼（*Pseudosciaena crocea*）：见图 5-4-5。体长一般为 30～40 cm，体重为 400～800 g，但目前渔获体长大部分小于 20 cm。主要分布在黄海南部和东海，在硇州以东的南海海域也有分布，但数量相对较少。

小黄鱼（*Pseudosciaena polyactis*）：见图 5-4-6。体长一般为 14～16 cm，体重为 50～100 g，但目前渔获体长大部分小于 10 cm。主要分布在渤海、黄海和东海。

图 5-4-5 大黄鱼　　　　　　　图 5-4-6 小黄鱼

棘头梅童鱼（*Collichthys fragilis*）：见图 5-4-7。俗称梅子。体长一般为 7.5～14 cm，体重为 15～30 g。主要分布在渤海、黄海。是兼捕对象。

带鱼（*Trichiurus haumela*）：见图 5-4-8。北方俗称刀鱼。体色银白，背鳍、胸鳍为浅灰色。大的个体的肛长可达 50 cm，曾捕获体长达 2.1 m 的个体。体重为 55～150 g，二龄鱼为 300 g，可活到八龄。最重个体记录达 7.8 kg。带鱼是我国海域中常见的资源较稳定的鱼类。

图 5-4-7 棘头梅童鱼　　　　　　　图 5-4-8 带 鱼

鲐（*Pneumatophorus japonicus*）：见图 5-4-9。俗称鲐巴、青占、油筒鱼。体长一般为 35～40 cm，体重为 520～550 g。为我国周边海域常见鱼类，主要分布在黄海和东海，有一部分也进入渤海产卵。是围网、刺网作业的主要

捕捞对象。

二长棘鲷（*Parargyrops edita*）：见图5-4-10。俗称红立。体长一般为13～23 cm。主要分布在南海和东海南部，是我国南海常见鱼种。

图5-4-9　鲐　　　　　　　　图5-4-10　二长棘鲷

金线鱼（*Nemipterus virgatus*）：见图5-4-11。体长一般为19～31 cm。主要分布在南海和东海南部，黄海南部偶有发现，是我国南海常见鱼种。

黄带绯鲤（*Upeneus sulphureus*）：见图5-4-12。俗称双线。体长一般为9～17 cm。我国仅产于南海，是广东沿海的常见鱼种。

图5-4-11　金线鱼　　　　　　图5-4-12　黄带绯鲤

宽体舌鳎（*Cynoglossus robustus*）：见图5-4-13。俗称牛舌、舌鳎。体长一般为23～36 cm，体重为65～280 g。主要分布在渤海、黄海和东海。

牙鲆（*Paralichthys olivaceus*）：见图5-4-14。俗称牙片、片口。体长一般为18～22 cm，体重为100～170 g。主要分布在渤海和黄海。现已可人工养殖。

图5-4-13　宽体舌鳎　　　　　图5-4-14　牙　鲆

高眼鲽（*Cleisthenes herzensteini*）：见图5-4-15。体长一般为15～18 cm，体重为14～100 g。主要分布在渤海和黄海。

绿鳍马面鲀（*Navodon modestus*）：见图5-4-16。俗称橡皮鱼。体长一般为 12~20 cm，体重为 100~170 g。主要分布在黄海和东海。曾是拖网作业的主要捕捞对象。

图 5-4-15　高眼鲽　　　　　　　　图 5-4-16　绿鳍马面鲀

布氏三刺鲀（*Triacanthus blochii*）：见图 5-4-17。体长一般为 8~15 cm。我国仅产于南海，是广东沿海的常见鱼种。

黄鳍东方鲀（*Fugu xanthopterus*）：见图 5-4-18。俗称艇巴。体长一般为 15~25 cm。我国沿海均有分布。是常见有毒鱼类。

图 5-4-17　布氏三刺鲀　　　　　　图 5-4-18　黄鳍东方鲀

为适应生理需要和环境变化，有些水生动物，尤其是海洋鱼类具有季节性洄游习性。在我国周边海域中，渤海、黄海和东海的有些水生动物洄游习性比较明显，一般可分为两种类型。一是东西之间洄游，也就是在春夏季由东向西，即由深水向浅水洄游，主要目的是产卵繁殖，故称为产卵洄游；秋冬季相反，由西向东，即由浅水向深水洄游，主要目的是避寒越冬，故称为越冬洄游。二是春夏季由南向北洄游，秋冬季由北向南洄游，主要目的与上述相同。在南海沿海海域的鱼类的洄游不明显。

每年 2 月以后虾群逐步向西和西北洄游，向西的至海州湾外海产卵。向西北的过山东高角，向西进入渤海，分别至莱州湾、渤海湾和辽东湾等海域产卵。少量虾群游向辽东外海产卵。亲虾产卵后绝大多数死亡。孵化后的幼虾在原地索饵生长。至 10 月底，冷空气南下后，幼虾大多已长为成虾，逐步向东，出渤海。至 11 月底左右再次绕过山东高角洄游到越冬场。图 5-4-19 是对虾的洄游路线的模式。

图 5-4-20 和图 5-4-21 分别是东海和黄海的大黄鱼和带鱼的洄游路线

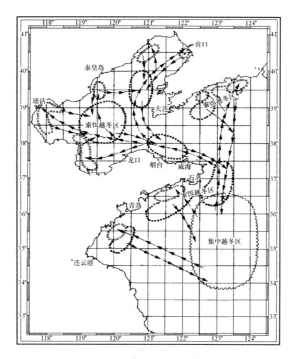

图 5-4-19 对虾的洄游路线模式

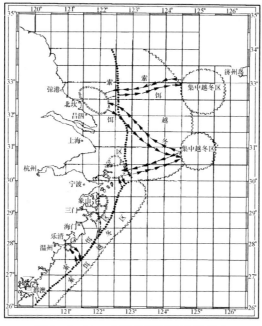

图 5-4-20 大黄鱼的洄游路线模式

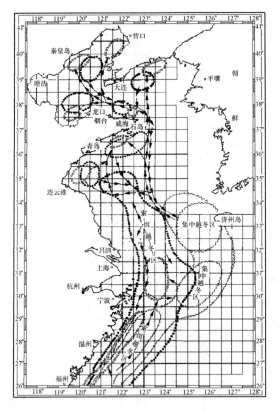

图 5-4-21 带鱼的洄游路线模式

的模式。从图中可以看出，大黄鱼和带鱼分别在东海的东部和南部都有越冬场。春季处于东海南部的鱼群逐步向北洄游，至浙江中北部和苏北外沿海产卵，处于东海中部外海的鱼群向西洄游至苏北外沿海和长江口外沿海产卵，部分带鱼鱼群向西北洄游至海州湾、石岛外海，有的绕过山东高角进入黄海北部，有的进入渤海产卵。秋冬季返回原地越冬。

二、海水养殖资源

由于中国沿海海域南北跨距很大，因此南北之间海水养殖种类差别很大。随着我国海水养殖技术的不断提高，养殖种类不断增加。

渤海区 渤海属半封闭的内海，沿岸有辽河、海河、滦河、黄河等河流入海。河口附近多浅滩，当地毛蚶、文蛤、杂色蛤等贝类资源十分丰富，渤海各湾内多泥沙底质，又是鱼虾的产卵场，幼苗集中，对养殖和增殖对虾、梭鱼等十分有利。近年来在渤海口的长岛已广泛开展鲍、扇贝等名特优品种的养殖。

黄海区北部　沿岸多岛屿和山脉，岸线曲折，海带、裙带菜、紫贻贝、牡蛎、鲍、扇贝等资源丰富，还可开展真鲷、牙鲆等经济鱼类的增养殖，南部多沙丘，贝类资源丰富，尤其以文蛤为优势，吕泗到连云港一带的条斑紫菜栽培颇有特色。沿岸河口的鲻、梭鱼和蟹类幼苗资源也相当丰富。

东海区　沿岸多山和岛屿，底质以岩礁和沙砾为主，使紫菜、贻贝、鲍等宜于附着生长。滩涂以贝类为主，有泥蚶、缢蛏、文蛤、牡蛎、杂色蛤等。各湾口内是鱼类养殖的最佳场所，主要有黑鲷、石斑鱼、大黄鱼等。

南海区北部　除河口附近为泥沙和沙的底质外，大多是沙砾、岩礁等。这里除可养殖石斑鱼、鲷类外，还有马氏珍珠贝、百蝶珍珠贝、翡翠贻贝、华贵栉孔扇贝、麒麟菜等特有品种。

海水养殖软体动物及甲壳类的外形见图5-4-22、图5-4-23。

图5-4-22　软体动物（蛤、螺）

图5-4-23　甲壳类（虾、蟹）

三、内陆水域渔业资源

我国内陆水域渔业资源相当丰富。据调查，全国鱼类有800多种，其中纯淡水鱼类有760多种（包括亚种），洄游性鱼类60多种。近年来，从国外引进移植的有10多种。

 渔业导论

全国内陆水域流域或地方的鱼类资源种类如表 5-4-3 所示，由表可见珠江流域 381 种、长江流域 370 种，黄河流域 191 种，黑龙江等流域 175 种，西部高原较少，如新疆有 50 多种，西藏 44 种，总体上的种类分布是东至西、南至北而递减。

表 5-4-3 全国内陆水域流域或地方的鱼类资源种类

流域或地方	珠江	长江	黄河	黑龙江	新疆	西藏
种类	381	370	191	175	50 多种	44

在鱼种方面，鲤科鱼类比例最高，全国各水系中平均为 50%～60%。在河口地区还有相当数量的洄游性鱼类，包括溯河和降河产卵鱼类。除鱼类外，还有大量的虾蟹类，如沼虾、青虾、长臂虾、中华绒螯蟹，螺类和蚌类，如三角帆蚌和皱纹蚌都是淡水育珠的母蚌。列入国家珍稀保护动物的有白暨豚、江豚、中华鲟、白鲟、大鲵、扬子鳄、山瑞等。濒临绝种的如松江鲈、大理裂腹鱼等，应专门加以保护。我国内陆水域主要渔业资源如图 5-4-24 至图 5-4-39 所示。

图 5-4-24 鲢

图 5-4-25 鳙

图 5-4-26 鲫

图 5-4-27 鳊

图 5-4-28 翘嘴鲌

图 5-4-29 草鱼

图 5-4-30 新疆大头鱼（国家一级保护动物）

图 5-4-31 白鲟（国家一级保护动物）

图 5-4-32 儒艮（国家一级保护动物）

图 5-4-33 中华鲟（国家一级保护动物）

图 5-4-34 鼋（国家一级保护动物）

图 5-4-35 佛耳丽蚌（国家二级保护动物）

图 5-4-36 大理裂腹鱼（国家二级保护动物）

图 5-4-37 唐鱼（国家二级保护动物）

图 5-4-38 云南闭壳龟（国家二级保护动物）

图 5-4-39 地龟（国家二级保护动物）

渔业导论

水生经济植物分布很广，芦苇产量高，利用价值大，菱藕、芡实、茭白、湘莲都是重要的食用资源。

第五节 中国渔业的发展简况和现状

中国渔业具有悠久的历史。根据出土文物的考古研究，海洋捕捞可推溯到7 000年前。在秦始皇统一中国时，中国渔业发展已有一定的基础，尤其是渔船出现后，捕捞生产可以从浅滩进入浅海，水产品已有交换，成为商品的雏形。淡水养鱼在当时已经开始。范蠡的《养鱼经》已叙述了养殖鲤的技术和经验。到了唐朝，因皇族姓李，李和"鲤"同音，将捕到的鲤必须放生，卖鲤受罚成为法律规定，但促进了青鱼、草鱼、鲢和鳙的养殖。宋代曾发展了较大的渔船，同时已采捕贝、藻类进行加工。明朝后期是海洋捕捞的盛期，作业方式已比较齐全，水产养殖技术也有了发展。到清朝，中国渔船已驶往琉球群岛、济州岛、南沙诸岛周围海域生产。但1840年鸦片战争以后，渔业的外部受帝国主义的侵略，内部又受到与腐败政府相勾结的渔霸、渔行等的欺压，渔业与当时社会和其他行业相似，得不到应有的发展。民国初期至抗日战争之间，渔业获得一定的进展，1936年全国渔业年产量达150万t，为新中国成立之前的最高水平。抗日战争胜利后到新中国成立前的期间，渔业仍未获得恢复和发展。1949年全国渔业产量仅为45万t。

一、中国渔业的发展简况

新中国成立以来，渔业获得迅速发展，大致可分为下列几个时期。

(一) 1949—1957年的渔业恢复和初步发展时期

1949年新中国成立至1957年的渔业发展可分为两个阶段：一是1949—1952年的恢复阶段；二是1953—1957年第一个五年计划的建设阶段。

1. 1949—1952年的恢复阶段 1949年新中国成立后，党和国家十分重视渔业生产。渔业和其他行业一样都处于恢复阶段。在渔业生产方针上明确"以恢复为主"。主要包括：国家发放渔业贷款，调拨渔民粮食和捕捞生产所需的渔盐等措施，支持渔民恢复生产。在渔村进行民主改革。由于沿海有关岛屿尚未解放，还有海盗的干扰，特制定有关法令，派出解放军护渔，保护渔场，维护生产秩序。经过三年的努力，1952年全国渔业产量已达166万t，超过了历史上的最高水平150万t。

2. 1953—1957 年第一个五年计划的建设阶段 1953—1957 年第一个五年计划的建设阶段，在渔村通过互助组、初级渔业生产合作社、高级渔业生产合作社等渔业生产组织，以及对私营水产业进行社会主义改造，实施公私合营，创建了国营渔业企业等，大大推动了渔业生产的发展。在这一时期渔业发展的主要特点是：水产品总产量逐年递增；水产养殖从无到有，养殖产量逐年有所增长，其中淡水养殖发展比较快，养殖面积增幅较大，海水养殖发展缓慢；捕捞渔船有所增加；水产品人均占有量呈明显上升趋势。渔业基础设施建设取得了重大进展，仅"一五"时期，国家对水产业基本建设投入的资金就达 1.25 亿元，超过原计划投资数 41.2%。1957 年水产品总产量达到 346.89 万 t，是 1949 年的 7.6 倍，水产品人均占有量约 5 kg。

（二）1958—1965 年的渔业徘徊时期

1958—1965 年的渔业徘徊时期，可分为 1958—1960 年的"大跃进"和 1961—1965 年的恢复调整两个阶段。

1. 1958—1960 年的"大跃进"阶段 1958 年，在急于求成的"左"的思想的指导下，掀起了"力争上游、多快好省地建设社会主义"的生产高潮。将高级渔业生产合作社改为"一大二公"的人民公社，政企合一。同其他行业一样，在生产上出现了高指标，浮夸风，分配上出现平均主义的"共产风"。在渔业生产上违背了自然规律，所谓"变淡季为旺季"，打破了长期以来夏秋季鱼类繁殖生长盛期实施的有关禁渔、休渔制度。在捕捞方式上盲目地淘汰了选择性较强的刺网、钓渔具等作业，单一发展高产的拖网作业，造成资源衰退。1958 年预计产量为 352 万 t，至当年 10 月份已虚报完成了 715 万 t，最终核实全年产量却仅为 281 万 t。

2. 1961—1965 年的恢复调整阶段 1961—1965 年的恢复调整阶段着重解决了渔业购销政策，规定了购留比例，允许国有企业和集体渔业有一定的鱼货进入自由市场。到 1965 年年产量恢复到 338 万 t，但仍低于 1957 年水平。

虽然在这期间渔业生产由于受"左"的思想严重影响，遭到破坏，但是应引起注意的是，在渔业科学技术上仍有几项重大的突破：

一是全国风帆渔船基本上完成了机帆化，可以做到有风驶帆，无风开机。对保障渔民生命和生产安全，实现作业机械化减轻劳动强度，为以后的提高生产率和扩大生产区域等都具有深远意义。

二是鲢、鳙人工繁殖孵化技术获得成功，相继青鱼、草鱼人工繁殖孵化技术也获得突破，这对水产养殖业的发展打下了扎实的基础，养殖的苗种不再受自然条件的限制。

三是海带南移和人工采苗的成功，为藻类栽培打破了水域和自然条件的限制。

这些成就在国际上也都具有重大的影响。

（三）1966—1976年渔业在曲折中前进时期

大致可分为1966—1969年"文化大革命"的高潮和1970—1976年"文化大革命"的后期两个阶段。

1. 1966—1969年"文化大革命"的高潮阶段　事实上，对渔业生产和渔业科学研究影响最严重的时期是从1966年的下半年开始，到1969年底，所有党政机构瘫痪，无法开展各项工作，社会秩序混乱，在渔村所谓"割资本主义的尾巴"，取消家庭副业生产。购销实施指令性派购。在价格上的倒挂，实施财政补贴。绝大部分企业处于停产停工状态。1966年渔业年产量曾达到345万t，到1968年下降到304万t。

2. 1970—1976年"文化大革命"的后期阶段　在1970—1976年期间，社会逐步趋向稳定，党政机关和企事业单位逐步恢复工作。渔业生产政策上做了部分调整，其中集体渔业和渔村推广了"三定一奖"制度，即定产量、定工分、定成本、超产奖励，有力地推动了生产。1976年产量已达到507万t。

在"文化大革命"期间，全国渔业生产上出现的主要问题有：

一是捕捞过度，近海经济鱼类资源衰退。由于盲目增加渔船，追求高产量、高指标，提出所谓"不歇伏、不猫冬、拼命干"、"造大船、闯大海"、"早出、晚归、勤放网"等种种错误口号，全国盲目发展大量帆机渔船底拖网作业，使大黄鱼、小黄鱼等经济鱼类资源严重衰退。

二是片面强调"以粮为纲"，淡水渔业遭受极大损害。主要有围湖造田，填塘种粮，致使池塘、湖泊的水面大大减少，破坏了水域生态系统和淡水渔业生产。

但在这10年期间，在全国渔业上也抓了几件大事，主要有：

一是在周总理的直接领导下，发展了灯光围网船组，填补了中国渔业史上的空白。从20世纪60年代中期起，日本在东海、黄海发展了大量的灯光围网船组，从事中上层鱼类资源的开发，其年产量可达30万～40万t，这对我国渔业带来一定影响。为此，在周恩来总理亲自领导下，国务院责成中央11个部委组成建造灯光围网船组领导小组，由中央投资，各省、市落实造船计划。于1973年完成了70组造船计划，并投入生产，取得了很大成绩。该项计划促进了我国渔船设计和建造等水平的提高，而且为提高我国围网捕鱼技术水平、发展远洋灯光诱集鱼群和围网技术奠定了基础。

第五章 中国渔业

二是基本完成了全国淡水捕捞的连家船改造，在岸上安置住家。在历史上，淡水捕捞渔民大多是一户一船，渔船既是生产工具，也是家庭住所。渔民子女随船生活。这项改造对稳定生产、安定生活、培养渔民子女、提高渔民素质等都具有重大的历史意义。

三是以国营海洋渔业企业为主体的海洋渔业生产基地的建设成就显著。从1971年到1979年，我国投资6.5亿元，先后在烟台、舟山、湛江等地建设了中央直属和地方所属的海洋捕捞企业和拥有50艘以上渔轮的渔业基地（码头及配套设施）、万吨级水产冷库，以及渔轮修造厂等大中型项目11个，并购置了一批渔轮。初步形成了以17个国营海洋渔业公司为主体的国营海洋捕捞生产基地。

四是城郊养鱼获得发展。据不完全统计，到1975年有135个城市实现城郊养鱼，养鱼水面达到23万t，占全国淡水养鱼面积7%，产鱼75万t。经过多年的努力，一批精养高产的商品鱼基地得以建成，为缓解城市吃鱼难的重大问题作出了贡献，为今后池塘精养奠定了良好基础。

（四）1977年以来的渔业大发展时期

"文化大革命"结束后，全国处于百废待兴的新时期，在渔业方面大致可分为四个阶段，即

1. 1977—1979年的恢复调整阶段 在此阶段重点是整顿党政各级组织，恢复各项工作，加强集体渔业的领导，进一步明确水产品购销政策，调动各方面的积极因素。在渔业生产上注意力集中到渔业资源的保护和合理利用、大力发展水产养殖、改进渔获物的保鲜加工等三个方面。

2. 1980—1986年的确定渔业生产发展方针和购销政策调整的渔业大发展阶段 在此阶段，根据党的十一届三中全会的改革开放的精神，调整了渔业生产结构，渔业生产和渔业科学技术的发展进入了崭新的历史时期。经济体制和流通体制的改革，使渔业生产获得了飞跃发展，其中最主要的是：

一是把长期以来"重海洋，轻淡水；重捕捞，轻养殖；重生产，轻管理；重国营、轻集体"等思想扭转过来。1985年中共中央、国务院颁布《关于放宽政策，加速发展水产业的指示》，确定我国渔业生产发展方针为"以养殖为主，养殖、捕捞、加工并举，因地制宜，各有侧重"。尤其是充分利用内陆淡水水域，发展淡水养殖，有力地调整了我国渔业生产结构。通过1986年对《中华人民共和国渔业法》的制定，将渔业生产发展方针用法律方式加以确定。

二是开放水产品市场，取消了派购，开展议购议销，实行市场调节，极大地提高了渔民生产积极性，市场供应得到根本改善，渔业经济发生了深刻的

变化。

三是在海洋捕捞作业方面，除对内采取保护、增殖和合理利用近海渔业资源，控制捕捞强度，实施许可制度外，1985年开始走出国门，大力发展远洋渔业。目前，我国在三大洋中都有渔船投入生产，总船数已超过千艘。

3. 1987—1998年的渔业大发展阶段　1986年《中华人民共和国渔业法》的颁布和实施及渔业生产结构的调整，使渔业生产发生了根本性的变化，年产量大幅度地增长（表5-5-1）。从表5-5-1中可以看出，1987年全国渔业年产量已达955万t。1988年超过了1 000万t，比1976年的507万t几乎增长了一倍。1994年超过了2 000万t，1996年超过了3 000万t。

表5-5-1　1987—2006年全国渔业年产量变动

年份	产量（万t）	年份	产量（万t）
1987	955	2001	4 382
1988	1 061	2002	4 565
1994	2 146	2003	4 700
1996	3 288	2004	4 901
1998	3 800	2005	5 101
2000	4 276	2006	5 250

4. 1999年以来渔业的可持续发展阶段　1999年以来为了可持续发展渔业，我国再次调整渔业生产结构。由于近海渔业资源不仅未获得恢复，而且尚有恶化的趋势，同时《联合国海洋法公约》于1996年起生效，我国与周边国家日本、韩国、越南分别按专属经济区制度签订了新的渔业协定。为此，农业部于1999年提出控制捕捞强度，明确了海洋捕捞产量应零增长，甚至负增长的规定。尤其是进入21世纪以来，在贯彻科学发展观基础上，渔业生产增长方式由数量型转向质量型。传统渔业转向现代渔业，渔业发展将进入新的时代。全国捕捞产量与水产养殖产量之比由1994年的47.11∶52.89发展到2005年的33.00∶67.00，如表5-5-2所示。

表5-5-2　1994年、2002年、2005年全国捕捞产量与水产养殖产量之比

年份	捕捞产量∶水产养殖产量
1994	47.11∶52.89
2002	36.32∶63.68
2005	33.00∶67.00

二、1977年以来的渔业大发展时期，我国渔业发展中的主要成就

1. 确立了以养殖为主的渔业发展方针，走出了一条具有中国特色的渔业发展道路 长期以来，我国传统渔业的生产结构是以捕捞业为主，直至1978年捕捞产量仍占水产品总产量的71%。这种以开发天然渔业资源作为增产主要途径的不合理的资源开发利用方式，限制了渔业的发展空间，也导致天然渔业资源日趋衰退，严重制约了渔业经济的发展。改革开放后，以养殖为主的渔业发展方针得到确立，推动了海淡水养殖业迅猛发展。我国丰富的内陆水域、浅海、滩涂和低洼的宜渔荒地等资源得到了有效的开发利用，水产养殖业成为渔业增产的主要领域。到1999年，全国水产养殖面积已达629万 hm^2，养殖产量达到2 396万 t，占水产品总产量的58.13%。同时，养殖品种也向多样化、优质化方向发展，名特优水产品占有较大的比例。我国成为世界主要渔业国家中唯一的养殖产量超过捕捞产量的国家。

2. 综合生产能力显著提高，水产品总量大幅度增长 80年代中期以来，水产品产量连续保持高增长率，由1987年的955万 t 增长到2008年的4 896万 t。中国渔业在世界渔业中的地位也随着提升，中国水产品产量在世界的排位从1978年的第4位逐年前移，从1989年起至今居世界首位。

3. 水产品市场供给有了根本性改观，全国人均水产品占有量逐年提高 改革开放以来，我国的水产品总量大幅度增加，1999年人均占有量达到32.6 kg，2008年人均占有量已达36.4 kg，2倍于世界平均水平。1985年党中央、国务院提出的用三五年时间解决大中城市"吃鱼难"的奋斗目标，早已如期实现。市场上的水产品数量充足，品种繁多，质量提高，价格平稳，水产品成为我国城乡居民菜篮子不可缺少的消费品。渔业的发展，不但改善了人们的食物结构，增强了国民体质，而且对中国乃至世界粮食安全作出了重要贡献。

4. 渔业成为促进农村经济繁荣的重要产业，渔民率先进入小康 改革开放以来，渔业是农业中发展最快的产业之一，为我国渔区、农村劳动力创造了大量就业和增收的机会。1999年，全国渔业总产值比1978年增加了80多倍，占农林牧渔业的份额从1978年的1.6%提高到1999年的11.6%。大批渔（农）民通过发展渔业生产，率先摆脱贫困进入小康，生活质量发生了重大变化。同时，渔业作为我国农业中的一个重要产业，带动和形成了贮藏、加工、运输、销售、渔用饲料等一批产前产后的相关行业，从业人数大量增加，对推动我国农村产业结构优化和农村经济全面发展发挥了重要作用。

5. 渔业产业素质有了较大提高，科技含量增加，生产条件明显改善，大大加快了现代化进程 一批水产良种原种场建成投资，集中连片的精养鱼池、虾池和商品鱼基地得到大规模开发，工厂化养殖已形成规模化生产；水产品冷藏保鲜能力大幅度提高；渔港建设取得较大进展，渔船防灾和补给能力也有所改善与提高。渔业产业化进程加快，一批生产、加工、运销相配套的水产龙头企业不断发展，市场竞争能力不断增强。20年来，水产科研工作也取得重大成果，从中央到地方，从基础、应用、开发到技术推广，已基本形成一支学科门类比较齐全的渔业科技队伍。截至2004年全国有县级以上水产科研机构210个，直接从事科研工作者7 000多人；初步建成了由国家、省、市、县、乡五级组成的水产技术推广体系，拥有推广机构1.85万个，从业人员4.6万人；高等水产院校的广大教师也活跃在科研和推广第一线。科技进步使渔业劳动生产率大幅度提高，对加快我国渔业发展，促进产业结构升级发挥了巨大作用。目前，我国渔业的技术进步贡献率已达48%左比20年前提高了20个百分点。

6. 渔业法制建设取得了一定成效，促进了渔业的可持续发展 执法队伍从无到有，从小到大，一支专业化的渔业执法队伍已初具规模，全国现有渔业执法人员3万多人，执法力量和执法水平显著提高。渔业立法取得了突破性进展，以1986年《中华人民共和国渔业法》的颁布实施为标志，我国的渔业进入了加强法制建设及管理的重要历史时期。经2000年和2004年的修改，更加符合国内社会主义市场经济的发展和国际渔业管理的需要。目前，我国的渔业法律、法规的建设方面，已初步形成了以《中华人民共和国渔业法》为基干的、具有中国特色的渔业法律体系，在渔业生产管理、水生野生动植物和渔业水域环境保护以及渔业经济活动等方面基本上可做到有法可依，有章可循。为保护我国近海渔业资源，实现可持续发展，经国务院批准，我国相继从1995年起在黄渤海、东海、南海实施伏季休渔制度，2002年起对长江主干流实施春季休渔，对保护渔业资源和生态效益是十分有利的。从1999年起，农业部提出海洋捕捞"零增长"目标，向全社会、全世界表明了我国保护渔业资源的决心。

7. 我国在水产品国际贸易和远洋渔业方面迅速发展，已成为世界水产贸易和远洋渔业大国 长期以来，我国渔业始终处于一种封闭的状态。改革开放以后，我国渔业领域取得了突破性发展。水产品国际贸易迅速发展，1999年，水产品进出口达265.32万t，44.3亿美元。2006年分别为633.7万t，136.6亿美元，其中出口额为93.6亿美元，位于世界出口总额的首位。远洋渔业从零起步，经过多年的艰苦创业，至2005年底已有2 122艘各种作业类型的远洋渔船分布于世界三大洋从事远洋捕捞作用，渔获量达143.8万t，成为我国境外投资最成功的产业项目之一。我国与世界渔业界的合作日益广泛，根据

2008年统计，我国已与60多个国家和国际组织建立了渔业经济、科技、管理方面的合作与交往关系。目前，有一定国际影响的国际渔业组织和涉及渔业的多边机制共28个，其中渔业管理组织15个。我国直接参与了20个国际渔业组织或多边机制的工作，包括其中8个渔业管理组织。

根据我国渔业发展简况分析，发展渔业应根据本国实际情况出发，确定渔业发展方针和相关的政策。政策稳定与否，直接关系到渔民和企业的切身利益。国家在发展农业问题上，多次提出一靠政策，二靠科技。在渔业方面也是如此，两者缺一不可。

三、当前我国渔业存在的主要问题

1. 资源环境的刚性约束与渔业可持续发展之间的矛盾日益尖锐 随着工业的发展和城市扩容，沿海、城郊优良的渔业水域、滩涂被大量占用，传统的养殖区域受到挤压，旅游、航运等产业开发与渔业发展的矛盾日益尖锐；大型水利工程建设改变了水生生物赖以栖息的生态环境，部分宜渔水域受到污染，鱼类的产卵场遭受破坏，珍稀水生野生动植物濒危程度加剧；沿海捕捞渔船多、渔民转产转业安置困难的现状加剧了渔民生产生活与资源保护的矛盾和难度；新的海洋制度建立后，国际社会对公海渔业资源管理日趋严格，各国对公海资源开发争夺日益激烈，对专属经济区资源的管理也越加重视，资源与环境的刚性约束将成为今后长时期制约我国渔业可持续发展的主要因素。

2. 市场对水产品质量安全要求日益提高与我国水产品质量安全保障水平低的矛盾日益突出 随着经济的发展和人民生活水平的提高，国内外消费市场对水产品质量安全要求越来越高。但目前我国水产养殖不合理用药现象仍较为普遍，水产品药残超标事件屡有发生；部分渔业水域环境质量下降，导致水产品被污染或携带病毒、细菌、寄生虫、生物毒素的概率增加；加工企业质量风险防范意识不强，加工过程中仍存在使用禁用物质或掺假使假行为，水产品质量安全尚存在很多隐患。加之国际贸易保护主义抬头，主要进口国常以技术法规、技术标准、认证制度、检验制度为手段设置技术壁垒，使我国水产品出口屡屡受限。同时，由于我国渔业组织化程度较低，出口竞争无序，导致进口国反倾销制裁增加，水产品加工出口企业在国际贸易战中优势难以发挥，水产品质量问题已成为制约渔业增效、扩大和巩固国内外水产品市场，以及保证消费者食用安全的关键因素。

3. 渔业增长方式转变的迫切要求与当前渔业科技发展水平不相适应 目前，我国渔业科技由于受体制等多方因素的制约，现有的科研能力和创新水

渔业导论

无法满足渔业增长方式转变的迫切需要,主要表现为:适于养殖的优良水产苗种遗传改良率仅为16%,远低于种植业和畜牧业;水产养殖病害多发、频发,且呈逐年加重趋势;疫苗等安全、有效的专用渔药研发滞后,导致在养殖、保鲜、运输、加工过程中不合理使用农药、兽药或化工产品的现象较为普遍;海水鱼类养殖饲料主要依赖投喂天然鱼虾,资源浪费现象严重;80%以上的工厂化养殖采用"大进大出"的用水方式,既不利于水环境保护,也造成地下水资源浪费严重等等。渔业发展总体上还没有摆脱依靠生产规模扩张和大量消耗自然资源为主的粗放式经营方式。

4. 和谐渔业建设要求与当前薄弱的渔业支撑保障体系不相适应 渔业是一个高投入、高风险的产业。我国渔业由于公共基础设施建设投入长期不足,抵御各种风险能力较差,每年因自然灾害和生产安全事故给渔业造成重大损失,一些渔民受灾后生产自救能力弱,生活无法保障,渔民生命财产安全的保护总体水平还比较低。加之有的渔业扶持政策不到位、救助救济机制不完善,影响了农村渔区社会和谐稳定。另一方面,由于渔业水域滩涂缺乏法制保护,大量被占用或围海造地,水生动物疫病防治、水产品质量管理等法制建设滞后,技术支撑体系不健全,渔业执法管理手段不强,管理水平无法适应市场经济条件下现代渔业发展的要求,渔民维权和增收难度加大。这些问题均不同程度地影响着渔业健康发展,与新形势下建设社会主义新农村和谐渔区的要求很不适应。

第六节 中国渔业发展的基本方针和今后的工作

一、中国渔业发展的基本方针

根据国际渔业发展的实际情况,各国的渔业重点大多是海洋捕捞业。虽然从20世纪90年初以来,国际社会和世界主要渔业国家已十分重视发展水产养殖业,但世界渔业年产量中至今70%仍是海洋捕捞的渔获量。我国在相当长的时期内同样是以海洋捕捞为主。为此,我国渔业发展的基本方针,大致可分为1979年前和1979年后两个不同时期。

(一) 1979年前基本上是以海洋捕捞为主的渔业发展方针

1958年曾有过"养殖之争"的讨论,虽然对海淡水养殖的认识有所提高,但客观上当时的近海渔业资源比较丰富,一般都认为近海捕捞投入少,产出高。尤其是在20世纪60年代的经济困难时期,食物供应不足的情况下,更加吸引人们造船出海捕鱼,增加副食品,改善生活。事实上,在无节制增船添网和一些"变淡季为旺季"、"早出海、勤放网、赶风头、追风尾"、"造大船、闯大海、发大财"等错误口号的影响下，近海资源遭到严重破坏。到70年中期，东海和黄海海域内小黄鱼、大黄鱼、乌贼等底层资源都先后衰退。水产品供应日益紧张，产量一直徘徊在300万~400万t。

（二）1977年后，逐步明确了以养殖为主的方针

1. 1977年的全国水产工作会议提出渔业生产方针　在总结历史经验和教训的基础上，在1977年的全国水产工作会议上首次提出渔业生产方针是："充分利用和保护资源，合理安排近海作业，积极开辟外海海场，大力发展海、淡水养殖"。但在执行上，既有认识问题，也有客观发展外海渔业和水产养殖的条件还不充分等原因，仍然以近海海洋捕捞为主。

2. 根据党的十一届三中全会精神，渔业工作的调整和重点转移　1978年底，根据党的十一届三中全会精神，研究了渔业工作的调整和重点转移，提出了：①资源的保护、增殖和合理利用，是维持产量和进步发展的可靠保护；②大力发展水产养殖，是提高产量的主要来源；③改进保鲜加工，提高产品质量，是改善市场供应的有效措施。这对全国渔业工作具有一定影响和积极作用。到1982年有关地方都重视了淡水养殖。

3. 确定我国渔业发展方针为"以养殖为主，养殖、捕捞、加工并举，因地制宜，各有侧重"　通过长时期的工作，中共中央、国务院于1985年3月11日颁发的《关于放宽政策，加速发展水产业的指示》中，明确了我国渔业发展方针为："以养殖为主，养殖、捕捞、加工并举，因地制宜，各有侧重"，有力地推动了我国渔业各项工作的展开，同时把这个方针写入1986年颁布的《中华人民共和国渔业法》。

4. "九五"期间渔业发展的指导思想　在"九五"期间，渔业发展的具体指导思想为："加速发展养殖、养护和合理利用近海资源，积极扩大远洋渔业，狠抓加工流通，强化法制管理"。根据上述发展方针和指导思想，总的要求应使渔业资源可持续地利用，渔业才能获得可持续的发展，确保经济效益、生态效益和社会效益的最佳水平。

5. "十五"期间渔业发展的要求　《中华人民共和国国民经济和社会发展第十个五年计划纲要》中对渔业发展的要求是："加强渔业资源和渔业水域生态保护，积极发展水产养殖和远洋渔业"。对整个海洋产业的要求是"加大海洋资源调查开发、保护和管理力度，加强海洋利用技术的研究开发，发展海洋产业"。

6. "十一五"期间渔业发展的指导思想　中华人民共和国国民经济和社会发展第十一个五年计划期间的全国渔业发展的指导思想是："以邓小平理论和

'三个代表'重要思想为指导,坚持以科学发展观统领渔业发展全局,紧紧围绕社会主义新农村建设的重大历史任务,以渔民增收、保障水产品质量、提高资源可持续利用为目标,坚持以市场为导向、以制度创新和科技创新为动力、以依法管理为保障,加快转变渔业增长方式,优化产业结构,提升水生生物资源养护水平,努力做强水产养殖业和远洋渔业,合理发展捕捞业,做优做大水产品加工业和休闲渔业,加快推进现代渔业建设,促进农村渔区和谐发展"。

由此可见,今后渔业发展已不局限于产量和产值的提高,单一地追求经济效益,更重要的是保护渔业资源和水域生态环境,必须注意到生态效益和社会效益,做到资源的可持续利用,渔业可持续的发展。同时与推进现代渔业建设,促进农村渔区和谐发展结合起来。

二、中国渔业在今后发展过程中需要重视和解决的主要问题

中国渔业在50多年中取得了迅速的发展,走出了一条具有中国特色的渔业发展道路。改革开放的不断深入和扩大,社会主义市场经济体制的不断完善,国际海洋制度的大幅度调整,都直接影响着中国渔业今后的发展。中国渔业在今后发展过程中需要重视和解决的主要问题是:

1. 加快渔业科技创新和技术推广体系建设 提高水产养殖、水产品精深加工与综合利用技术、现代远洋渔业综合配套技术、水域环境修复等重点领域的自主创新能力。强化国家级水产科学研究机构和渔业高校在渔业科技创新方面的引领功能,形成产、学、研相结合的新型科技创新体系。强化推广机构的公益性职能,积极稳妥地推进水产技术推广体系改革。

2. 推进资源节约、环境友好型渔业建设 促进水产养殖增长方式转变。科学确定养殖容量,制定合理的水域滩涂资源利用方案;按照资源节约、环境友好和循环经济的发展理念,提升水产养殖综合生产能力;提高水资源利用率,改善渔业水域环境;压缩捕捞强度,强化渔船管理,实施近海渔民转产转业工程,合理开发利用近海渔业资源。

3. 调整产业结构,促进渔业经济产业优化升级 推广健康养殖技术,建设现代水产养殖业。完善养殖配套管理制度和运行机制,努力做到资源配置市场化、区域布局科学化、生产手段现代化、产业经营一体化,加快产业优化升级,提高水产养殖集约化发展水平。构建发达的水产品加工物流产业。拓展发展领域,提升渔业附加值。重点引导发展渔业二、三产业,特别是要扶持水产品深加工和物流业,促进渔业产业链向产前、产后延伸,提高渔业附加值和整

体效益。进一步拓展渔业的粮食安全保障功能、水生生态修复功能、休闲娱乐和生物保健功能，重点发展集观赏、垂钓、旅游为一体的都市休闲渔业，培育面向国际市场的观赏鱼产业，打造人与自然和谐、都市与乡村融合的多功能、市场化、精品化的渔业产业群，实现渔业的全面发展。

4. 坚持对外开放，发展外向型渔业　积极扩大水产品对外贸易，围绕日本、美国、欧盟等发达国家的水产品市场需求，按国际标准组织生产与管理，完善养殖、加工、出口的产业链条，培育主导出口水产品，发展具有自主知识产权的自主品牌的水产加工产业；建立水产品质量安全的长效管理机制，努力提高应对各类贸易壁垒的能力；积极参与国际贸易谈判和国际贸易公约的制定，争取国际贸易的主动权。继续推进远洋渔业结构的战略性调整，积极发展过洋性渔业，加快开拓大洋性渔业。

5. 全面实施水生生物资源养护行动计划　实施渔业资源保护与增殖行动；实施水生生物多样性和濒危水生野生动植物保护行动；实施水域生态保护与修复行动。

6. 构建平安渔业，提高渔业安全保障水平　健全法律法规体系，强化渔业安全培训。落实渔业安全生产责任制。建立渔业安全应急救援体系。建立渔业政策性保险制度。

第七节　水产品流通与社会发展

一、中国水产品市场的发展

中国渔业历史悠久，早在 7 000 年前的河姆渡文化时期，原始人类就在东海杭州湾一带乘独木舟从事海上捕捞生产。随着人类文明的进步，勤劳聪慧的中国人逐渐认识到鱼能繁衍后代、生长成熟和为人类提供食物，于是产生了水产养殖业。在公元前 21 世纪到秦始皇统一中国期间，中国的养殖渔业走上了初步发展道路，水产品成为人们相互交换的重要商品。随着交换空间的扩大和交换量的增长，水产品市场初见雏形，水产品流通踏上了曲折和缓慢的发展旅程。

20 世纪 20～30 年代，中国的鱼货交易大体上有两种形式。一是伴随着渔业生产发展、水产品交换范围和交易量的扩大而形成鱼行，亦称"渔栈"和"经纪行"。鱼行是居间性水产商业组织，主要业务除沟通买卖双方成交外，也接受客户委托代卖、代买和代运等。二是鱼市场（图 5-7-1 至图 5-7-4）。鱼市场是随着鱼行的发展，效仿日本的鱼市场而形成的。1927 年，在青岛成立了中国第一家鱼市场。上海的鱼市场成立较晚。1938 年，上海被日本侵占，日伪政府与上海渔业界数度会晤，拟定中日双方共同成立上海鱼市产组合，确定杨树浦齐物浦路（今江浦路）黄浦江畔的广场为鱼市场场址。

图 5-7-1 非洲乡间的鱼市场（2006 年）

图 5-7-2 水产品批发市场（2006 年）

图 5-7-3 厦门活鱼批发市场（2006 年）

图 5-7-4 北京水产品批发市场（2006 年）

20 世纪中叶，中央人民政府接管了旧社会遗留的鱼市场，并进行改造，建立起正常的交易秩序。为适应渔业的发展，中国在沿海主要渔港和内陆大型城市增设国营鱼市场，加强对水产品的集中交易管理，为渔业生产者、贩运商和消费者提供服务。1956 年，在全国确立了国营水产供销企业体系，鱼市场的名称随之消失。国营水产供销企业体系一直延续到中国计划经济体制向市场机制转变的 1978 年。20 世纪 70 年代末，中国大陆发生了举世瞩目的经济体制改革。在该过程中，水产品市场首先放开，小商小贩、合作商业、集体渔民组织和原来的国营水产品供销企业等多种经济主体共同参与水产品流通的经济活动，给水产品市场注入了极大的活力，推动了中国水产品市场的快速发展，水产品流通和市场逐步繁荣和兴旺起来。

二、水产品市场的分类

水产品市场是指水产品集中交易的场所，其规模、结构和交易形式与渔业发展密切相关。与渔业和经济相对发达的日本等渔业国家相比，中国的水产品市场发展不仅滞后而且比较缓慢。日本在 1923 年就颁布了《中央批发市场法》，对开设水产品市场做出了非常详细的规定。中国真正意义上的水产品市场的雏形在1979年以后才开始出现。随着水产品流通体制改革的深入，中国水产品的主要产地市场、主要消费市场和水产品集散地逐步建立了一批水产品批发和零售市场。21世纪初期，形成了以水产品批发市场为骨干体系，城乡集贸市场为基础，产地市场和消费地市场相配套的水产品市场流通体系。

水产品批发市场按市场层次可以分为中央水产品批发市场、区域水产品批发市场和集散地批发市场。20世纪末期，中国政府曾规定，中央水产品批发市场的年交易量在20万t以上，交易额在10亿元以上，具有辐射全国主要地区的能量，具备与国际市场接轨的条件。区域水产品批发市场的年交易量要达到10万t以上，交易额在5亿元以上，辐射范围应超过省界，主要业务在1~2个大区范围。地方水产品批发市场的年交易量在10万t以下，交易额在5亿元以下，辐射范围不超过省界，主要业务局限在较小的区域内。区分市场层次的主要参数是市场吞吐量、辐射半径和市场所在地区的社会、经济、交通、人口和设备等条件。日本水产品批发市场见图5-7-5和图5-7-6。

图5-7-5 日本北海道函馆地方水产批发市场

图5-7-6 日本大阪中央水产品批发市场

水产市场按专业化程度还可以分为综合性与专业性水产品批发市场；按经营方式可以分为水产品批发交易市场和零售市场；按市场交易物品的流向和地域分布可以分为国内市场和国际市场；按流通地位可分为产地批发市场、消费地批发市场和集散地批发市场；按交易时间，水产品市场可以分为现货市场和期货市场。

三、中国水产品产地市场与消费地市场特征

1. 产地市场 中国水产品的产地市场过于集中。沿海地区、长江和珠江流域等传统养殖区是中国主要养殖区（图5-7-7），水产品产量在21世纪之

初占85%以上。中国的主要淡水养殖省份为广东、湖北、江苏、湖南和安徽，主要海水养殖区域是山东、福建、广东、辽宁、浙江和广西等省、自治区。2005年，这几个省份水产品的合计产量占中国海水养殖产量的94%。

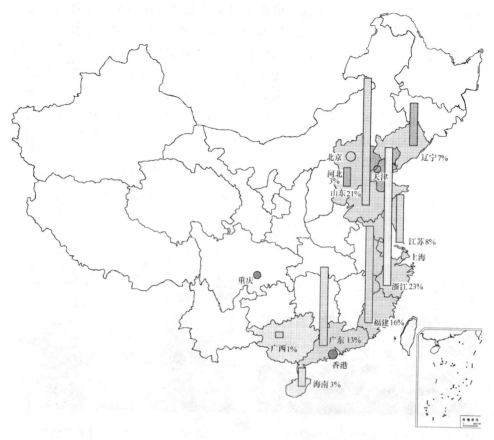

图5-7-7　中国水产品产地市场的分布图

2. 消费地市场　在经济活动中，生产是商品的起点，而消费地市场是商品的消费终点。中国疆土辽阔，各地地理环境、渔业生产环境、人文社会环境和经济发展水平的差异非常巨大。中国的水产品产地市场和消费市场都因此表现出极大的差异。中国水产品消费市场大体上有以下几个特征：首先，沿海地区的消费者对水产品消费偏好高，尤其是对海水产品的消费偏好高。其次，随着经济发展和社会进步，消费者对水产品的消费量将与日俱增，鲜活优质水产品正逐步走向寻常百姓的餐桌。第三，21世纪之初，中国的城乡经济社会发展的差异依然巨大，城乡消费者对水产品的消费量也有极大的差异，城镇人口的水产品消费量比农村人口水产品消费量高出近2倍。城市尤其是东部沿海城市是水产品的主要消费地市场，但是随着中国经济的持续高速发展，内陆及其农村地区的水产品消费量将呈现较快的增长趋势（图5-7-8）。第四，相对于家庭消费，社会消费比例增长速率高。20世纪70年代以前，水产品消费一直以家庭消费为主，随着经济发展和社会进步，消费者生活节奏的加快和交际范围的扩展，水产品的社会消费增长很快。第五，新的水产品品种推出时间逐渐缩短。中国的消费者有追求名特优质水产品的消费偏好，一个好的养殖品种在3~4年内就会失宠。改革开放以后，传统水产品已经不能满足消费者对水产品消费偏好的高追求。相对于传统水产品，名特优水产品大量从国际产地市场进入中国，养殖与育种技术的开发也为新产品推向市场奠定了技术保障。

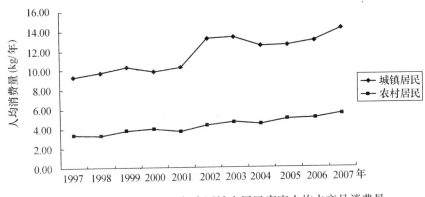

图5-7-8　1997—2007年中国城乡居民家庭人均水产品消费量

四、水产品的流通渠道

水产品流通市场是连接产地市场与消费地市场、供给与需求的金桥，是渔业可持续发展不可或缺的有机组成部分。中国的产地市场和消费地市场虽然都比较集中在东部沿海地区，但是，由于中国地域辽阔，各地自然资源和人文环境差异导致水产品有明显的地域性和不同地区消费者特有的消费偏好，建立完善的水产品流通体系与有效率的流通渠道，对形成合理的市场价格、促进消费、刺激水产品生产有重要意义。水产品流通渠道是指水产品从生产（养殖或捕捞）领域到消费领域所经过的途径或通道，如图5-7-9所示。

水产品流通渠道按流通路径的长短和复杂程度大体可以分为三种类型。一是生产者直接通过零售商将水产品送到消费者手中，中间环节比较少；第二种是在生产者和零售商之间存在一级或多级中间批发商，中间批发商既可能是水产品加工企业，也可能是纯粹的流通组织或个体经营者；第三种是渔民自产自

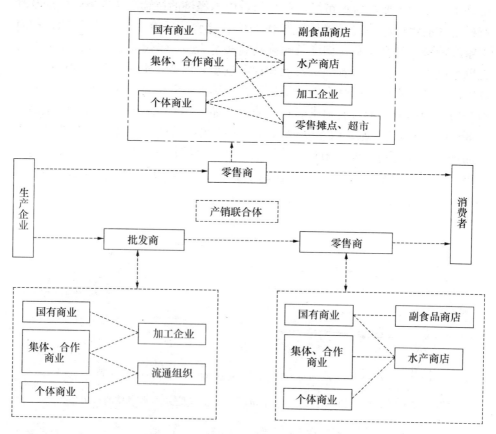

图 5-7-9 水产品的主要流通渠道

销和产销直挂的流通过程。自产自销虽然带着浓重的自然经济色彩,但在生产力发展水平多层次并存的今天有其生存和发展的空间。20 世纪末,产销直挂的销售形式正随着一种新的流通组织——产销联合体的产生在中国大陆悄然兴起。

五、水产品贸易

(一)水产品贸易概况与政策

中国是世界水产品的主要进出口和加工国。20 世纪末期,中国水产品对外贸易经济蓬勃发展。1999 年,中国水产品的贸易总量为 265.32 万 t,总额 44.3 亿美元,其中出口总量 134.8 万 t,出口总额 31.4 亿美元,分别比 1978 年扩大了 13.6 倍和 11 倍,年均分别增长 13.6% 和 12.6%。20 世纪 90 年代以来,世界水产品总产量年均增长速率为 2.4%,水产品消费量年均增长 3.1%。

2000—2008年中国水产品进口总量呈递增趋势（图5-7-10）。世界各国水产品生产增量与需求增量严重不平衡，国家间的渔业生产的比较优势不断推动水产品国际贸易量的增加。

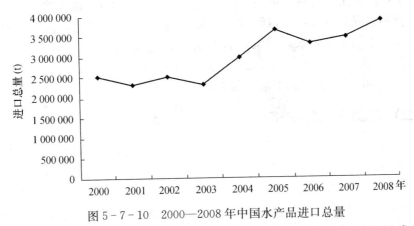

图5-7-10　2000—2008年中国水产品进口总量

随着水产品生产量的增加，中国水产品对外贸易也得到长足发展。自2000年起，中国水产品出口总量呈递增趋势（图5-7-11），中国水产品对外贸易在世界水产品市场中的地位也不断提高，市场份额不断上升。2000年，中国水产品出口额达到38.3亿美元，超过挪威成为全球第二大水产品出口国，占全球水产品出口额的比重达到6.9%，2002年水产品出口额为46.9亿美元，首次超过泰国居世界第一。

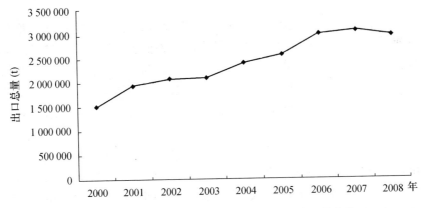

图5-7-11　2000—2008年中国水产品总出口量变化

新中国成立初期至1978年，国家对水产品对外贸易实行集中统一管理和国家垄断经营的政策。水产品贸易流通政策的特征是全国实行单一的直接计划管理体制，外贸管理办法简单，进出口实行许可证制度，外汇实行统一管理，

进出口由国营水产进出口公司统一经营和实行出口收购制和进口拨交制、水产进出口公司的盈亏由国家财政统负且经营流动资金由国家财政统一核拨。

1979年以后,国家逐步调整了水产品外贸经营权。自1985年起,国家不再下达水产品进出口计划,取消水产品进出口许可证制度,改变国营公司独家垄断经营的状况和放开进出口经营权。从1992年4月1日起,按照世界贸易组织对发展中国家的要求,国家先后3次下调进口水产品关税水平,仅1997年10月一次就下调101个税号的水产品进口关税,降税幅度达9.24%。加入WTO后,中国又多次下调了水产品关税。

(二) 加工水产品的进出口

中国是水产品加工贸易大国,每年都从国外大量进口原料水产品,利用国内廉价劳动力资源加工水产品后再出口,是典型的来料加工贸易国。中国水产品的重要加工省份为山东、浙江、福建和江苏等。中国的水产加工品主要分为冷冻水产品、鱼糜制品及干腌制品、罐制品、饲料、鱼油制品和珍珠等大类。在这些大类中,冷冻水产品的出口量最高,而且呈现每年递增的趋势。2005年的水产品进出口总量为623万t,进出口总额为120.1亿美元。其中出口量257万t,出口额78.9亿美元,进口量366万t,进口额41.2亿美元。日本和韩国都是中国水产品的贸易大国。近年来,中韩之间水产加工制品的贸易呈现不断增长的趋势,但是贸易量低于中日之间的贸易量。

(三) 水产品贸易的进出口特点

第一,中国的水产品国际贸易以一般贸易为主,多种贸易方式并存。20世纪末期,中国加入WTO后,水产品进出口关税逐步调低,来进料加工增长势头较为强劲,但一般贸易方式的主导地位没有改变。来料加工、进料加工贸易方式成为中国水产品贸易的重要形式。补偿贸易、边境小额贸易、易货贸易以及其他贸易方式近年来也发展比较快,但贸易量仍较小,不是水产品贸易的主要形式。

第二,中国的贸易国家相对集中,辐射面小。在21世纪初期,日本、韩国、美国和欧盟是中国水产品主要出口市场,中国对这4个国家和地区的出口量占出口总量的比重一直在80%左右。水产品进口市场同出口市场非常相似。中国进口品种主要是鱼粉和鳗苗,国际市场上鱼粉主要来源于秘鲁和智利,鳗苗主要来源于日本和欧洲,水产品进口国主要是秘鲁、俄罗斯、美国、智利和日本等。

中国海外水产品市场非常集中,且每年格局变化不大。日本、韩国、美国、香港地区和欧盟仍是我国水产品的主要出口市场。2005年,我国对五大主要消费国和地区出口的水产品达186.3万t,占我国水产品出口总额的79.2%。在20世纪末期,对五大出口国和地区的水产品出口的量占总量的百分比基本上保持在80%左右。2005年,对五大主要出口国和地区的出口额为60亿美元,其中名优特水产养殖产品如鳗、对虾、罗非鱼、大黄鱼的出口额分别达8.6亿、8.6亿、1.6亿和1.4亿美元,加上海水养殖贝类,这五类水产品占出口总量的比重达34%。水产品出口综合平均价格也平稳增长,2005年,出口水产品的综合平均价格为3 071美元/t,与2004年相比增长了6.7%。

第三,经济相对发达的沿海省市是水产品进出口的重点地区。中国水产品贸易发展速度同水产业的发展相对应,进出口主要集中在经济相对发达的沿海地区。水产品进出口贸易排在前五位的省为山东、广东、辽宁、浙江和福建省。一些内陆地区的对外贸易有不同程度的扩大,但占中国水产品进出口市场的份额仍然较小,对总的贸易局势影响不大。

第四,水产品进出口贸易保持稳步增长,出口增长势头减缓,进口大于出口并呈现不断扩大的趋势。我国水产品进出口贸易保持稳步增长,但出口增长势头减缓。从具体品种上来看,国内自产养殖的水产品出口越来越大,如对虾、鳗、罗非鱼、大黄鱼、贝类等养殖品种;且以初级冷冻水产品出口为主,加工制品正在不断增长。2005年,我国自产水产品出口占水产品出口总额的64%,进口原料加工占出口的36%,来进口原料加工也是水产贸易的重要支撑,主要为鳕鱼片、鲭鱼片和鱿鱼产品。

第五,名优新品种仍将被大量引进国内。随着我国水产养殖发展,许多名优新品种被引进国内,我国传统水产资源进一步丰富,许多以前视为珍品的水产品被规模化养殖,如罗非鱼、牡蛎、对虾和罗氏沼虾等。水产养殖渔业的发展正为中国的消费者提供更多大众喜爱的产品。消费旺盛和消费能力强的消费者对进口水产品的消费偏好日益提高。

六、水产品的消费

1. 消费形式 中国水产品消费主要由城乡居民消费(社会消费)、加工工业原料消费、出口贸易和其他消费四个部分构成。城乡居民消费,包括城乡居民家庭消费和社会消费,社会消费指餐馆、饭店和请客送礼等形式的消费。其他消费指自食消费、鲜活饲料消费和损耗等。

中国消费者对鲜活水产品有明显的偏好。在东部沿海省份,淡水鱼类基本上都是以活鱼消费,价格也比较高。在20世纪初期,中西部地区的居民虽然对活鱼有明显的偏好,但是由于消费水平的限制和活鱼运输能力的限制,消费活鱼的比例并不是很高,目前随着生活水平的提高和交通运输能力的增强,活鱼消费比例有很大提高。海水鱼类以冰鲜消费为主,内陆地区以冷冻产品为主。

2. 水产品消费量 20世纪后20年,随着中国经济的腾飞,中国人均收入大幅度增长,城镇居民和农村居民水产品人均年消费量逐年增长,而且消费者也不断追求食品的营养和健康。水产品作为高蛋白低脂肪的健康食品,越来越受到重视。城镇居民年人均消费量从1997年的9.3 kg增长到2003年的13.35 kg,农村居民年人均消费量从1997年的3.38 kg增长到2003年的4.65 kg,增长率分别为43.54%和37.57%。中国农村人口数量远远大于城镇人口,随着农业收入的提高和中国经济建设的发展,水产品消费将有较大的增长空间。城市化速度的加快,大量农村人口迁移到城市,逐渐具有和城市人口相似的消费能力和模式,会不断增加水产品的需求,水产品的人均消费量也会不断增加。

上海是中国水产品消费大市,临近中国海水产品的主产省份浙江、江苏和山东。上海居民消费水平较高,水产品占食品结构的比例一直在22%~30%之间,远远高于中国其他城镇居民的消费水平。人口质量和收入水平的不断提升,使上海的水产品消费量大幅度上升(图5-7-12)。

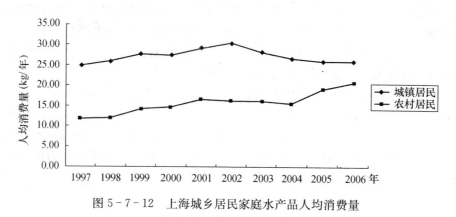

图5-7-12 上海城乡居民家庭水产品人均消费量

七、主要贸易品种

水产品国际贸易中,虾类、金枪鱼类、鱼粉、鱼油和底层鱼类是主要贸易种类。20世纪90年代以来,亚洲地区由于病害、虾类产量减少,但是拉丁美洲养殖业快速发展,同时拉丁美洲的野生虾类资源也十分丰富,给国际出口市场带来一定影响。金枪鱼贸易受资源保护和捕捞量的影响,供应朝紧俏的方向发展。在供给减少的状态下,价格不断上升,质量标准越来越严格。日本是目前为止金枪鱼的主要生产国和消费国。世界鱼粉供应将呈现严重不足的趋势。鱼粉的主要生产国为秘鲁和智利。未来，鱼粉供给将匮乏，而需求量还将持续增长。底层鱼类包括鳕、鲱、鲽和鲷等鱼类，中国为加工出口大量进口底层鱼类。

从中国水产品出口的原料成分来看，国内生产的水产品出口额占总出口额的60%～65%，进口加工再出口水产品的出口额占总出口额的30%～35%。中国进口水产品主要是带鱼、鱿鱼、鲱、鳕、虾和鲽等，主要出口产品是用鱿鱼、鲱、鳕、虾、鲽加工的鱼片等。在新世纪，水产品的来料加工贸易发展速度非常快。

随着中国养殖渔业的迅猛发展，养殖水产品的出口量也不断增长。1999年，养殖水产品出口量占总产量的19.7%，2003年增长到24.3%，2005年达到25%。20世纪末，中国出口的养殖水产品以对虾、鳗、罗非鱼、大黄鱼和贝类等品种为主，加工出口产品的原料鱼主要是罗非鱼和斑点叉尾鮰。中国几种主要进出口水产品的变化趋势如图5-7-13至图5-7-16所示。

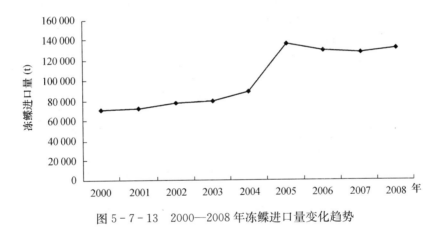

图5-7-13　2000—2008年冻鲽进口量变化趋势

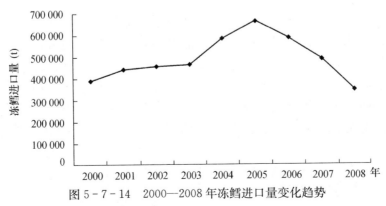

图5-7-14　2000—2008年冻鳕进口量变化趋势

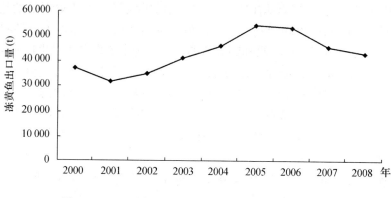

图 5-7-15 2000—2008 年冻黄鱼出口量变化趋势

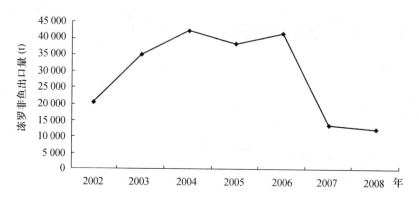

图 5-7-16 2000—2008 年冻罗非鱼出口量变化趋势

八、水产品国际贸易的意义及问题

中国在水产品国际贸易中具有明显的比较优势。中国拥有蜿蜒绵长的海岸线，优越的地理条件为发展水产品对外贸易提供了充分的保障。中国跨越了从热带到寒带的 5 个气候带，适宜多种鱼类生长，水产资源丰富。在辽阔的海洋里，栖居种类繁多、千姿百态的海洋动植物。淡水水域中盛产着在一些国家和地区久负盛名的特种水产品，如中国鳗、对虾、太湖银鱼和阳澄湖大闸蟹等在国际市场上很受欢迎，是中国水产品出口创汇的宝贵资源。

中国发展水产品国际贸易具有重要意义。中国人口众多，对优质水产品的需求旺盛，发展鱼类贸易，有利于国民健康和丰富食品，为国民提供丰富多样的水产品,满足国民日益增长的消费需求。发展鱼类贸易也有利于发挥不同国家资源禀赋优势,促进全人类社会福利水平的提高,中国可以利用其优越的地理与环境条件和丰富的鱼类资源,出口创汇,提高经济效率。同时发展鱼类贸易也能提供更多的就业机会。

中国未来的水产品需求量将持续增长,市场交易和国际贸易将更为活跃。但是,中国产地市场过于集中,应积极构建现代化水产流通业,以满足城乡消费者的需求和国际贸易的需要。另外,中国在发展水产品国际贸易的过程中,还存在渔业资源环境恶化和资源枯竭、渔业基础设施和保障能力脆弱、水产品质量较差、出口品种结构不能完全适应国际市场需求和水产品冷藏冷冻运输技术落后等问题。

1. 简述 20 世纪中叶以后中国水产品市场的发展过程与特征。
2. 简述中国水产品产地市场与消费地市场的特征。
3. 简述中国 20 世纪末期水产品国际贸易的特点与意义。
4. 21 世纪初期,中国主要进口水产品品种是什么?
5. 简析随着中国经济发展和社会进步,中国消费者水产品消费量的变化趋势,并加以解释。
6. 21 世纪初期,中国水产品贸易的一个显著特点是来料加工贸易,请解析导致该特点的经济原因。

参考文献

程金成,刘健,高健. 2005. 我国渔业政策变迁及其在保持未来水产品产需平衡中的作用. 中国渔业经济(3).

当代中国丛书编委会. 1991. 当代中国的水产业. 北京:当代中国出版社.

高健等. 2001. 福建省水产品进出口的实证分析. 福建水产(4).

高健等. 2002. 上海市水产品流通市场的现状. 上海水产大学学报,11(4).

高健等. 2002. 上海水产品进出口的实证分析. 海洋渔业(2).

高健等. 2002. 东部地区水产中长期供求的趋势. 上海水产大学学报,11(1).

葛光华等. 2001. 水产品市场营销学. 北京:中国农业出版社.

立宏. 2000. 世界鱼粉的生产与贸易. 远洋渔业(3).

骆乐等. 2001—2003 中韩水产品贸易基本分析. 上海水产大学学报,13(4).

全国渔业发展第十一个五年规划编写组. 2006. 全国渔业发展第十一个五年规划(2006—2010 年).

舒扬. 1995. 几种主要水产品的国际供求行情. 远洋渔业(5).

谢静华，高健.2006.中国养殖水产品供给特征分析.上海水产大学学报，15(2).

中国农业百科全书编写组.1994.中国农业百科全书·水产卷.北京：农业出版社.

中国渔业经济编委会.1993—2006年中国渔业经济（双月刊）.

中国渔业资源调查和区划编委会.1990.中国海洋渔业资源.杭州：浙江科学技术出版社.

图书在版编目（CIP）数据

渔业导论／周应祺主编．—北京：中国农业出版社，2010.10

普通高等教育"十一五"国家级规划教材　全国高等农林院校"十一五"规划教材

ISBN 978-7-109-15021-8

Ⅰ.①渔…　Ⅱ.①周…　Ⅲ.①渔业-高等学校-教材　Ⅳ.①S9

中国版本图书馆 CIP 数据核字（2010）第 188214 号

中国农业出版社出版
（北京市朝阳区农展馆北路 2 号）
（邮政编码 100125）
策划编辑　曾丹霞
文字编辑　曾丹霞

北京中兴印刷有限公司印刷　新华书店北京发行所发行
2010 年 10 月第 1 版　2010 年 10 月北京第 1 次印刷

开本：720mm×960mm　1/16　印张：17.5
字数：312 千字
定价：38.00 元
（凡本版图书出现印刷、装订错误，请向出版社发行部调换）